JN232834

復刊
数学全書
5

初等解析幾何学

稲葉栄次　伊関兼四郎

朝倉書店

序

　本書は著者が大學において多年おこなつた理科一般教育課程における解析幾何學の講義の草稿をもとにして書かれたものである．したがつて高校程度の解析と幾何の知識を有するものに容易に理解し得るように論を進めた．大學によつては幾何の講義の際にいわゆる線型代數の初歩（行列式と行列の理論）とか複素數，高次方程式の事柄などを教えるのであるが，そのうち解析幾何を學ぶ上に是非必要な線型代數の初歩を第1章にとりまとめて記した．本書で複素數を用いた個所は第1章7節の定理 15 だけであつて，複素數のきわめて初歩的な事柄だけを用いた．この定理は第5章4節以外のところでは不必要である．本書の特徴ともいうべきものを二三示せば次の通りである．

1. 具體的な例について解説をおこない抽象的な説明だけにとどまることを避けた．
2. 行列式と行列の理論をできるだけ活用した．
3. 理解を深めるため例題，問題を多くして解答を附した．比較的難しいと思われる問題には＊印をつけてある．
4. 學術用語審議會で決定された術語をできるだけ使用して例えば楕圓を長圓，抛物線を放物線と記した．

以上一般教育課程の解析幾何であることを念頭において理工科方面に進もうとする學徒の教科書あるいは參考書となることを期した次第である．さらに程度の高い解析幾何學を學ぼうとする人のためにはこの全書のうちに秋月，奥川兩氏による解析幾何學がすでに出版されている．

　終りにのぞんで本書を著わす機會を與えて下さつた末綱恕一先生に對しここに深い謝意を表する．また本書の出版，印刷について好意と便宜を與えられた朝倉書店の工藤，秦兩氏に謝意を表する．

　　昭和 29 年 8 月

　　　　　　　　　　　　　　　　　　　著　　　者

目　　次

第1章　行列と行列式 ……………………………………1
- §1　置　換 ……………………………………………1
- §2　行列式 ……………………………………………6
- §3　行列式の性質 …………………………………14
- §4　餘因數と連立一次方程式 ……………………20
- §5　行列の階數 ……………………………………30
- §6　連立一次方程式 ………………………………37
- §7　行列の積 ………………………………………45

第2章　直線の方程式と平面上の計量 ………………61
- §1　直線上の點の座標 ……………………………61
- §2　平面上の點の座標 ……………………………65
- §3　直線の方程式 …………………………………68
- §4　點と直線の關係 ………………………………74
- §5　ベクトル ………………………………………80
- §6　角と面積 ………………………………………88
- §7　直線についての計量 …………………………93
- §8　極座標 …………………………………………102

第3章　二次曲線 …………………………………………106
- §1　座標の變換 ……………………………………106
- §2　二次曲線の方程式 ……………………………110
- §3　極線と接線 ……………………………………122
- §4　共役直徑と離心角 ……………………………134
- §5　二次曲線の分類 ………………………………139

第4章 空間における直線と平面 …… 153
- §1 空間における點の座標 …… 153
- §2 空間のベクトル …… 156
- §3 直線の方程式 …… 163
- §4 平面の方程式 …… 169
- §5 直線と平面に關する計量 …… 177

第5章 二次曲面 …… 185
- §1 座標の變換 …… 185
- §2 二次曲面の方程式 …… 195
- §3 接平面と母線 …… 201
- §4 二次曲面の分類 …… 206

問題の答 …… 219

索　引 …… 223

第1章 行列と行列式

§1. 置換

　文字 a, b, c について a を b でおきかえ，b を c でおきかえ，c を a でおきかえる**置換**を記号

$$\begin{pmatrix} a & b & c \\ b & c & a \end{pmatrix}$$

で示す．はじめに文字が abc の順列にならんでいたとすれば，この置換を行つた後には bca の順列となる．置換は何を何でおきかえるということだけを問題にするのであつてはじめの順列は何であつてもよい．上の置換は順列 bac を順列 cba に變えるしまた順列 cab を順列 abc に變えるから，この置換を

$$\begin{pmatrix} b & a & c \\ c & b & a \end{pmatrix}, \quad \begin{pmatrix} c & a & b \\ a & b & c \end{pmatrix}$$

と書いてもよいわけである．順列 abc をある順列に變える置換はただ一つ定まる．3個の文字の順列は6通りあるから下記のように6個の置換が得られる．

$$\begin{pmatrix} a & b & c \\ a & b & c \end{pmatrix} \quad \begin{pmatrix} a & b & c \\ b & c & a \end{pmatrix} \quad \begin{pmatrix} a & b & c \\ c & a & b \end{pmatrix}$$

$$\begin{pmatrix} a & b & c \\ b & a & c \end{pmatrix} \quad \begin{pmatrix} a & b & c \\ a & c & b \end{pmatrix} \quad \begin{pmatrix} a & b & c \\ c & b & a \end{pmatrix}$$

このうち左上の置換は**恒等置換**といわれる．この置換では3個の文字はどれもそのままであつて他のものにおきかえられない．また下左の置換では a と b が入れかわるだけで c はそのままである．このように二つのものを入れかえるだけで残りのものはそのままにする置換を**互換**という．上記6個の置換のうち下の3個は互換である．さて任意の置換は互換を何回か行つた結果に過ぎないことを説明しよう．置換

$$\begin{pmatrix} a & b & c \\ b & c & a \end{pmatrix}$$

についてははじめに a と b を入れかえる互換を行うと順列 abc は順列 bac になる．次に a と c を入れかえる互換を行うと順列 bca となる．結局この二つの

互換を順に行つた結果は上の置換を行つた結果と同じである．そこでこの置換は上の二つの互換を行つて得られる置換という．この際に二つの互換の順序に注意することが肝要である．もし順序を反對にして a と c を入れかえる互換を先に行い，次に a と b を入れかえる互換を行うと置換

$$\begin{pmatrix} a & b & c \\ c & a & b \end{pmatrix}$$

が得られて前の置換と異なる．一般に互換を偶數回又は0回行つて得られる置換を**偶置換**といい，互換を奇數回行つて得られる置換を**奇置換**という．恒等置換は互換を1回も行わない，つまり0回の互換でよいから偶置換である．また互換自身は1回の互換であるから奇置換である．そこで前に掲げた6個の置換のうち上の3個は偶置換，下の3個は奇置換である．

問 1. a と b を入れかえる互換を簡單に記號 (ab) で示す．$(ab), (ac), (ab)$ を順に行つて得られる置換はどんな置換であるか．

次に4個の數字 1, 2, 3, 4 の置換を例にとつて説明しよう．置換

$$\begin{pmatrix} 1 & 2 & 3 & 4 \\ 2 & 3 & 4 & 1 \end{pmatrix}$$

において，初めに互換 (12) を行うと順列 1234 は順列 2134 になる．次に互換 (13) によつて順列 2314 を得る．次に互換 (14) を行うと順列 2341 を得るから上の置換は3個の互換を行つて得られる．従つて奇置換である．ところが5個の互換

$$(12), (13), (21), (24), (21)$$

を順に行つて順列 1234 から順列 2341 を得るから上の置換はこれら5個の互換を順に行うことによつても得られる．そこで互換をどのように選んでもいつも奇數個であるということが推定される．つまり奇置換は同時に偶置換とはならない．この事柄は次のように考えることによつて保證される．1, 2, 3, 4 のうちから2個選んでその差を考える仕方が ${}_4C_2=6$ 通りある．このような差の積

$$D=(2-1)(3-1)(3-2)(4-1)(4-2)(4-3)$$

を考えると，二つの數字の互換によつて符號が變るだけである．例えば互換 (24)

によつて 3—1 は變らないし，(2—1)(4—1) と (3—2)(4—3) も變らない．殘りの 4—2 だけが符號を變ずる．そこで D は互換を１回行う每に符號を變ずるだけである．從つて次の事柄が成り立つ．

偶置換は D を變えない．奇置換は D の符號だけを變える．

以上によつて奇置換は同時に偶置換とならないことが保證されて，すべての置換は偶置換と奇置換とに分類されることがわかつた．さて４個の數字の置換は全部で $4!=24$ 個あるが，このうち偶置換と奇置換とは同數ずつすなわち 12 個ずつあることを證明しよう．偶置換の總數を x 個としてそのおのおのに一つの互換（例えば (12)）を更に行うと x 個の奇置換が得られる．例えば偶置換

$$\begin{pmatrix} 1 & 2 & 3 & 4 \\ 2 & 3 & 1 & 4 \end{pmatrix}$$

は互換 (12) と (13) を行つて得られるが，更に互換 (12) を行うと順列 2314 が 1324 に變るから奇置換

$$\begin{pmatrix} 1 & 2 & 3 & 4 \\ 1 & 3 & 2 & 4 \end{pmatrix}$$

を得る．そこで奇置換の總數を y 個とすると $y \geqq x$ である．同樣に y 個の奇置換に一つの互換を更に行うと y 個の偶置換が得られるから $x \geqq y$ である．從つて $x=y$ でなければならない．

問 2. 1, 2, 3, 4 の置換を偶置換と奇置換に分類せよ．

一般に n 個のものに番號をつけて例えば $a_1, a_2, \cdots, a_n$ とする．このような n 個のものの置換を考えることはその番號の置換を考えることと同じであるから番號 $1, 2, \cdots, n$ の置換について述べよう．數 $1, 2, \cdots, n$ の順列のうち左から右へ大いさの順にならべた順列 $12\cdots n$ を**基本順列**という．任意の $1,2,\cdots,n$ の順列を $\alpha\beta\cdots\omega$ で示すとき置換

$$\begin{pmatrix} 1 & 2 & \cdots & n \\ \alpha & \beta & \cdots & \omega \end{pmatrix}$$

が定まる．n 個の數の順列は $n!$ 通りあるから $n!$ 個の置換があるわけである．さて任意の置換は互換を何囘か行つて得られるものであることを證しよう．基本

順列 $12\cdots n$ を任意の順列 $\alpha\beta\cdots\omega$ に變えるには互換を何回か行えばよいことを示せばよい．數の個數 n について歸納法の證明をおこなう．$n=2$ のときは基本順列でないものは 21 だけであるから明らかである．數の個數が n より小さいとき成り立つとして個數 n のときを考える．$\alpha=1$ の場合には基本順列を順列 $1\beta\cdots\omega$ に變えることは $n-1$ 個の數の順列 $2\cdots n$ を順列 $\beta\cdots\omega$ に變えることであるから何回かの互換を行うことによつて得られる．$\alpha\neq 1$ の場合はまず互換 (1α) を行つて基本順列 $12\cdots n$ を $\alpha\cdots$ に變える．この順列を $\alpha\beta\cdots\omega$ に變えるには α を除いた $n-1$ 個のものの順列を變えることであるから何回かの互換を行うことによつて得られる．結局 $12\cdots n$ を $\alpha\beta\cdots\omega$ に變えるには何回かの互換を行えばよい．$n!$ 個の置換が同數ずつ偶置換と奇置換とに分類されることは前の例と同樣である．$1,2,\cdots,n$ のうちから 2 個選ぶ方法は ${}_nC_2$ 通りある．おのおのの場合の差を全部乘じて得られる積を D とする．D は互換によつて符號だけを變ずることを證明しよう．數 i と數 j の互換 (i,j) を行うときに，i でも j でもない二數の差は變らない．また a が i, j と異るとき $a>i$, $a>j$ または $a<i$, $a<j$ ならば a と i の差と a と j の差の積は

$$(a-i)(a-j)=(i-a)(j-a),$$

また $i>a>j$ または $j>a>i$ のときは

$$(i-a)(a-j)=(a-i)(j-a)$$

であつて，これらは互換 (ij) によつて變らない．殘りの $i-j$ は符號だけ變る．結局 D は互換 (ij) によつて符號だけ變る．そこで偶置換は D を變えない，また奇置換は D の符號だけを變ずる．これで偶奇に分類できることが證明された．同數ずつあることは前例 $n=4$ のときと同樣の證明でよい．

 1 を 2 に，2 を 4 に，3 を 3 に，4 を 1 におきかえる置換

$$\begin{pmatrix} 1 & 2 & 3 & 4 \\ 2 & 4 & 3 & 1 \end{pmatrix}$$

に對して 2 を 1 に，4 を 2 に，3 を 3 に，1 を 4 におきかえる置換

$$\begin{pmatrix} 2 & 4 & 3 & 1 \\ 1 & 2 & 3 & 4 \end{pmatrix} = \begin{pmatrix} 1 & 2 & 3 & 4 \\ 4 & 1 & 3 & 2 \end{pmatrix}$$

を**逆置換**という．順列 1234 に互換 (12) と (14) を行つて順列 2431 を得るが，

逆に順列 2431 に互換 (14), (12) を順に行つて順列 1234 を得るから，兩方とも偶置換である．一般に置換

$$\begin{pmatrix} 1 & 2 & \cdots & n \\ \alpha & \beta & \cdots & \omega \end{pmatrix}$$

に對して置換

$$\begin{pmatrix} \alpha & \beta & \cdots & \omega \\ 1 & 2 & \cdots & n \end{pmatrix}$$

を逆置換という．

定理 1.　偶置換の逆置換は偶置換，奇置換の逆置換は奇置換である．

何となれば順列 $12\cdots n$ にいくつかの互換を行つて順列 $\alpha\beta\cdots\omega$ を得るならば，順列 $\alpha\beta\cdots\omega$ にこれらの互換を逆の順序に行つて行けば順列 $12\cdots n$ を得るからである．

問　題

1. 次の置換の奇偶をしらべよ．

$$\begin{pmatrix} 2 & 3 & 1 & 5 & 4 \\ 4 & 5 & 2 & 1 & 3 \end{pmatrix}, \quad \begin{pmatrix} 6 & 5 & 4 & 3 & 2 & 1 \\ 4 & 1 & 6 & 2 & 3 & 5 \end{pmatrix}$$

2. n 個の奇置換をつづけて行つた結果が奇置換であれば n は奇數であることを證せよ．

3. 置換 $\begin{pmatrix} 1 & 2 & 3 & 4 \\ 2 & 1 & 4 & 3 \end{pmatrix}$ は互換 (12) と互換 (34) を行つた結果である．そして逆置換と一致する．一般にどの二つも共通の數字をもたないいくつかの互換をつづけて行つて得られる置換はその逆置換と一致する．その理由を述べよ．

4. 次の置換の奇偶は $\left[\dfrac{n}{2}\right]$ の奇偶と一致することを證せよ．

$$\begin{pmatrix} 1 & 2 & \cdots & n-1 & n \\ n & n-1 & \cdots & 2 & 1 \end{pmatrix}$$

ただし $\left[\dfrac{n}{2}\right]$ は $\dfrac{n}{2}$ を超えない最大整數を表わす記號である．

5. 變數 x, y, z の式 $(x-y)(y-z)(z-x)$ を變えない x, y, z の置換は偶置換である．この式の符號だけを變ずる x, y, z の置換は奇置換である．

6. 次の式を變えない變數の置換を求めよ．
   (a) $x+y-z$　(b) $xy+zu$

§2. 行列式

次の連立一次方程式を考える．

$$a_{11}x_1 + a_{12}x_2 = b_1$$
$$a_{21}x_1 + a_{22}x_2 = b_2$$

ここで x_1, x_2 は未知數，a_{11}, a_{12}, a_{21}, a_{22}, b_1, b_2 は既知の數である．a_{11}, a_{12} などのように文字の右下に二重に番號をつけたとき，これらの番號を**二重添數**という．第1式の係數の左添數を1，第2式の係數の左添數を2にしてある．また未知數 x_1 の係數の右添數を1，x_2 の係數の右添數を2にしてある．このような二重添數を使用すると説明に都合がよいことが後になつてわかるであろう．この連立方程式を解くにはまず第1式に a_{22} を乗じ第2式に $-a_{12}$ を乗じて加えると

$$(a_{11}a_{22} - a_{12}a_{21})x_1 = a_{22}b_1 - a_{12}b_2$$

また第1式に $-a_{21}$ を乗じ第2式に a_{11} を乗じて加えれば

$$(a_{11}a_{22} - a_{12}a_{21})x_2 = a_{11}b_2 - a_{21}b_1$$

そこで $a_{11}a_{22} - a_{12}a_{21} \neq 0$ ならば

$$x_1 = \frac{a_{22}b_1 - a_{12}b_2}{a_{11}a_{22} - a_{12}a_{21}}, \qquad x_2 = \frac{a_{11}b_2 - a_{21}b_1}{a_{11}a_{22} - a_{12}a_{21}}$$

を得る．さてここで次のような記號を用いると便利である．式 $a_{11}a_{22} - a_{12}a_{21}$ を記號

$$\begin{vmatrix} a_{11} & a_{12} \\ a_{21} & a_{22} \end{vmatrix}$$

で示す．一般に

$$\begin{vmatrix} x & y \\ z & u \end{vmatrix} = xu - zy$$

とするのである．このような記號を用いた式を**2次の行列式**という．さて

$$\begin{vmatrix} b_1 & a_{12} \\ b_2 & a_{22} \end{vmatrix} = a_{22}b_1 - a_{12}b_2, \qquad \begin{vmatrix} a_{11} & b_1 \\ a_{21} & b_2 \end{vmatrix} = a_{11}b_2 - a_{11}b_1$$

であるから，上の連立方程式の解は

$$x_1 = \frac{\begin{vmatrix} b_1 & a_{11} \\ b_2 & a_{22} \end{vmatrix}}{\begin{vmatrix} a_{11} & a_{12} \\ a_{21} & a_{22} \end{vmatrix}}, \qquad x_2 = \frac{\begin{vmatrix} a_{11} & b_1 \\ a_{21} & b_2 \end{vmatrix}}{\begin{vmatrix} a_{11} & a_{12} \\ a_{21} & a_{22} \end{vmatrix}}$$

§2. 行列式

と書ける．連立方程式の左邊の係數を縱橫にならべて

	第1列	第2列
第1行	a_{11}	a_{12}
第2行	a_{21}	a_{22}

としたとき，これを**行列**という．解の分母はこの行列の行列式である．この行列の第1列を連立方程式の右邊でおきかえた行列

$$\begin{matrix} b_1 & a_{12} \\ b_2 & a_{22} \end{matrix}$$

の行列式が x_1 の分子となる．また上の行列の第2列を右邊でおきかえた行列

$$\begin{matrix} a_{11} & b_1 \\ a_{21} & b_2 \end{matrix}$$

の行列式が x_2 の分子となつている．

例. $2x+3y=1,$
$x-5y=-2,$
$$x=\frac{\begin{vmatrix} 1 & 3 \\ -2 & -5 \end{vmatrix}}{\begin{vmatrix} 2 & 3 \\ 1 & -5 \end{vmatrix}}=-\frac{1}{13}, \quad y=\frac{\begin{vmatrix} 2 & 1 \\ 1 & -2 \end{vmatrix}}{\begin{vmatrix} 2 & 3 \\ 1 & -5 \end{vmatrix}}=\frac{5}{13}$$

次に未知數が3個で式が3個の場合の連立一次方程式

$$(1) \quad \begin{cases} a_{11}x_1+a_{12}x_2+a_{13}x_3=b_1 \\ a_{21}x_1+a_{22}x_2+a_{23}x_3=b_2 \\ a_{31}x_1+a_{32}x_2+a_{33}x_3=b_3 \end{cases}$$

を考える．第1式に $a_{22}a_{33}-a_{23}a_{32}$ を乘じ，第2式に $a_{13}a_{32}-a_{12}a_{33}$ を乘じ，第3式に $a_{12}a_{23}-a_{13}a_{22}$ を乘じて加えれば

$$\{a_{11}(a_{22}a_{33}-a_{23}a_{32})+a_{21}(a_{13}a_{32}-a_{12}a_{33})+a_{31}(a_{12}a_{23}-a_{13}a_{22})\}x_1$$
$$+\{a_{12}(a_{22}a_{33}-a_{23}a_{32})+a_{22}(a_{13}a_{32}-a_{12}a_{33})+a_{32}(a_{12}a_{23}-a_{13}a_{22})\}x_2$$
$$+\{a_{13}(a_{22}a_{33}-a_{23}a_{32})+a_{23}(a_{13}a_{32}-a_{12}a_{33})+a_{33}(a_{12}a_{23}-a_{13}a_{22})\}x_3$$
$$=b_1(a_{22}a_{33}-a_{23}a_{32})+b_2(a_{13}a_{32}-a_{12}a_{33})+b_3(a_{12}a_{23}-a_{13}a_{22})$$

ここで x_2, x_3 の係數は明らかに 0 であるから

$$(2) \quad \begin{aligned} &(a_{11}a_{22}a_{33}-a_{11}a_{23}a_{32}+a_{13}a_{21}a_{32}-a_{12}a_{21}a_{33}+a_{12}a_{23}a_{31}-a_{13}a_{22}a_{31})x_1 \\ &=b_1a_{22}a_{33}-b_1a_{23}a_{32}+a_{13}b_2a_{32}-a_{12}b_2a_{33}+a_{12}a_{23}b_3-a_{13}a_{22}b_3 \end{aligned}$$

さて x_1 の係數

(3) $\quad a_{11}a_{22}a_{33}-a_{11}a_{23}a_{32}+a_{13}a_{21}a_{32}-a_{12}a_{21}a_{33}+a_{12}a_{23}a_{31}-a_{13}a_{22}a_{31}$

を次の記號で示す．

(4) $\quad \begin{vmatrix} a_{11} & a_{12} & a_{13} \\ a_{21} & a_{22} & a_{23} \\ a_{31} & a_{32} & a_{33} \end{vmatrix}$

これは(1)の左邊の係數を縱橫にならべた行列

	第1列	第2列	第3列
第1行	a_{11}	a_{12}	a_{13}
第2行	a_{21}	a_{22}	a_{23}
第3行	a_{31}	a_{32}	a_{33}

の行列式である．このような3行3列の行列式を **3次の行列式** という．(2)における x_1 の係數すなわち行列式(4)が0でないとき(2)から x_1 の値が定まる．そのとき分母は行列式(3)であつて，分子は上の行列で第1列を(1)の右邊でおきかえた行列の行列式となる．

$$x_1 = \frac{\begin{vmatrix} b_1 & a_{12} & a_{13} \\ b_2 & a_{22} & a_{23} \\ b_3 & a_{32} & a_{33} \end{vmatrix}}{\begin{vmatrix} a_{11} & a_{12} & a_{13} \\ a_{21} & a_{22} & a_{23} \\ a_{31} & a_{32} & a_{33} \end{vmatrix}}$$

次に x_2 の値を求めるには第1式に $a_{23}a_{31}-a_{21}a_{33}$ を乘じ第2式に $a_{11}a_{33}-a_{13}a_{31}$ を乘じ，第3式に $a_{13}a_{21}-a_{11}a_{23}$ を乘じて加えると x_1 と x_3 の係數は0となつて

$$\{a_{12}(a_{23}a_{31}-a_{21}a_{33})+a_{22}(a_{11}a_{33}-a_{13}a_{31})+a_{32}(a_{13}a_{21}-a_{11}a_{23})\}x_2$$
$$=b_1(a_{23}a_{31}-a_{21}a_{33})+b_2(a_{11}a_{33}-a_{13}a_{31})+b_3(a_{13}a_{21}-a_{11}a_{23})$$

ここで x_2 の係數は(2)における x_1 の係數すなわち行列式(4)に等しい．そして右邊は(4)の第2列を(1)の右邊でおきかえたものである．

§2. 行列式

$$x_2 = \frac{\begin{vmatrix} a_{11} & b_1 & a_{13} \\ a_{21} & b_2 & a_{23} \\ a_{31} & b_3 & a_{33} \end{vmatrix}}{\begin{vmatrix} a_{11} & a_{12} & a_{13} \\ a_{21} & a_{22} & a_{23} \\ a_{31} & a_{32} & a_{33} \end{vmatrix}}$$

同様に x_3 の値を求めるには第1式に $a_{21}a_{32}-a_{22}a_{31}$ を乗じ，第2式に $a_{12}a_{31}-a_{11}a_{32}$ を乗じ，第3式に $a_{11}a_{22}-a_{12}a_{21}$ を乗じて加えれば

$$x_3 = \frac{\begin{vmatrix} a_{11} & a_{12} & b_1 \\ a_{21} & a_{22} & b_2 \\ a_{31} & a_{32} & b_3 \end{vmatrix}}{\begin{vmatrix} a_{11} & a_{12} & a_{13} \\ a_{21} & a_{22} & a_{23} \\ a_{31} & a_{32} & a_{33} \end{vmatrix}}$$

ただし行列式 (4) の値が 0 でないときに限る．

行列式は連立一次方程式を解くために發見されたものであつて，歐州では17世紀に Leibniz によつて發見され，また日本では同時代の數學者關孝和によつて發見された．もつとも關流の行列式は Leibniz のものと少し異る．

さて行列式 (4) は (3) の式を示すのであるが，この式のつくり方をしらべてみよう．(4) の各行各列から一つずつ選んで積をつくりそれに ＋ あるいは － の符號をつけたものが (3) の項である．一つの項について左添數 1, 2, 3 が一回ずつ現れ，また右添數も一回ずつ現れる．從つてたとえば $a_{12}a_{22}a_{31}$ のような項はないわけである．一つの項の左添數の順列に對し右添數の順列が考えられる．例えば項 $a_{13}a_{21}a_{32}$ については左添數の順列 123 に對し右添數の順列 312 が考えられる．そこで置換

$$\begin{pmatrix} 1 & 2 & 3 \\ 3 & 1 & 2 \end{pmatrix}$$

が考えられる．項 $a_{13}a_{21}a_{32}$ を $a_{21}a_{13}a_{32}$，$a_{32}a_{13}a_{21}$ などと記したとき順列は變るけれども上の置換には變りがない．このようにどの項についても左添數の順列を右添數の順列に變える置換がただ一つ考えられるが，この置換が偶置換のとき ＋，奇置換のとき － がつくことが (3) を見ればわかる．例えば項 $a_{13}a_{21}a_{32}$ では

上の置換が偶置換であるから ＋ がつくのである．また項 $-a_{11}a_{23}a_{32}$ については置換が 2 と 3 をおきかえる互換であるから － がつくのである．2 次行列式ならば

$$\begin{vmatrix} a_{11} & a_{12} \\ a_{21} & a_{22} \end{vmatrix} = a_{11}a_{22} - a_{12}a_{21}$$

であるが，項 $a_{11}a_{22}$ については恒等置換が對應するから － がつかない．項 $-a_{12}a_{21}$ では互換 (12) が對應するから － がつく．このことにもとづいて後述のように一般の行列式を考えることができる．行列式 (4) について左上から右下にかけてならんでいる a_{11}, a_{22}, a_{33} をこの行列式の**主對角線**という．主對角線にあるものを全部乗じて生ずる項 $a_{11}a_{22}a_{33}$ を行列式 (4) の**主項**という．主項には恒等置換が對應するから － がつかない．さて 3 次の行列式 (4) を (3) の式に直す場合に，次のような規則を知つておくと便利である．主對角線と同方向に 2 個を選んでつくつた項 $a_{13}a_{21}a_{32}, a_{12}a_{23}a_{31}$ には － がつかない．しかしこの規則は後に述べる一般の行列式には適用できない．

例題 1.

$$\begin{vmatrix} -1 & 1 & 0 \\ 2 & 3 & 1 \\ 4 & 0 & 6 \end{vmatrix} = (-1)\cdot 3\cdot 6 + 1\cdot 1\cdot 4 + 0\cdot 2\cdot 0 - 1\cdot 2\cdot 6 - (-1)\cdot 1\cdot 0 - 0\cdot 3\cdot 4 = -26$$

例題 2.

$$\begin{vmatrix} 1 & 1 & 1 \\ a & b & c \\ a^2 & b^2 & c^2 \end{vmatrix} = bc^2 + ca^2 + ab^2 - b^2c - c^2a - a^2b$$

$$= ab(b-a) + c^2(b-a) + c(a^2-b^2) = (a-b)(ac+bc-ab-c^2)$$

$$= (a-b)(b-c)(c-a)$$

一般の次數の行列式を考えるには次のようにする．n^2 個の數を n 行 n 列にならべる．

$$\begin{array}{cccc} a_{11} & a_{12} & \cdots\cdots & a_{1n} \\ a_{21} & a_{22} & \cdots\cdots & a_{2n} \\ \cdots & \cdots & \cdots\cdots & \cdots \\ a_{n1} & a_{n2} & \cdots\cdots & a_{nn} \end{array}$$

§2. 行列式

ここで左添數は行の番號，右添數は列の番號を示す．各行各列から一つずつ選んだ n 個の數の積は何通りできるであろうか．まず第1行第 α 列から $a_{1\alpha}$ をとり第2行からは α 列以外の列にある $a_{2\beta}$ を選ぶ．次に第3行からは α 列，β 列以外の列にある $a_{3\gamma}$ をとる．このことをつづけて行つて積

$$a_{1\alpha}\, a_{2\beta}\, a_{3\gamma} \cdots\cdots a_{n\omega}$$

をつくる．このとき列の番號 α の選び方は n 通り，列の番號 β の選び方は $n-1$ 通り，番號 γ の選び方は $n-2$ 通りとなつて行く．そして最後に番號 ω は殘つたただ一つの番號にすればよい．そこでこのような項のつくり方は $n!$ 通りある．さて上の項には左添數の順列 $1\,2\,3\cdots n$ を右添數の順列 $\alpha\beta\gamma\cdots\omega$ に變える置換

$$\begin{pmatrix} 1\ 2\ 3\ \cdots\ n \\ \alpha\ \beta\ \gamma\ \cdots\ \omega \end{pmatrix}$$

が對應する．これが奇置換であるか偶置換であるかによつて項に負號 $-$ をつけるかつけないことにする．このことをはつきり示すために次のような記號を用いると便利である．すなわち記號

$$\mathrm{sgn}\begin{pmatrix} 1\ 2\ 3\ \cdots\ n \\ \alpha\ \beta\ \gamma\ \cdots\ \omega \end{pmatrix}$$

は置換が偶置換であるとき $+1$ を示し，奇置換であるとき -1 を示すものと約束する．例えば

$$\mathrm{sgn}\begin{pmatrix} 1\ 2\ 3 \\ 1\ 2\ 3 \end{pmatrix}=1, \quad \mathrm{sgn}\begin{pmatrix} 1\ 2\ 3 \\ 2\ 1\ 3 \end{pmatrix}=-1, \quad \mathrm{sgn}\begin{pmatrix} 1\ 2\ 3\ 4 \\ 2\ 3\ 4\ 1 \end{pmatrix}=-1,$$

$$\mathrm{sgn}\begin{pmatrix} 1\ 2\ 3\ 4 \\ 4\ 3\ 2\ 1 \end{pmatrix}=1$$

このようにして數 $1,2,3,\cdots,n$ のあらゆる順列 $\alpha\beta\gamma\cdots\omega$ に對して $n!$ 個の項

$$\mathrm{sgn}\begin{pmatrix} 1\ 2\ 3\ \cdots\ n \\ \alpha\ \beta\ \gamma\ \cdots\ \omega \end{pmatrix} a_{1\alpha}\, a_{2\beta}\, a_{3\gamma} \cdots a_{n\omega}$$

をつくる．これらの項をすべて加えて生ずる和を記號 $\sum$ を用いて

(5) $$\sum \mathrm{sgn}\begin{pmatrix} 1\ 2\ 3\ \cdots\ n \\ \alpha\ \beta\ \gamma\ \cdots\ \omega \end{pmatrix} a_{1\alpha}\, a_{2\beta}\, a_{3\gamma} \cdots a_{n\omega}$$

と示す．この式を上の n 行 n 列の行列の行列式といつて記號

(6)
$$\begin{vmatrix} a_{11} & a_{12} & \cdots & a_{1n} \\ a_{21} & a_{22} & \cdots & a_{2n} \\ \cdots\cdots\cdots\cdots\cdots \\ a_{n1} & a_{n2} & \cdots & a_{nn} \end{vmatrix}$$

で示す．これが一般の n 次行列式である．

問． 4次の行列式

$$\begin{vmatrix} a_{11} & a_{12} & a_{13} & a_{14} \\ a_{21} & a_{22} & a_{23} & a_{24} \\ a_{31} & a_{32} & a_{33} & a_{34} \\ a_{41} & a_{42} & a_{43} & a_{44} \end{vmatrix}$$

は次の式を示すことを確めよ．

$a_{11}a_{22}a_{33}a_{44} - a_{11}a_{22}a_{34}a_{43} + a_{11}a_{23}a_{34}a_{42} - a_{11}a_{23}a_{32}a_{44} + a_{11}a_{24}a_{32}a_{43} - a_{11}a_{24}a_{33}a_{42}$
$- a_{12}a_{21}a_{33}a_{44} + a_{12}a_{21}a_{34}a_{43} - a_{12}a_{23}a_{34}a_{41} + a_{12}a_{23}a_{31}a_{44} - a_{12}a_{24}a_{31}a_{43} + a_{12}a_{24}a_{33}a_{41}$
$+ a_{13}a_{21}a_{32}a_{44} - a_{13}a_{21}a_{34}a_{42} - a_{13}a_{22}a_{31}a_{44} + a_{13}a_{22}a_{34}a_{41} - a_{13}a_{24}a_{32}a_{41} + a_{13}a_{24}a_{31}a_{42}$
$- a_{14}a_{21}a_{32}a_{43} + a_{14}a_{21}a_{33}a_{42} - a_{14}a_{22}a_{33}a_{41} + a_{14}a_{22}a_{31}a_{43} - a_{14}a_{23}a_{31}a_{42} + a_{14}a_{23}a_{32}a_{41}.$

3次の行列式 (4) は (3) の式を示す．さて (3) の式は (5) のような表わし方にすれば

$$\sum \mathrm{sgn}\begin{pmatrix} 1 & 2 & 3 \\ \alpha & \beta & \gamma \end{pmatrix} a_{1\alpha} a_{2\beta} a_{3\gamma}$$

である．いま (3) の式を次のように書きかえて

$$a_{11}a_{22}a_{33} - a_{11}a_{32}a_{23} + a_{21}a_{32}a_{13} - a_{21}a_{12}a_{33} + a_{31}a_{12}a_{23} - a_{31}a_{22}a_{13}$$

それを (5) のような表わし方にすれば

$$\sum \mathrm{sgn}\begin{pmatrix} p & q & r \\ 1 & 2 & 3 \end{pmatrix} a_{p1} a_{q2} a_{r3}$$

と書ける．ここで記号 $\sum$ は 1, 2, 3 のあらゆる順列 $p\,q\,r$ について加えた和であることを示す．n 次の行列式 (6) の項 $a_{1\alpha} a_{2\beta} \cdots a_{n\omega}$ についてもこれを $a_{p_1} a_{q_2} \cdots a_{pn}$ とするとき

$$\begin{pmatrix} 1 & 2 & \cdots & n \\ \alpha & \beta & \cdots & \omega \end{pmatrix} = \begin{pmatrix} p & q & \cdots & \rho \\ 1 & 2 & \cdots & n \end{pmatrix}$$

であるから (5) の式を次のように示してもよい．

(7) $\qquad \sum \mathrm{sgn}\begin{pmatrix} p & q & \cdots & \rho \\ 1 & 2 & \cdots & n \end{pmatrix} a_{p_1} a_{q_2} \cdots a_{pn}$

§2. 行 列 式

ここで記號 $\sum$ は $1, 2, \cdots, n$ のあらゆる順列 $pq\cdots\rho$ について加えた和であることを示す.

例題 3. 行列式に於て一つの行または列がすべて零ならば行列式は零である.

證. 行列式のどの項にも任意の行あるいは任意の列の數がかかつているから, どの項にも零がかかる.

例題 4. 主對角線の右側あるいは左側が全部 0 であるような行列式は主項に等しい. 例えば

$$\begin{vmatrix} a_{11} & 0 & 0 \\ a_{21} & a_{22} & 0 \\ a_{31} & a_{32} & a_{33} \end{vmatrix} = a_{11} a_{22} a_{33}$$

證. 零がかからない項は第 1 行から a_{11} をえらび, 第 2 行から a_{22} をえらび, 第 3 行から a_{33} をえらんで作つた主項だけである.

問 題

1. 行列式を用いて次の連立一次方程式を解け.
   $$x-y-z=9, \quad 2x+3y-z=12 \quad 5x-2y-3z=-2$$

2. 次の等式を證明せよ.
   $$\begin{vmatrix} 1 & a & bc \\ 1 & b & ca \\ 1 & c & ab \end{vmatrix} = (a-b)(b-c)(c-a)$$

3. 次の行列式の値を求めよ.
   $$\begin{vmatrix} b^2+c^2 & ab & ca \\ ab & c^2+a^2 & bc \\ ca & bc & a^2+b^2 \end{vmatrix}$$

4. 右上から左下に至る對角線の右側または左側が全部 0 であるような n 次の行列式の値は
   $$(-1)^{\left[\frac{n}{2}\right]} a_{1n} a_{2,n-1} \cdots a_{n-1,2} a_{n1}$$
   であることを證明せよ. (§1 問題 4 参照)

5. 本文の連立一次方程式 (1) について求めた x_1, x_2, x_3 の値が實際に (1) の解であることをたしかめよ.

§3. 行列式の性質

(1) $\begin{vmatrix} a_{11} & a_{12} & a_{13} \\ a_{21} & a_{22} & a_{23} \\ a_{31} & a_{32} & a_{33} \end{vmatrix}$

の第1列, 第2列, 第3列をそれぞれ第1行, 第2行, 第3行とする新しい行列をつくると

(2) $\begin{vmatrix} a_{11} & a_{21} & a_{31} \\ a_{12} & a_{22} & a_{32} \\ a_{13} & a_{23} & a_{33} \end{vmatrix}$

これは (1) において行と列を入れかえた行列式である. (1) は式

(3) $a_{11}a_{22}a_{33} - a_{11}a_{23}a_{32} + a_{12}a_{23}a_{31} - a_{12}a_{21}a_{33} + a_{13}a_{21}a_{32} - a_{13}a_{22}a_{31}$

を示すのであるが, この式で左添數と右添數を入れかえたものが行列式 (2) にほかならない. そこで (2) は式

$a_{11}a_{22}a_{33} - a_{11}a_{32}a_{23} + a_{21}a_{32}a_{13} - a_{21}a_{12}a_{33} + a_{31}a_{12}a_{23} - a_{31}a_{22}a_{13}$

を示すことになるが, これは (3) と同じである. そこで (1) と (2) は等しい. 一般に次の事柄が成り立つ. 行列

$$\begin{matrix} a_{11} & a_{12} & \cdots\cdots & a_{1n} \\ a_{21} & a_{22} & \cdots\cdots & a_{2n} \\ \cdots & \cdots & \cdots & \cdots \\ a_{n1} & a_{n2} & \cdots\cdots & a_{nn} \end{matrix}$$

の第1列, 第2列, $\cdots$, 第n列をそれぞれ第1行, 第2行, $\cdots$, 第n行とする行列

$$\begin{matrix} a_{11} & a_{21} & \cdots\cdots & a_{n1} \\ a_{12} & a_{22} & \cdots\cdots & a_{n2} \\ \cdots & \cdots & \cdots & \cdots \\ a_{1n} & a_{2n} & \cdots\cdots & a_{nn} \end{matrix}$$

を上の行列の**轉置行列**という.

(I) **轉置行列の行列式はもとの行列の行列式に等しい.**

證明は次の通りである. もとの行列の行列式は前節 (5) の式であるが, 左添數と右添數を入れかえて生ずる式

§3. 行列式の性質

$$\sum \mathrm{sgn}\begin{pmatrix} 1\,2\,\cdots\,n \\ \alpha\beta\,\cdots\,\omega \end{pmatrix} a_{\alpha 1} a_{\beta 2} \cdots a_{\omega n}$$

が轉置行列の行列式である．定理1によつて逆置換の奇偶はもとの置換の奇偶によつて定まるから

$$\mathrm{sgn}\begin{pmatrix} 1\,2\,\cdots\,n \\ \alpha\beta\,\cdots\,\omega \end{pmatrix} = \mathrm{sgn}\begin{pmatrix} \alpha\beta\,\cdots\,\omega \\ 1\,2\,\cdots\,n \end{pmatrix}$$

そこで前節の (7) の形の式となるからもとの行列式に等しい．

次に行列式 (1) において第1行と第2行を入れかえて生ずる行列式

$$\begin{vmatrix} a_{21} & a_{22} & a_{23} \\ a_{11} & a_{12} & a_{13} \\ a_{31} & a_{32} & a_{33} \end{vmatrix}$$

は式 (3) に於て左添數1と左添數2を入れかえて生ずる式

$$a_{21}a_{12}a_{33} - a_{21}a_{13}a_{32} + a_{22}a_{13}a_{31} - a_{22}a_{11}a_{33} + a_{23}a_{11}a_{32} - a_{23}a_{12}a_{31}$$

である．これは式 (3) の符號を變えたものであるから，もとの行列式に負號 − をつけたものである．一般に次の事柄が成り立つ．

(II)　**行列式において二つの行あるいは二つの列を入れかえればもとの行列式の符號を變えたものとなる．**

證．第1行と第2行を入れかえて生ずる行列式は前節の式 (5) において左添數1と左添數2を入れかえて生ずる式

$$\sum \mathrm{sgn}\begin{pmatrix} 1\,2\,\cdots\,n \\ \alpha\beta\,\cdots\,\omega \end{pmatrix} a_{2\alpha} a_{1\beta} \cdots a_{n\omega}$$

である．順列 $\alpha\beta\cdots\omega$ で β と α を入れかえた順列を $\beta\alpha\cdots\omega$ で示すとき

$$\mathrm{sgn}\begin{pmatrix} 1\,2\,\cdots\,n \\ \beta\alpha\,\cdots\,\omega \end{pmatrix} = -\mathrm{sgn}\begin{pmatrix} 1\,2\,\cdots\,n \\ \alpha\beta\,\cdots\,\omega \end{pmatrix}$$

であるから上の式は

$$-\sum \mathrm{sgn}\begin{pmatrix} 1\,2\,\cdots\,n \\ \beta\alpha\,\cdots\,\omega \end{pmatrix} a_{1\beta} a_{2\alpha} \cdots a_{n\omega}$$

である．これはもとの行列式に − をつけたものである．任意の二つの行を入れかえる場合も同様である．また二つの列を入れかえることは轉置行列の行列式において二つの行を入れかえることであるから符號が變るだけである．

例題 1. 1, 2, 3 の順列を $\alpha\beta\omega$ とするとき

$$\begin{vmatrix} a_{\alpha 1} & a_{\alpha 2} & a_{\alpha 3} \\ a_{\beta 1} & a_{\beta 2} & a_{\beta 3} \\ a_{\gamma 1} & a_{\gamma 2} & a_{\gamma 3} \end{vmatrix} = \mathrm{sgn}\begin{pmatrix} 1 & 2 & 3 \\ \alpha & \beta & \gamma \end{pmatrix} \begin{vmatrix} a_{11} & a_{12} & a_{13} \\ a_{21} & a_{22} & a_{23} \\ a_{31} & a_{32} & a_{33} \end{vmatrix}$$

證. 置換 $\begin{pmatrix} 1 & 2 & 3 \\ \alpha & \beta & \gamma \end{pmatrix}$ は行の置換を示しているわけである．もとの行列式において行の互換を偶數回行つて左の行列式を得るならばこの置換は偶置換，奇數回でよければ奇置換である．行の互換を一回行う度に符號だけを變ずるから上の式が成り立つ．なおこの事柄は3次の行列式に限らず一般の n 次行列式について成り立つ．

(III) **行列式において二つの行あるいは二つの列が同じならば行列式は零である**

證. i 番目の行と k 番目の行が同じとすると

$$a_{i1}=a_{k1},\ a_{i2}=a_{k2},\ \cdots,\ a_{in}=a_{kn}$$

そこでこの行列式 Δ について左添數 i と左添數 k とを入れかえたときどの項も變らないから Δ は變らない．ところが(II)によつて負號－がつくはずであるから

$$-\Delta = \Delta$$

となつて $\Delta=0$ となる．列の場合の證明も同様である．

例.
$$\begin{vmatrix} 1 & 1 & 1 \\ a & b & c \\ a^2 & b^2 & c^2 \end{vmatrix}$$

について a, b, c のうち相等しいものがあれば零となる．

(IV) **行列式の一つの行あるいは一つの列に同一の数 k を乘じて生ずる行列式はもとの行列式の k 倍に等しい．** 例えば

$$\begin{vmatrix} ka_{11} & ka_{12} & \cdots & ka_{1n} \\ a_{21} & a_{22} & \cdots & a_{2n} \\ \cdots\cdots\cdots\cdots\cdots \\ a_{n1} & a_{n2} & \cdots & a_{nn} \end{vmatrix} = k \begin{vmatrix} a_{11} & a_{12} & \cdots & a_{1n} \\ a_{21} & a_{22} & \cdots & a_{2n} \\ \cdots\cdots\cdots\cdots\cdots \\ a_{n1} & a_{n2} & \cdots & a_{nn} \end{vmatrix}$$

證. 左邊の行列式は

$$\sum \mathrm{sgn}\begin{pmatrix} 1 & 2 & \cdots & n \\ \alpha & \beta & \cdots & \omega \end{pmatrix} k\, a_{1\alpha} a_{2\beta} \cdots a_{n\omega}$$

§3. 行列式の性質

この式は

$$k \sum \text{sgn} \begin{pmatrix} 1 & 2 & \cdots & n \\ \alpha & \beta & \cdots & \omega \end{pmatrix} a_{1\alpha} a_{2\beta} \cdots a_{n\omega}$$

であるから右邊に等しい．第1行以外の行に k を乘ずるときも同樣である．

例. $\begin{vmatrix} 2 & -4 & 6 \\ 1 & 2 & 5 \\ 3 & 1 & 7 \end{vmatrix} = 2 \begin{vmatrix} 1 & -2 & 3 \\ 1 & 2 & 5 \\ 3 & 1 & 7 \end{vmatrix}$

例題 2.

$$\begin{vmatrix} ka_{11} & ka_{12} & ka_{13} \\ la_{21} & la_{22} & la_{23} \\ ma_{31} & ma_{32} & ma_{33} \end{vmatrix} = klm \begin{vmatrix} a_{11} & a_{12} & a_{13} \\ a_{21} & a_{22} & a_{23} \\ a_{31} & a_{32} & a_{33} \end{vmatrix}$$

證明は (IV) の性質を繰り返して用いればよい．

例題 3.

$$\begin{vmatrix} 1 & 1 & 1 \\ \dfrac{1}{a} & \dfrac{1}{b} & \dfrac{1}{c} \\ \dfrac{1}{a^2} & \dfrac{1}{b^2} & \dfrac{1}{c^2} \end{vmatrix} = -\dfrac{1}{a^2 b^2 c^2} \begin{vmatrix} 1 & 1 & 1 \\ a & b & c \\ a^2 & b^2 & c^2 \end{vmatrix}$$ を證せよ．

證． 左邊の第1列に a^2, 第2列に b^2, 第3列に c^2 を乘ずれば，左邊の $a^2 b^2 c^2$ 倍が

$$\begin{vmatrix} a^2 & b^2 & c^2 \\ a & b & c \\ 1 & 1 & 1 \end{vmatrix} = - \begin{vmatrix} 1 & 1 & 1 \\ a & b & c \\ a^2 & b^2 & c^2 \end{vmatrix}$$

に等しい．

(V) 第 i 行が $a_{i1}+b_{i1}, a_{i2}+b_{i2}, \cdots, a_{in}+b_{in}$ である行列式は第 i 行が $a_{i1}, a_{i2}, \cdots, a_{in}$ であつて他の行がそのままである行列式と第 i 行が $b_{i1}, b_{i2}, \cdots, b_{in}$ であつて他の行がそのままである行列式との和である．

例えば

$$\begin{vmatrix} a_{11} & a_{12} & a_{13} \\ a_{21}+b_{21} & a_{22}+b_{22} & a_{23}+b_{23} \\ a_{31} & a_{32} & a_{33} \end{vmatrix} = \begin{vmatrix} a_{11} & a_{12} & a_{13} \\ a_{21} & a_{22} & a_{23} \\ a_{31} & a_{32} & a_{33} \end{vmatrix} + \begin{vmatrix} a_{11} & a_{12} & a_{13} \\ b_{21} & b_{22} & b_{23} \\ a_{31} & a_{32} & a_{33} \end{vmatrix}$$

證． 左邊の行列式は

$$\sum \operatorname{sgn}\begin{pmatrix}1\,2\,3\\ \alpha\beta\gamma\end{pmatrix} a_{1\alpha}(a_{2\beta}+b_{2\beta})\,a_{3\gamma}$$

$$=\sum \operatorname{sgn}\begin{pmatrix}1\,2\,3\\ \alpha\beta\gamma\end{pmatrix} a_{1\alpha}\,a_{2\beta}\,a_{3\gamma}+\sum \operatorname{sgn}\begin{pmatrix}1\,2\,3\\ \alpha\beta\gamma\end{pmatrix} a_{1\alpha}\,a_{2\beta}\,a_{3\gamma}$$

そこで右邊に等しいことがわかる．一般の場合の證明も同様である．

次に（V）は列の場合にも成り立つことが（I）によつてわかる．例えば

$$\begin{vmatrix} a_{11} & a_{12} & a_{13}+b_{13} \\ a_{21} & a_{22} & a_{23}+b_{23} \\ a_{31} & a_{32} & a_{33}+b_{33} \end{vmatrix} = \begin{vmatrix} a_{11} & a_{12} & a_{13} \\ a_{21} & a_{22} & a_{23} \\ a_{31} & a_{32} & a_{33} \end{vmatrix} + \begin{vmatrix} a_{11} & a_{12} & b_{13} \\ a_{21} & a_{22} & b_{23} \\ a_{31} & a_{32} & b_{33} \end{vmatrix}$$

例題 4.　$\begin{vmatrix} a+b & b+c & c+a \\ c & a & b \\ 1 & 1 & 1 \end{vmatrix}=0$　を證せよ．

證.　$\begin{vmatrix} a+b+c & a+b+c & a+b+c \\ c & a & b \\ 1 & 1 & 1 \end{vmatrix}=(a+b+c)\begin{vmatrix} 1 & 1 & 1 \\ c & a & b \\ 1 & 1 & 1 \end{vmatrix}=0$

左の行列式は

$$\begin{vmatrix} a+b & b+c & c+a \\ c & a & b \\ 1 & 1 & 1 \end{vmatrix} + \begin{vmatrix} c & a & b \\ c & a & b \\ 1 & 1 & 1 \end{vmatrix} = \begin{vmatrix} a+b & b+c & c+a \\ c & a & b \\ 1 & 1 & 1 \end{vmatrix}$$

例題 5.

$$\begin{vmatrix} a_{11} & a_{12} & \sum_{i=1}^{r} c_i\, b_1^{(i)} \\ a_{21} & a_{22} & \sum_{i=1}^{r} c_i\, b_2^{(i)} \\ a_{31} & a_{32} & \sum_{i=1}^{r} c_i\, b_3^{(i)} \end{vmatrix} = \sum_{i=1}^{r} c_i \begin{vmatrix} a_{11} & a_{12} & b_1^{(i)} \\ a_{21} & a_{22} & b_2^{(i)} \\ a_{31} & a_{32} & b_3^{(i)} \end{vmatrix}$$

證明は（IV）と（V）を繰り返して用いればよい．

（VI）　**行列式の一つの行（あるいは一つの列）に数 k を乗じたものを他の行（あるいは他の列）に加えて生ずる行列式はもとの行列式に等しい．**

例えば

$$\begin{vmatrix} a_{11} & a_{12} & a_{13} \\ a_{21} & a_{22} & a_{23} \\ a_{31}+ka_{11} & a_{32}+ka_{12} & a_{33}+ka_{13} \end{vmatrix} = \begin{vmatrix} a_{11} & a_{12} & a_{13} \\ a_{21} & a_{22} & a_{23} \\ a_{31} & a_{32} & a_{33} \end{vmatrix}$$

§3. 行列式の性質

證. 左の行列式は (IV) と (V) によつて

$$\begin{vmatrix} a_{11} & a_{12} & a_{13} \\ a_{21} & a_{22} & a_{23} \\ a_{31} & a_{32} & a_{33} \end{vmatrix} + \begin{vmatrix} a_{11} & a_{12} & a_{13} \\ a_{21} & a_{22} & a_{23} \\ ka_{11} & ka_{12} & ka_{13} \end{vmatrix} = \begin{vmatrix} a_{11} & a_{12} & a_{13} \\ a_{21} & a_{22} & a_{23} \\ a_{31} & a_{32} & a_{33} \end{vmatrix} + k\begin{vmatrix} a_{11} & a_{12} & a_{13} \\ a_{21} & a_{22} & a_{23} \\ a_{11} & a_{12} & a_{13} \end{vmatrix} = \begin{vmatrix} a_{11} & a_{12} & a_{13} \\ a_{21} & a_{22} & a_{23} \\ a_{31} & a_{32} & a_{33} \end{vmatrix}$$

一般の場合の證明も同様である.

以上述べた (I) から (VI) までの性質を利用して行列式の計算, 因数分解などを行うことがしばしばある.

例題 6. $\begin{vmatrix} 1 & 1 & 2 \\ 2 & 1 & -1 \\ 3 & 3 & 2 \end{vmatrix}$ を計算せよ.

解. 第1行に -2 を乗じたものを第2行に加え, 次に第1行に -3 を乗じたものを第3行に加えれば

$$\begin{vmatrix} 1 & 1 & 2 \\ 0 & -1 & -5 \\ 0 & 0 & -4 \end{vmatrix} = 1 \cdot (-1) \cdot (-4) = 4$$

例題 7. 次の等式を證明せよ.

$$\begin{vmatrix} a & b & c \\ c & a & b \\ b & c & a \end{vmatrix} = (a+b+c)(a^2+b^2+c^2-ab-bc-ca)$$

證. 左の行列式の第1列と第2列を第3列に加えれば

$$\begin{vmatrix} a & b & a+b+c \\ c & a & a+b+c \\ b & c & a+b+c \end{vmatrix} = (a+b+c)\begin{vmatrix} a & b & 1 \\ c & a & 1 \\ b & c & 1 \end{vmatrix}$$

これは右邊に等しい.

問 題

次の行列式の値を求めよ. (1—2)

1. $\begin{vmatrix} 1 & 2 & 3 \\ 7 & 5 & -3 \\ 6 & 4 & 5 \end{vmatrix}$ 　　2. $\begin{vmatrix} 8 & 3 & -2 \\ 6 & 1 & 5 \\ 7 & 4 & 4 \end{vmatrix}$

次の等式を證せよ. (3—7)

3. $\begin{vmatrix} 1 & a & a^3 \\ 1 & b & b^3 \\ 1 & c & c^3 \end{vmatrix} = (a-b)(b-c)(c-a)(a+b+c)$

4. $\begin{vmatrix} 1 & bc & a^2 \\ 1 & ca & b^2 \\ 1 & ab & c^2 \end{vmatrix} = (a-b)(a-c)(b-c)(a+b+c)$

5. $\begin{vmatrix} 1 & bc & a^3 \\ 1 & ca & b^3 \\ 1 & ab & c^3 \end{vmatrix} = (a-b)(a-c)(b-c)(a^2+b^2+c^2+ab+bc+ca)$

6. $\begin{vmatrix} bc & a & a^2 \\ ca & b & b^2 \\ ab & c & c^2 \end{vmatrix} = (a-b)(b-c)(c-a)(ab+bc+ca)$

7. $\begin{vmatrix} \dfrac{1}{a} & \dfrac{2}{a+b} & \dfrac{2}{a+c} \\ \dfrac{2}{b+a} & \dfrac{1}{b} & \dfrac{2}{b+c} \\ \dfrac{2}{c+a} & \dfrac{2}{c+b} & \dfrac{1}{c} \end{vmatrix} = \dfrac{(a-b)^2(b-c)^2(c-a)^2}{abc(a+b)^2(b+c)^2(c+a)^2}$

8. 次の方程式を解け.
$$\begin{vmatrix} x-a-b & 2x & 2x \\ 2a & a-b-x & 2a \\ 2b & 2b & b-a-x \end{vmatrix} = 0$$

9. a, b, c が相異なるとき次の方程式を解け
$$\begin{vmatrix} (x+b+c)^2 & a^2 & 1 \\ (x+c+a)^2 & b^2 & 1 \\ (x+a+b)^2 & c^2 & 1 \end{vmatrix} = 0$$

§4. 余因数と連立一次方程式

$$\begin{vmatrix} a_{11} & a_{12} & a_{13} \\ a_{21} & a_{22} & a_{23} \\ a_{31} & a_{32} & a_{33} \end{vmatrix} = a_{11}a_{22}a_{33} - a_{11}a_{23}a_{32} + a_{12}a_{23}a_{31} - a_{12}a_{21}a_{33} \\ + a_{13}a_{21}a_{32} - a_{13}a_{22}a_{31}$$

において a_{11} の入っている項だけをまとめると

$$a_{11}a_{22}a_{33} - a_{11}a_{23}a_{32} = a_{11}(a_{22}a_{33} - a_{23}a_{32})$$

a_{11} にかかる因数 $a_{22}a_{33} - a_{23}a_{32}$ を上の行列式における a_{11} の **余因数** といい,記号 A_{11} で示す.

$$A_{11} = a_{22}a_{33} - a_{23}a_{32} = \begin{vmatrix} a_{22} & a_{23} \\ a_{32} & a_{33} \end{vmatrix}$$

同様に a_{12} の入っている項だけをまとめると

§4. 餘因數と連立一次方程式

$$a_{12}a_{23}a_{31} - a_{12}a_{21}a_{33} = a_{12}(a_{23}a_{31} - a_{21}a_{33})$$

a_{12} にかかる因數 $a_{23}a_{31} - a_{21}a_{33}$ を上の行列式における a_{12} の餘因數といい記號 A_{12} で示す.

$$A_{12} = a_{23}a_{31} - a_{21}a_{33} = -\begin{vmatrix} a_{21} & a_{23} \\ a_{31} & a_{33} \end{vmatrix}$$

同様に a_{13} の餘因數は

$$A_{13} = a_{21}a_{32} - a_{22}a_{31} = \begin{vmatrix} a_{21} & a_{22} \\ a_{31} & a_{32} \end{vmatrix}$$

そして上の行列式は

$$a_{11}A_{11} + a_{12}A_{12} + a_{13}A_{13}$$

と表わされる. 行列式をこのように示すとき**第1行について展開する**という. 例えば

$$\begin{vmatrix} 2 & 3 & 6 \\ 3 & 0 & 7 \\ -1 & 2 & 3 \end{vmatrix}$$

を第1行について展開すれば

$$2\begin{vmatrix} 0 & 7 \\ 2 & 3 \end{vmatrix} - 3\begin{vmatrix} 3 & 7 \\ -1 & 3 \end{vmatrix} + 6\begin{vmatrix} 3 & 0 \\ -1 & 2 \end{vmatrix} = -40$$

第1行についてと同様に第2行についての展開を考えることができる. a_{21} の入つている項は

$$-a_{12}a_{21}a_{33} + a_{13}a_{21}a_{32} = a_{21}(a_{13}a_{32} - a_{12}a_{33})$$

そこで a_{21} の餘因數 A_{21} は

$$A_{21} = -(a_{12}a_{33} - a_{13}a_{32}) = -\begin{vmatrix} a_{12} & a_{13} \\ a_{32} & a_{33} \end{vmatrix}$$

同様に a_{22} の餘因數 A_{22} は

$$A_{22} = a_{11}a_{33} - a_{13}a_{31} = \begin{vmatrix} a_{11} & a_{13} \\ a_{31} & a_{33} \end{vmatrix}$$

同様に a_{23} の餘因數 A_{23} は

$$A_{23} = -a_{11}a_{32} + a_{12}a_{31} = -\begin{vmatrix} a_{11} & a_{12} \\ a_{31} & a_{32} \end{vmatrix}$$

行列式の第2行についての展開は
$$a_{21}A_{21}+a_{22}A_{22}+a_{23}A_{23}$$
と書ける．第3行についての展開も同様であって，行列式は
$$a_{31}A_{31}+a_{32}A_{32}+a_{33}A_{33}$$
と書ける．このとき a_{31}, a_{32}, a_{33} の餘因數は

$$A_{31}=a_{12}a_{23}-a_{13}a_{22}=\begin{vmatrix}a_{12}&a_{13}\\a_{22}&a_{23}\end{vmatrix},\quad A_{32}=-a_{11}a_{23}+a_{13}a_{21}=-\begin{vmatrix}a_{11}&a_{13}\\a_{21}&a_{23}\end{vmatrix}$$

$$A_{33}=a_{11}a_{22}-a_{12}a_{21}=\begin{vmatrix}a_{11}&a_{12}\\a_{21}&a_{22}\end{vmatrix}$$

となっている．以上を通じてみると a_{ij} の餘因數は第 i 行と第 j 列を取り去って生ずる2次の行列式に負號 $-$ をつけるかつけないものである．負號をつけるのは丁度左添數 i と右添數 j の和 $i+j$ が奇數のときに限り偶數のときは負號をつけなくてよい．次に行について考える代りに列について考えると第1列，第2列，第3列についての展開がそれぞれ次のようになる．

$$a_{11}A_{11}+a_{21}A_{21}+a_{31}A_{31},\quad a_{12}A_{12}+a_{22}A_{22}+a_{32}A_{32},\quad a_{13}A_{13}+a_{23}A_{23}+a_{33}A_{33}$$

前例を第2列について展開すれば

$$-3\cdot\begin{vmatrix}3&7\\-1&3\end{vmatrix}+0\cdot\begin{vmatrix}2&6\\-1&3\end{vmatrix}-2\cdot\begin{vmatrix}2&6\\3&7\end{vmatrix}=-40$$

n 次の行列式

$$\begin{vmatrix}a_{11}&a_{12}&\cdots&a_{1n}\\a_{21}&a_{22}&\cdots&a_{2n}\\\cdots&\cdots&\cdots&\cdots\\a_{n1}&a_{n2}&\cdots&a_{nn}\end{vmatrix}$$

を記號 $\varDelta$ で示すことにする．a_{ij} の入っている項だけを全部加えたものを $a_{ij}A_{ij}$ とおくとき A_{ij} を a_{ij} の餘因數という．第 i 行についての展開は

$$\varDelta=a_{i1}A_{i1}+a_{i2}A_{i2}+\cdots+a_{in}A_{in}=\sum_{j=1}^{n}a_{ij}A_{ij}$$

となる．また第 j 列についての展開は

$$\varDelta=a_{1j}A_{1j}+a_{2j}A_{2j}+\cdots+a_{nj}A_{nj}=\sum_{i=1}^{n}a_{ij}A_{ij}$$

である．

§4. 餘因數と連立一次方程式

定理 2. a_{ij} の餘因數は第 i 行，第 j 列を取り去つて生ずる $n-1$ 次の行列式に $i+j$ 奇數のとき負號をつけ，$i+j$ 偶數のときはそのままにしたものである．

ここで $i+j$ 偶數のとき $(-1)^{i+j}=1$ であつて $i+j$ 奇數のとき $(-1)^{i+j}=-1$ であるから，上述の $n-1$ 次の行列式に $(-1)^{i+j}$ を乘じたものが餘因數であると言つてよい．まず A_{nn} について上の事柄を證明してみよう．

$$\varDelta = \sum \mathrm{sgn}\begin{pmatrix} 1 & 2 & \cdots & n \\ \alpha & \beta & \cdots & \omega \end{pmatrix} a_{1\alpha} a_{2\beta} \cdots a_{n\omega}$$

に於ける項のうち a_{nn} の入つてるものを全部まとめると

$$\sum \mathrm{sgn}\begin{pmatrix} 1 & 2 & \cdots & n-1 & n \\ \alpha & \beta & \cdots & \rho & n \end{pmatrix} a_{1\alpha} a_{2\beta} \cdots a_{n-1,\rho} a_{nn}$$

そこで

$$A_{nn} = \sum \mathrm{sgn}\begin{pmatrix} 1 & 2 & \cdots & n-1 & n \\ \alpha & \beta & \cdots & \rho & n \end{pmatrix} a_{1\alpha} a_{2\beta} \cdots a_{n-1,\rho}$$

ここで記號 $\sum$ は $1, 2, \cdots, n-1$ のあらゆる順列 $\alpha\beta\cdots\rho$ について加えることを意味する．

さて次の二つの置換は

$$\begin{pmatrix} 1 & 2 & \cdots & n-1 \\ \alpha & \beta & \cdots & \rho \end{pmatrix}, \quad \begin{pmatrix} 1 & 2 & \cdots & n-1 & n \\ \alpha & \beta & \cdots & \rho & n \end{pmatrix}$$

本質的に同一であるから

$$A_{nn} = \sum \mathrm{sgn}\begin{pmatrix} 1 & 2 & \cdots & n-1 \\ \alpha & \beta & \cdots & \rho \end{pmatrix} a_{1\alpha} a_{2\beta} \cdots a_{n-1,\rho}$$

これは $\varDelta$ に於て第 n 行と第 n 列とを取り去つて生ずる $n-1$ 次の行列式に等しい．一般の餘因數 A_{ij} については次のように證明する．第 i 行を第 $i+1$ 行と入れかえ，次に第 $i+2$ 行と入れかえ，このことをつづけて遂に第 i 行を一番下の行すなわち第 n 行の位置にもつてくる．そうすると行の互換を $n-i$ 回行つたことになるから

$$\begin{vmatrix} \cdots\cdots\cdots\cdots\cdots\cdots \\ a_{i-1,1} \cdots\cdots a_{i-1,n} \\ a_{i+1,1} \cdots\cdots a_{i+1,n} \\ \cdots\cdots\cdots\cdots\cdots\cdots \\ a_{n1} \cdots\cdots a_{nn} \\ a_{i1} \cdots\cdots a_{in} \end{vmatrix} = (-1)^{n-i}\varDelta$$

次に第 j 列を第 $j+1$ 列と入れかえ,次に第 $j+2$ 列と入れかえる.これをつづけて遂に第 j 列を一番右の列すなわち第 n 列の位置にもつてくる.そうすると列の互換を $n-j$ 回行なうことになるから

$$\begin{vmatrix} \cdots\cdots\cdots\cdots\cdots\cdots\cdots\cdots\cdots\cdots\cdots\cdots\cdots \\ a_{i-1,1} \cdots a_{i-1,j-1}\ a_{i-1,j+1} \cdots\cdots a_{i-1,j} \\ a_{i+1,1} \cdots a_{i+1,j-1}\ a_{i+1,j+1} \cdots\cdots a_{i+1,j} \\ \cdots\cdots\cdots\cdots\cdots\cdots\cdots\cdots\cdots\cdots\cdots\cdots\cdots \\ a_{n1} \cdots a_{n,j-1}\ a_{n,j+1} \cdots\cdots a_{nn}\ a_{nj} \\ a_{i1} \cdots a_{i,j-1}\ a_{i,j+1} \cdots\cdots a_{in}\ a_{ij} \end{vmatrix} = (-1)^{n-j}(-1)^{n-i}\varDelta$$

左邊の行列式に於て a_{ij} は第 n 行第 n 列の位置にあるから a_{ij} にかかる因數はもとの行列式 $\varDelta$ に於て第 i 行第 j 列を取り去つた $n-1$ 次の行列式である.右邊で a_{ij} にかかる因數は

$$(-1)^{n-j}(-1)^{n-i}A_{ij} = (-1)^{-i-j}A_{ij}$$

これが上の $n-1$ 次の行列式に等しいから證明されたことになる.

例題 1. $\begin{vmatrix} 2 & 3 & 1 & 5 \\ -1 & 0 & 2 & 0 \\ 1 & 2 & -1 & 4 \\ 0 & -4 & 2 & 3 \end{vmatrix}$ の値を求めよ.

第 1 列に 2 を乗じたものを第 3 列に加えると

$$\begin{vmatrix} 2 & 3 & 5 & 5 \\ -1 & 0 & 0 & 0 \\ 1 & 2 & 1 & 4 \\ 0 & -4 & 2 & 3 \end{vmatrix}$$

これを第 2 行について展開すると

$$-(-1)\begin{vmatrix} 3 & 5 & 5 \\ 2 & 1 & 4 \\ -4 & 2 & 3 \end{vmatrix} = \begin{vmatrix} 3 & 5 & 5 \\ 2 & 1 & 4 \\ -4 & 2 & 3 \end{vmatrix}$$

§4. 餘因數と連立一次方程式

第2行に -5 を乘じたものを第1行に加え，第2行に -2 を乘じたものを第3行に加えると

$$\begin{vmatrix} -7 & 0 & -15 \\ 2 & 1 & 4 \\ -8 & 0 & -5 \end{vmatrix}$$

これを第2列について展開すれば

$$\begin{vmatrix} -7 & -15 \\ -8 & -5 \end{vmatrix} = -85$$

例題 2. $\begin{vmatrix} a_{11} & a_{12} & a_{13} & a_{14} \\ a_{21} & a_{22} & a_{23} & a_{24} \\ 0 & 0 & a_{33} & a_{34} \\ 0 & 0 & a_{43} & a_{44} \end{vmatrix} = \begin{vmatrix} a_{11} & a_{12} \\ a_{21} & a_{22} \end{vmatrix} \cdot \begin{vmatrix} a_{33} & a_{34} \\ a_{43} & a_{44} \end{vmatrix}$ を證せよ。

證. 左の行列式を第1列について展開すれば

$a_{11} \begin{vmatrix} a_{22} & a_{23} & a_{24} \\ 0 & a_{33} & a_{34} \\ 0 & a_{43} & a_{44} \end{vmatrix} - a_{21} \begin{vmatrix} a_{12} & a_{13} & a_{14} \\ 0 & a_{33} & a_{34} \\ 0 & a_{43} & a_{44} \end{vmatrix} = a_{11} a_{22} \begin{vmatrix} a_{33} & a_{34} \\ a_{43} & a_{44} \end{vmatrix} - a_{21} a_{12} \begin{vmatrix} a_{33} & a_{34} \\ a_{43} & a_{44} \end{vmatrix}$

$= (a_{11} a_{22} - a_{12} a_{21}) \begin{vmatrix} a_{33} & a_{34} \\ a_{43} & a_{44} \end{vmatrix} = \begin{vmatrix} a_{11} & a_{12} \\ a_{21} & a_{22} \end{vmatrix} \begin{vmatrix} a_{33} & a_{34} \\ a_{43} & a_{44} \end{vmatrix}$

問. 第 i 行がすべて 0 である行列式について餘因數 A_{kj} ($k \neq i$) は 0 であることを説明せよ。

餘因數の性質. 行列式 $\varDelta$ の第 i 行についての展開は

(1) $$\varDelta = \sum_{j=1}^{n} a_{ij} A_{ij}$$

である。ここで第 i 行をどんなに變えても A_{ij} には變りがない。何となれば A_{ij} の項には第 i 行のものが入つていないからである。(1) に於て第 i 行が 第 k 行 ($k \neq i$) に等しいとするとき前節 (III) によつて $\varDelta = 0$ であり $a_{ij} = a_{kj}$ であるから

$$0 = \sum_{j=1}^{n} a_{kj} A_{ij}, \qquad k \neq i$$

である。例えば $n=3$ のとき

$a_{11} A_{11} + a_{12} A_{12} + a_{13} A_{13} = \varDelta, \qquad a_{21} A_{11} + a_{22} A_{12} + a_{23} A_{13} = 0,$

$a_{31} A_{11} + a_{32} A_{12} + a_{33} A_{13} = 0, \qquad a_{11} A_{21} + a_{12} A_{22} + a_{13} A_{23} = 0,$

$a_{21}A_{21}+a_{22}A_{22}+a_{23}A_{23}=\varDelta,$　　$a_{31}A_{21}+a_{32}A_{22}+a_{33}A_{23}=0,$
$a_{11}A_{31}+a_{12}A_{32}+a_{13}A_{33}=0,$　　$a_{21}A_{31}+a_{22}A_{32}+a_{23}A_{33}=0,$
$a_{31}A_{31}+a_{32}A_{32}+a_{33}A_{33}=\varDelta$

また $\varDelta$ を第 j 列について展開すれば

$$\varDelta = \sum_{i=1}^{n} a_{ij} A_{ij}$$

ここで第 j 列が他の第 k 列に等しいとすれば

$$0 = \sum_{i=1}^{n} a_{ik} A_{ij}, \quad k \neq j$$

例えば $n=3$ のとき

$a_{11}A_{11}+a_{21}A_{21}+a_{31}A_{31}=\varDelta,$　　$a_{12}A_{11}+a_{22}A_{21}+a_{32}A_{31}=0,$
$a_{13}A_{11}+a_{23}A_{21}+a_{33}A_{31}=0,$　　$a_{11}A_{12}+a_{21}A_{22}+a_{31}A_{32}=0,$
$a_{12}A_{12}+a_{22}A_{22}+a_{32}A_{32}=\varDelta,$　　$a_{13}A_{12}+a_{23}A_{22}+a_{33}A_{32}=0,$
$a_{11}A_{13}+a_{21}A_{23}+a_{31}A_{33}=0,$　　$a_{12}A_{13}+a_{22}A_{23}+a_{32}A_{33}=0,$
$a_{13}A_{13}+a_{23}A_{23}+a_{33}A_{33}=\varDelta$

上述の餘因數の性質は重要であつて連立一次方程式を解くのに用いられる．

Cramer の公式． §2 の連立一次方程式 (1) を解く方法は第 1 式に a_{11} の餘因數 A_{11} を乘じ，第 2 式に A_{21} を乘じ，第 3 式に A_{31} を乘じて加えることに他ならない．餘因數の性質によつて x_2, x_3 の係數は 0 となり

$$(a_{11}A_{11}+a_{21}A_{21}+a_{31}A_{31})x_1 = b_1 A_{11}+b_2 A_{21}+b_3 A_{31}$$

となつた．右邊は $\varDelta$ に於て第 1 列を b_1, b_2, b_3 でおきかえた行列式 $\varDelta_1$ である．$\varDelta \neq 0$ ならばこれから x_1 の値が定まるのであつた．

$$x_1 = \frac{\varDelta_1}{\varDelta}$$

x_2 を求めるとき第 1 式，第 2 式，第 3 式にそれぞれ A_{12}, A_{22}, A_{32} を乘じて加えれば

$$(a_{12}A_{12}+a_{22}A_{22}+a_{32}A_{32})x_2 = b_1 A_{12}+b_2 A_{22}+b_3 A_{32}$$

右邊は $\varDelta$ の第 2 列を b_1, b_2, b_3 でおきかえた行列式 $\varDelta_2$ である．そこで $\varDelta \neq 0$ ならば

§4. 餘因數と連立一次方程式

$$x_2 = \frac{\varDelta_2}{\varDelta}$$

同様に $\varDelta$ の第3列を b_1, b_2, b_3 でおきかえた行列式を $\varDelta_3$ とすれば

$$x_3 = \frac{\varDelta_3}{\varDelta}$$

例題 3. a, b, c が相異なるとき次の連立方程式を解け.

$$x+y+z=1$$
$$ax+by+cz=d$$
$$a^2x+b^2y+c^2z=d^2$$

解. 左邊の係數の行列式は

$$\varDelta = \begin{vmatrix} 1 & 1 & 1 \\ a & b & c \\ a^2 & b^2 & c^2 \end{vmatrix} = (a-b)(b-c)(c-a) \neq 0$$

$$\varDelta_1 = \begin{vmatrix} 1 & 1 & 1 \\ d & b & c \\ d^2 & b^2 & c^2 \end{vmatrix} = (d-b)(b-c)(c-d)$$

$$\varDelta_2 = \begin{vmatrix} 1 & 1 & 1 \\ a & d & c \\ a^2 & d^2 & c^2 \end{vmatrix} = (a-d)(d-c)(c-a)$$

$$\varDelta_3 = \begin{vmatrix} 1 & 1 & 1 \\ a & b & d \\ a^2 & b^2 & d^2 \end{vmatrix} = (a-b)(b-d)(d-a)$$

$$x_1 = \frac{\varDelta_1}{\varDelta} = \frac{(d-b)(c-d)}{(a-b)(c-a)}, \qquad x_2 = \frac{\varDelta_2}{\varDelta} = \frac{(a-d)(d-c)}{(a-b)(b-c)},$$

$$x_3 = \frac{\varDelta_3}{\varDelta} = \frac{(b-d)(d-a)}{(b-c)(c-a)}$$

一般に n 個の未知數 $x_1, x_2, \cdots, x_n$ についての n 個の式の連立一次方程式

$$a_{11}x_1 + a_{12}x_2 + \cdots\cdots + a_{1n}x_n = b_1$$
$$a_{21}x_1 + a_{22}x_2 + \cdots\cdots + a_{2n}x_n = b_2$$
$$\cdots\cdots\cdots\cdots\cdots\cdots\cdots\cdots\cdots\cdots$$
$$a_{n1}x_1 + a_{n2}x_2 + \cdots\cdots + a_{nn}x_n = b_n$$

があるとき左邊の係數でつくつた n 次の行列式 $\varDelta$ が零でないならば未知數の値は一通りに定まる，すなわち解はただ一つある．$\varDelta$ の第 j 列を $b_1, b_2, \cdots, b_n$ でおきかえた行列式を $\varDelta_j$ とするとき

(1) $$x_j = \frac{\varDelta_j}{\varDelta}, \quad j=1, 2, \cdots, n$$

となる．證明は前に述べた $n=3$ の場合と同樣である．この連立一次方程式の解の公式 (1) を **Cramer の公式** という．これは左邊の係數の行列式 $\varDelta$ が 0 でないときに限り用い得る．特に上の連立方程式で右邊が全部 0 であるとき，換言すれば未知數の入らない項すなわち定數項がすべて 0 であるとき**齊次の場合の連立一次方程式**という．(略して連立齊一次方程式という．)

定理 3. 連立齊一次方程式において未知數にかかる係數でつくつた行列式が零でないないならば未知數の値はすべて零でなければならない．

何となれば $\varDelta_j$ の第 j 列がすべて 0 となるから $\varDelta_j=0$, 從つて $x_j=0$ となる．この事柄はしばしば用いられる．例えば a, b, c が相異なるとき連立一次方程式

$$x+y+z=0$$
$$ax+by+cz=0$$
$$a^2x+b^2y+c^2z=0$$

は齊次であるが係數の行列式は 0 でないから $x=y=z=0$ がただ一つの解となる．

例題 4. n 次の行列式 $\varDelta$ において a_{ij} の餘因數 A_{ij} でつくつた行列式

$$\begin{vmatrix} A_{11} & A_{12} & \cdots & A_{1n} \\ A_{21} & A_{22} & \cdots & A_{2n} \\ \cdots & \cdots & \cdots & \cdots \\ A_{n1} & A_{n2} & \cdots & A_{nn} \end{vmatrix}$$

は $\varDelta=0$ のとき零となる．

證． $\varDelta$ の第 1 行 $a_{11}, a_{12}, \cdots, a_{1n}$ がすべて 0 ならば $A_{21}, A_{22}, \cdots, A_{2n}, \cdots, A_{n1}, A_{n2}, \cdots, A_{nn}$ はすべて 0 となるから上の行列式は 0 となる（本節の問参照）．$a_{11}, a_{12}, \cdots, a_{1n}$ のうちに 0 でないものがあるとき餘因數の性質によつて

§4. 餘因數と連立一次方程式

$$\varDelta = a_{11}A_{11} + a_{12}A_{12} + \cdots + a_{1n}A_{1n} = 0$$
$$a_{11}A_{21} + a_{12}A_{22} + \cdots + a_{1n}A_{2n} = 0$$
$$\cdots\cdots\cdots\cdots\cdots\cdots\cdots\cdots\cdots$$
$$a_{11}A_{n1} + a_{12}A_{n2} + \cdots + a_{1n}A_{nn} = 0$$

そこで $a_{11}, a_{12}, \cdots, a_{1n}$ は連立齊一次方程式

$$A_{11}x_1 + A_{12}x_2 + \cdots + A_{1n}x_n = 0$$
$$A_{21}x_1 + A_{22}x_2 + \cdots + A_{2n}x_n = 0$$
$$\cdots\cdots\cdots\cdots\cdots\cdots\cdots\cdots\cdots$$
$$A_{n1}x_1 + A_{n2}x_2 + \cdots + A_{nn}x_n = 0$$

の解である. もし左邊の係數の行列式が 0 でないとすると $x_1 = x_2 = \cdots = x_n = 0$ である解以外にない. 從つてこの行列式は 0 でなければならない.

問 題

次の行列式の値を求めよ. (1—4)

1. $\begin{vmatrix} 2 & 3 & 3 & 5 \\ -4 & 4 & 2 & 0 \\ 6 & 1 & 7 & -6 \\ 3 & 8 & -2 & 7 \end{vmatrix}$ 2. $\begin{vmatrix} 6 & 2 & -4 & 3 \\ -5 & 9 & -10 & 2 \\ 4 & 0 & 7 & 5 \\ 6 & -8 & 8 & 3 \end{vmatrix}$

3. $\begin{vmatrix} 0 & -1 & -1 & -1 \\ -1 & a & b & c \\ -1 & b & c & a \\ -1 & c & a & b \end{vmatrix}$ 4. $\begin{vmatrix} 1 & 1 & 1 & 1+a \\ 1 & 1 & 1+b & 1 \\ 1 & 1+c & 1 & 1 \\ 1+d & 1 & 1 & 1 \end{vmatrix}$

5. Cramer の公式で與えられる解は實際に方程式を滿足することをたしかめよ.
6. 連立一次方程式 $a_{11}x + a_{12}y + a_{13} = 0$, $a_{21}x + a_{22}y + a_{23} = 0$, $a_{31}x + a_{32}y + a_{33} = 0$ が解を有するならば

$$\begin{vmatrix} a_{11} & a_{12} & a_{13} \\ a_{21} & a_{22} & a_{23} \\ a_{31} & a_{32} & a_{33} \end{vmatrix} = 0$$

であることを證せよ.

7. 次の連立一次方程式が解をもつように定數 m の値を定めて解を求めよ.
$$3mx + 2y = 8, \quad 7x + (m+1)y = 3m, \quad 4(m-1)x + y = 7$$

8. a, b, c が相異なるとき, 次の連立一次方程式を解け.
$$x + y + z = 0, \quad (b+c)x + (c+a)y + (a+b)z = 0,$$
$$a^2 x + b^2 y + c^2 z + (a-b)(b-c)(c-a) = 0$$

9. a, b, c は相異り λ, μ, ν も相異るとき次の連立一次方程式を解け.
$$(b+\lambda)(c+\lambda)x+(c+\lambda)(a+\lambda)y+(a+\lambda)(b+\lambda)z=\lambda$$
$$(b+\mu)(c+\mu)x+(c+\mu)(a+\mu)y+(a+\mu)(b+\mu)z=\mu$$
$$(b+\nu)(c+\nu)x+(c+\nu)(a+\nu)y+(a+\nu)(b+\nu)z=\nu$$

10. 次の連立方程式が解を有するならば a, b, c のうちに相等しいものがあることを證せよ.
$$x^2+y^2+z^2=1, \quad x+y+z=0, \quad ax+by+cz=0, \quad bcx+cay+abz=0$$

11. $\begin{vmatrix} a_1 & b_1 \\ a_2 & b_2 \end{vmatrix} \neq 0, \quad \begin{vmatrix} a_1 & b_1 & c_1 \\ a_2 & b_2 & c_2 \\ a_3 & b_3 & c_3 \end{vmatrix} = \begin{vmatrix} a_1 & b_1 & d_1 \\ a_2 & b_2 & d_2 \\ a_3 & b_3 & d_3 \end{vmatrix} = 0$

ならば
$$\begin{vmatrix} a_1 & c_1 & d_1 \\ a_2 & c_2 & d_2 \\ a_3 & c_3 & d_3 \end{vmatrix} = \begin{vmatrix} b_1 & c_1 & d_1 \\ b_2 & c_2 & d_2 \\ b_3 & c_3 & d_3 \end{vmatrix} = 0$$

であることを證せよ.

註. 上の行列式を第3列について展開したとき餘因數を解とする連立齊一次方程式を考えよ.

§5. 行列の階數

行列. mn 個の數 $a_{11}, a_{12}, \cdots, a_{mn}$ を m 行 n 列にならべて

(1)
$$\begin{pmatrix} a_{11} & a_{12} & \cdots & a_{1n} \\ a_{21} & a_{22} & \cdots & a_{2n} \\ \cdots\cdots\cdots\cdots\cdots \\ a_{m1} & a_{m2} & \cdots & a_{mn} \end{pmatrix}$$

とする. ただならべただけでは取扱いに不便なので兩側に括弧をつける. これを m 行 n 列あるいは (m, n) **型の行列**という. そして mn 個の數 $a_{11}, a_{12}, \cdots$ をこの行列の**成分**という. $m=n$ すなわち行の個數と列の個數とが等しいとき n 次の**正方行列**という. 1 行 n 列の行列

$$(a_1 \, a_2 \, \cdots \, a_n)$$

をただ行という代りに**行ベクトル**, 詳しくは n **次元行ベクトル**ということがある. ただしベクトルと言つても本章では幾何學的意味を考えない. ただ n 個の數をならべたものに過ぎない. 同様に n 行 1 列の行列

§5. 行列の階数

$$\begin{pmatrix} a_1 \\ a_2 \\ \vdots \\ a_n \end{pmatrix}$$

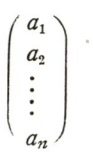

を列あるいは **n 次元列ベクトル**という．(m, n) 型の行列の轉置行列は (n, m) 型の行列である．n 次元行ベクトルの轉置行列は n 次元列ベクトルである．行列 (1) を簡單に示す記號として (a_{ij}) を用いることがある．また一つの行列を A, B, C などの文字で示すこともある．正方行列 (a_{ij}) の行列式を $|a_{ij}|$ で示すこともある．

小行列式．行列 (1) に於て r 個の行と r 個の列を選んで殘りの行と列を全部取り去るとき r 次の行列式を生ずる．これを行列 (1) の **r 次の小行列式**という．r 個の行の選び方は ${}_mC_r$ 通りあり，r 個の列の選び方は ${}_nC_r$ 通りあるから ${}_mC_r \times {}_nC_r$ 個の r 次の小行列式をつくることができる．$r=1$ すなわち 1 次の小行列式というのは行列 (1) にならんでいる成分を意味するものと約束しておくと都合がよい．

例．　行列
$$\begin{pmatrix} 1 & 3 & -1 \\ 2 & 0 & 5 \end{pmatrix}$$
の 1 次の小行列式は $1, 3, -1, 2, 0, 5$ であり，2 次の小行列式は
$$\begin{vmatrix} 1 & 3 \\ 2 & 0 \end{vmatrix}, \quad \begin{vmatrix} 1 & -1 \\ 2 & 5 \end{vmatrix}, \quad \begin{vmatrix} 3 & -1 \\ 0 & 5 \end{vmatrix}$$
である．そして 3 次の小行列式はない．

m 行 n 列の行列の小行列式の次數 r について $\mathrm{Min}\,(m, n) \geqq r$ である．ここで $\mathrm{Min}\,(m, n)$ は $m \neq n$ のとき m, n のうち小さい方を意味し，$m = n$ のときは $\mathrm{Min}\,(m, n) = m = n$ である．そこで n 次の正方行列については $n \geqq r$ である．n 次の正方行列の n 次の小行列式はこの行列の行列式に他ならない．

例題 1．　$m < n$ のとき (m, n) 型の行列
$$\begin{pmatrix} a_{11} & \cdots\cdots & a_{1n} \\ \cdots\cdots\cdots\cdots \\ a_{m1} & \cdots\cdots & a_{mn} \end{pmatrix}$$
について n 個の列のうちから m 個の列すなわち第 p 列，第 q 列, $\cdots$, 第 w 列を

選んで作つた m 次の小行列式は次のように書けることを説明せよ．

$$\begin{vmatrix} a_{1p} & a_{1q} & \cdots & a_{1w} \\ \cdots & \cdots & \cdots & \cdots \\ a_{mp} & a_{mq} & \cdots & a_{mw} \end{vmatrix} = \sum \mathrm{sgn}\begin{pmatrix} p & q & \cdots & w \\ \lambda & \mu & \cdots & \rho \end{pmatrix} a_{1\lambda} a_{2\mu} \cdots a_{m\rho}$$

證． 選んだ m 個の列に新しい番號をつけて $p=s_1$, $q=s_2$, $\cdots$, $w=s_m$ とする． $p, q, \cdots, w$ の任意の順列 $\lambda\mu\cdots\rho$ について $\lambda=s_\alpha, \cdots, \rho=s_\omega$ とする．置換 $\begin{pmatrix} p & q & \cdots & w \\ \lambda & \mu & \cdots & \rho \end{pmatrix}$ は新しい番號の置換 $\begin{pmatrix} 1 & 2 & \cdots & m \\ \alpha & \beta & \cdots & \omega \end{pmatrix}$ と本質的に同じであるから

$$\mathrm{sgn}\begin{pmatrix} p & q & \cdots & w \\ \lambda & \mu & \cdots & \rho \end{pmatrix} = \mathrm{sgn}\begin{pmatrix} 1 & 2 & \cdots & m \\ \alpha & \beta & \cdots & \omega \end{pmatrix}$$

$a_{1\lambda}=b_{1\alpha}, \cdots, a_{m\rho}=b_{m\omega}$ とおけば左の行列式は

$$\begin{vmatrix} b_{11} & b_{12} & \cdots & b_{1m} \\ \cdots & \cdots & \cdots & \cdots \\ b_{m1} & b_{m2} & \cdots & b_{mm} \end{vmatrix} = \sum \mathrm{sgn}\begin{pmatrix} 1 & 2 & \cdots & m \\ \alpha & \beta & \cdots & \omega \end{pmatrix} b_{1\alpha} b_{2\beta} \cdots b_{m\omega}$$

となつて右邊の式と同じである．

行列の階數． 次に行列 (1) の階數の定義をする．まず (1) において成分 a_{ij} がすべて 0 であるときこの**行列の階數**は 0 であるという．a_{ij} のうちに 0 でないものがある場合，次の條件をみたす數 r を行列 (1) の**階數**あるいは**位**という．

(A) r 次の小行列式のうちに 0 でないものがある．

(B) 次數が r より大きい小行列式が無いかあるいは全部 0 である．

上の例では 2 次の小行列式の値は 0 でない．3 次の小行列式は無いから階數は 2 である．

例題 2. $\begin{pmatrix} -1 & 2 & 3 \\ -1 & 0 & 1 \\ 2 & 1 & -1 \end{pmatrix}$ の階數を求めよ．

$$\begin{vmatrix} -1 & 2 \\ -1 & 0 \end{vmatrix} = 2, \quad \begin{vmatrix} -1 & 2 & 3 \\ -1 & 0 & 1 \\ 2 & 1 & -1 \end{vmatrix} = 0$$

であるから階數は 2 である．

例題 3. $a_1, a_2, \cdots, a_n$ のうちに 0 でないものがあるとき行列

§5. 行列の階數

$$\begin{pmatrix} b_1 & b_2 & \cdots & b_n \\ a_1 & a_2 & \cdots & a_n \end{pmatrix}$$

の階數が 1 ならば

$$b_1 = ka_1, \ b_2 = ka_2, \ \cdots, \ b_n = ka_n$$

となる數 k が一通りに定まる.

證. $a_1, a_2, \cdots, a_n$ のうちに 0 でないものがあるから $a_1 \neq 0$ の場合を考える. $b_1 = ka_1$ となる k について, 階數が 1 であることから

$$0 = \begin{vmatrix} b_1 & b_j \\ a_1 & a_j \end{vmatrix} = \begin{vmatrix} a_1 k & b_j \\ a_1 & a_j \end{vmatrix} = a_1 \begin{vmatrix} k & b_j \\ 1 & a_j \end{vmatrix}$$

$a_1 \neq 0$ であるから

$$\begin{vmatrix} k & b_j \\ 1 & a_j \end{vmatrix} = 0, \quad b_j = ka_j$$

となる. 他の場合も同樣である.

例題 4. 行列 A の階數が r ならば A の轉置行列の階數は r である.

證. A の第 s_1 行, 第 s_2 行, $\cdots$, 第 s_p 行, 第 r_1 列, 第 r_2 列, $\cdots$, 第 r_p 列を選んでつくつた p 次の小行列式は A の轉置行列の第 r_1 行, 第 r_2 行, $\cdots$, 第 r_p 行, 第 s_1 列, 第 s_2 列, $\cdots$, 第 s_p 列を選んでつくつた p 次の小行列式である. そこで一方の行列の p 次の小行列式がすべて 0 ならば轉置行列の p 次の小行列式もすべて 0 である.

定理 4. r **次の小行列式のうちに 0 でないものがあり, $r+1$ 次の小行列式が無いかあるいはすべて 0 であるならば階數は r である.**

何となれば $r+2$ 次の小行列式を一つの行について展開すれば餘因數は $r+1$ 次の小行列式であつて 0 である. 從つて $r+2$ 次の小行列式はすべて 0 である. このことを續ければ r より大きい次數の小行列式はすべて 0 となる.

例題 5. 次の行列の階數は 1 あるいは 0 であることを證せよ.

$$\begin{pmatrix} a & a & a & a \\ a & a & a & a \\ a & a & a & a \\ a & a & a & a \end{pmatrix}$$

證. $a \neq 0$ のとき 2 次の小行列式はすべて 0 であるから階數は 1 である.

$a=0$ のときは階数 0 となる.

例題 6. 階数 2 の 3 行 n 列の行列

$$\begin{pmatrix} a_{11} & a_{12} & \cdots & a_{1n} \\ a_{21} & a_{22} & \cdots & a_{2n} \\ c_1 & c_2 & \cdots & c_n \end{pmatrix}$$

について

(2) $\quad \begin{vmatrix} a_{11} & a_{12} \\ a_{21} & a_{22} \end{vmatrix} \neq 0$

ならば

$$c_1 = a_{11}s + a_{21}t, \ c_2 = a_{12}s + a_{22}t, \ \cdots, \ c_n = a_{1n}s + a_{2n}t$$

となる s, t の値が一通りに定まる. すなわち第 3 行は第 1 行に s, 第 2 行に t を乗じて加えたものに等しい.

證. (2) によつて

$$a_{11}s + a_{21}t = c_1, \quad a_{12}s + a_{22}t = c_2$$

となる s, t が一通りに定まる. 行列の階数は 2 であるから $j = 1, 2, \cdots, n$ として

$$\begin{vmatrix} a_{11} & a_{12} & a_{1j} \\ a_{21} & a_{22} & a_{2j} \\ c_1 & c_2 & c_j \end{vmatrix} = 0$$

第 1 行に $-s$ を乗じ, 第 2 行に $-t$ を乗じて第 3 行に加えれば

$$\begin{vmatrix} a_{11} & a_{12} & a_{1j} \\ a_{21} & a_{22} & a_{2j} \\ 0 & 0 & c_j - a_{1j}s - a_{2j}t \end{vmatrix} = 0$$

これを第 3 行について展開すれば

$$(c_j - a_{1j}s - a_{2j}t) \begin{vmatrix} a_{11} & a_{12} \\ a_{21} & a_{22} \end{vmatrix} = 0$$

(2) によつて $c_j = a_{1j}s + a_{2j}t$ となる. この事柄を一般にすると次のように述べることができる.

定理 5. 階数 r の $(r+1, n)$ 型の行例

§5. 行列の階数

$$\begin{pmatrix} a_{11} & \cdots & a_{1r} & \cdots & a_{1n} \\ \cdots & \cdots & \cdots & \cdots & \cdots \\ a_{r1} & \cdots & a_{rr} & \cdots & a_{rn} \\ c_1 & \cdots & c_r & \cdots & c_n \end{pmatrix}$$

について

$$\begin{vmatrix} a_{11} & \cdots & a_{1r} \\ \cdots & \cdots & \cdots \\ a_{r1} & \cdots & a_{rr} \end{vmatrix} \neq 0$$

ならば

$$c_j = \sum_{i=1}^{r} a_{ij} s_i, \qquad j=1, 2, \cdots, n$$

となる数 $s_1, s_2, \cdots, s_n$ が一通りに定まる. すなわち第 $r+1$ 行は第 1 行に s_1 を乗じ, 第 2 行に s_2 を乗じ, $\cdots$, 第 r 行に s_r を乗じて加えたものに等しい.

證明は例題 6 と同様である. また同様に次の定理が成り立つ.

定理 6. 階数 r の $(n, r+1)$ 型の行列

$$\begin{pmatrix} a_{11} & \cdots & a_{1r} & c_1 \\ \cdots & \cdots & \cdots & \cdots \\ a_{r1} & \cdots & a_{rr} & c_r \\ \cdots & \cdots & \cdots & \cdots \\ a_{n1} & \cdots & a_{nr} & c_n \end{pmatrix}$$

について

$$\begin{vmatrix} a_{11} & \cdots & a_{1r} \\ \cdots & \cdots & \cdots \\ a_{r1} & \cdots & a_{rr} \end{vmatrix} \neq 0$$

ならば

$$c_i = \sum_{j=1}^{r} a_{ij} t_j, \qquad i=1, 2, \cdots, n$$

となる $t_1, t_2, \cdots, t_r$ が一通りに定まる.

例. 例題 2 の行列について

$$\begin{vmatrix} -1 & 2 \\ -1 & 0 \end{vmatrix} = 2$$

であるから $-s-t=2$, $2s=1$ から s, t を求めると $s=\dfrac{1}{2}$, $t=-\dfrac{5}{2}$ を得る. 従って第3行は第1行に $\dfrac{1}{2}$ を乗じ第2行に $-\dfrac{5}{2}$ を乗じて加えたものに等しい. また $-\lambda+2\mu=3$, $-\lambda=1$ から λ, μ を求めると $\lambda=-1$, $\mu=1$ であるから, 第3列は第1列に -1 を乗じ, 第2列に 1 を乗じて加えたものに等しい.

問　題

1. 次の行列の階数を求めよ.

$$\begin{pmatrix} 0 & 9 & 1 & -5 \\ 2 & 3 & 5 & 1 \\ 3 & 0 & 7 & 4 \end{pmatrix}, \quad \begin{pmatrix} 1 & 2 & 0 & 3 \\ -2 & 4 & -2 & 1 \\ 4 & 0 & 2 & 5 \\ 7 & -2 & 4 & 7 \end{pmatrix}$$

2. x の値が變るとき次の行列の階數はどのように變るか.

(a) $\begin{pmatrix} x & -1 & 0 \\ 1 & x & 1 \\ 0 & 2 & x \end{pmatrix}$　　(b) $\begin{pmatrix} x+2 & -6 & 6 \\ 3 & x-7 & 6 \\ 3 & -6 & x+5 \end{pmatrix}$

3. 次の行列について定理5が成り立つことをたしかめよ.

$$\begin{pmatrix} 2 & 1 & 2 & 0 & 4 \\ 8 & 3 & 7 & -1 & 1 \\ -3 & -1 & -3 & 1 & 4 \\ 3 & 1 & 2 & 0 & 1 \end{pmatrix}$$

4. 行列の一つの行に 0 以外の數を乘じても, また二つの行を入れかえても階數は變らない. 行列の一つの行に數を乘じて他の行に加えても階數は變らない. 行の代りに列としても成り立つ.

5. 次の二つの行列の階數は等しいことを證せよ.

$$\begin{pmatrix} a_{11} & \cdots & a_{1n} \\ \cdots\cdots\cdots\cdots \\ a_{m1} & \cdots & a_{mn} \end{pmatrix}, \quad \begin{pmatrix} a_{11} & \cdots & a_{1n} & 0 & \cdots & 0 \\ \cdots\cdots\cdots\cdots\cdots\cdots\cdots \\ a_{m1} & \cdots & a_{mn} & 0 & \cdots & 0 \end{pmatrix}$$

6. 次の二つの行列の階數は等しいことを證せよ.

$$\begin{pmatrix} a_{11} & \cdots & a_{1n} \\ \cdots\cdots\cdots\cdots \\ a_{m1} & \cdots & a_{mn} \end{pmatrix} \quad \begin{pmatrix} a_{11} & \cdots & a_{1n} & \sum_{j=1}^{n} a_{1j}k_j & \cdots & \sum_{j=1}^{n} a_{1j}s_j \\ \cdots\cdots\cdots\cdots\cdots\cdots\cdots\cdots\cdots\cdots\cdots \\ a_{m1} & \cdots & a_{mn} & \sum_{j=1}^{n} a_{mj}k_j & \cdots & \sum_{j=1}^{n} a_{mj}s_j \end{pmatrix}$$

註. 問題 4, 5 を用いよ.

*7. 行列の第1行, $\cdots$, 第r行, 第1列, $\cdots$, 第r列を選んでつくつた r 次の小行列式が 0 でないとき, これらの行と列と他の任意の一行, 任意の一列を更に選んでつくつ

た $r+1$ 次の小行列式がすべて 0 ならば階數は r であることを證せよ. (§4問題 11 の一般化).

  註. 定理 6 と問題 6 を用いよ.
8. (m, n) 型の行列に任意の一列をつけ加えて得られる $(m, n+1)$ 型の行列の階數はもとの行列の階數より高々 1 だけ大きい.
*9. 行列 $(a_{ij}+b_{ij})$ の階數は行列 (a_{ij}) の階數と行列 (b_{ij}) の階數の和を超えない.

§6. 連立一次方程式

連立一次方程式の例. 行列の階數の事柄を利用して一般の場合の一次方程式の解法を示そう.

例として式の個數が 2 であつて未知數の個數 3 であるときを考える.

(1) $\qquad \begin{cases} a_{11}x_1+a_{12}x_2+a_{13}x_3=b_1 \\ a_{21}x_1+a_{22}x_2+a_{23}x_3=b_2 \end{cases}$

左邊の係數の行列の階數が 2 である場合を最初に考える. このとき

$$\begin{vmatrix} a_{11} & a_{12} \\ a_{21} & a_{22} \end{vmatrix} \neq 0$$

ならば

$$a_{11}x_1+a_{12}x_2=b_1-a_{13}x_3$$
$$a_{21}x_1+a_{22}x_2=b_2-a_{23}x_3$$

と書きかえる. x_3 に任意の値を與えると x_1, x_2 の値が定まる.

例題 1. 次の連立一次方程式を解け.

$$2x-4y+z=1$$
$$x-2y+3z=2$$

解. $\begin{vmatrix} 2 & -4 \\ 1 & -2 \end{vmatrix}=0, \quad \begin{vmatrix} 2 & 1 \\ 1 & 3 \end{vmatrix}=5$

そこで左邊の係數の行列の階數は 2 である.

$$2x+z=1+4y, \qquad x+3z=2+2y$$

これを解いて $x=\dfrac{1}{5}+2y$, $z=\dfrac{3}{5}$ を得る. y に任意の値を與えて x の値が定まる.

次に (1) に於て左邊の係數の行列の階數が 1 であるときを考える. a_{11}, a_{12}, a_{13}

のうちに 0 でないものがあるときは
$$a_{21}=ka_{11}, \quad a_{22}=ka_{12}, \quad a_{23}=ka_{13}$$
となる k が一通りに定まる．從つて
$$(a_{21}x_1+a_{22}x_2+a_{23}x_3)=k(a_{11}x_1+a_{12}x_2+a_{13}x_3)$$
であるから $b_2=kb_1$ でなければ (1) の解はない．$b_2=kb_1$ ならば
$$a_{11}x_1+a_{12}x_2+a_{13}x_3=b_1$$
を滿足する x_1, x_2, x_3 の値は全部
$$a_{21}x_1+a_{22}x_2+a_{23}x_3=b_2$$
を滿足する．(1) の左邊の係數の行列の階數 0 のときには $a_{11}, a_{12}, \cdots, a_{23}$ はすべて 0 であるから $b_1=b_2=0$ のときに限り解を有する．このとき x_1, x_2, x_3 の値は任意でよい．以上によつて次のことがわかる．(1) の左邊の係數の行列の階數と行列
$$\begin{pmatrix} a_{11} & a_{12} & a_{13} & b_1 \\ a_{21} & a_{22} & a_{23} & b_2 \end{pmatrix}$$
の階數とが相等しいことが解があるための條件である．

二番目の例として次の連立一次方程式を考える．
(2) $$\begin{cases} a_{11}x_1+a_{12}x_2+a_{13}x_3=b_1 \\ a_{21}x_1+a_{22}x_2+a_{23}x_3=b_2 \\ a_{31}x_1+a_{32}x_2+a_{33}x_3=b_3 \end{cases}$$
左邊の係數の行列の階數が 3 であるときは Cramer の公式によつて解は一通りに定まる．階數が 2 であるとき
(3) $$\begin{vmatrix} a_{11} & a_{12} \\ a_{21} & a_{22} \end{vmatrix} \neq 0$$
として考えてよい．もしそうでなければ式の番號と未知數の番號を變えて順序を變えればよいからである．左邊の係數の行列の階數が 2 であつて (3) が成り立つから前節例題 6 によつて
(4) $$a_{31}=a_{11}s+a_{21}t, \quad a_{32}=a_{12}s+a_{22}t, \quad a_{33}=a_{13}s+a_{23}t$$
となる s, t が一通りに定まる．そこで
$$a_{31}x_1+a_{32}x_2+a_{33}x_3=s(a_{11}x_1+a_{12}x_2+a_{13}x_3)+t(a_{21}x_1+a_{22}x_2+a_{23}x_3)$$

§6. 連立一次方程式

であるから

(5) $$b_3 = b_1 s + b_2 t$$

のときに限つて解を有する．(5) が成り立てば

(6) $$\begin{cases} a_{11}x_1 + a_{12}x_2 + a_{13}x_3 = b_1 \\ a_{21}x_1 + a_{22}x_2 + a_{23}x_3 = b_2 \end{cases}$$

の解は全部 $a_{31}x_1 + a_{32}x_2 + a_{33}x = b_3$ を滿足する．そこで (6) の解を全部求めればよい．またこのとき行列

(7) $$\begin{pmatrix} a_{11} & a_{12} & a_{13} & b_1 \\ a_{21} & a_{22} & a_{23} & b_2 \\ a_{31} & a_{32} & a_{33} & b_3 \end{pmatrix}$$

の階數は 2 である．何となれば第 1 行に $-s$ を乘じ第 2 行に $-t$ を乘じて第 3 行に加えると全部 0 となるからである．逆にこの行列 (7) の階數が 2 ならば (4)，(5) が成り立つような s, t が定まるから (6) の解は全部 (2) の解となる．次に (2) の左邊の係數の行列の階數 1 のときを考える．a_{11}, a_{12}, a_{13} のうちに 0 でないものがあるとして行列

$$\begin{pmatrix} a_{11} & a_{12} & a_{13} \\ a_{21} & a_{22} & a_{23} \end{pmatrix}$$

の階數は 1 であるから

$$a_{21} = a_{11}k, \qquad a_{22} = a_{12}k, \qquad a_{23} = a_{13}k$$

となる數 k が定まる．同様に

$$a_{31} = a_{11}l, \qquad a_{32} = a_{12}l, \qquad a_{33} = a_{13}l$$

となる l が定まる．そこで (2) の解があるためには $b_2 = b_1 k$, $b_3 = b_1 l$ となることが條件である．つまり (7) の階數が 1 でなければならない．(2) の左邊の係數の行列の階數 0 であるときは $b_1 = b_2 = b_3 = 0$ であることが解をもつための條件となる．このとき未知數の値は任意でよい．以上を通じて結局 (2) が解をもつための條件は次の二つの行列

$$\begin{pmatrix} a_{11} & a_{12} & a_{13} \\ a_{21} & a_{22} & a_{23} \\ a_{31} & a_{32} & a_{33} \end{pmatrix}, \quad \begin{pmatrix} a_{11} & a_{12} & a_{13} & b_1 \\ a_{21} & a_{22} & a_{23} & b_2 \\ a_{31} & a_{32} & a_{33} & b_3 \end{pmatrix}$$

の階數が等しいことであることがわかつた．

例題 2. 次の連立一次方程式を解け.

$$2x_1+x_2-3x_3+4x_4=1$$
$$x_1-x_2+2x_3-3x_4=2$$
$$8x_1+x_2-5x_3+6x_4=7$$

解.
$$\begin{vmatrix} 2 & 1 \\ 1 & -1 \end{vmatrix}=-3, \quad \begin{vmatrix} 2 & 1 & -3 \\ 1 & -1 & 2 \\ 8 & 1 & -5 \end{vmatrix}=0$$

$$\begin{vmatrix} 2 & 1 & 4 \\ 1 & -1 & -3 \\ 8 & 1 & 6 \end{vmatrix}=0$$

そこで $2\lambda+\mu=8$, $\lambda-\mu=1$ となる λ, μ を定めれば $-3\lambda+2\mu=-5$, $4\lambda-3\mu=6$ となるわけである. これを解いて $\lambda=3, \mu=2$ を得て

$$8x_1+x_2-5x_3+6x_4=3(2x_1+x_2-3x_3+4x_4)+2(x_1-x_2+2x_3-3x_4)$$

であつて, $\lambda+2\mu=7$ を満足するから

$$2x_1+x_2=1+3x_3-4x_4, \quad x_1-x_2=2-2x_3+3x_4$$

の解は全部与えられた連立方程式の解となる. これを解いて

$$x_1=1+\frac{1}{3}x_3-\frac{1}{3}x_4, \quad x_2=-1+\frac{7}{3}x_3-\frac{10}{3}x_4$$

x_3, x_4 に任意の値を与えて, x_1, x_2 の値を定めればよい.

(2) に於て右邊がすべて 0 の場合, すなわち

(8) $\begin{cases} a_{11}x_1+a_{12}x_2+a_{13}x_3=0 \\ a_{21}x_1+a_{22}x_2+a_{23}x_3=0 \\ a_{31}x_1+a_{32}x_2+a_{33}x_3=0 \end{cases}$

の解は左邊の係數の行列 A の階數 3 ならば $x_1=x_2=x_3=0$ の解だけしかない. 一般に未知數の値がすべて 0 である解を連立齊一次方程式の**自明な解**という. 自明な解以外の解をもつための必要條件は A の階數が 3 より小さいことである. 逆にこれが充分條件であることは次の通りにわかる. A の階數 2 のとき

$$\begin{vmatrix} a_{11} & a_{12} \\ a_{21} & a_{22} \end{vmatrix} \neq 0$$

§6. 連立一次方程式

として $a_{11}x_1+a_{12}x_2=-a_{13}x_3$, $a_{21}x_1+a_{22}x_2=-a_{23}x_3$
の解は全部 (8) の解となる. x_3 の値を任意に選んで x_1, x_2 の値が定まるから自明でない解を有する. 次に A の階數 1 のとき $a_{11} \neq 0$ とすれば

$$a_{11}x_1 = -a_{12}x_2 - a_{13}x_3$$

の解は全部 (8) の解となるから自明でない解を有する. A の階數 0 のときは未知數の値は任意でよい.

一般の連立一次方程式. n 個の未知數 $x_1, x_2, \cdots, x_n$ についての m 個の式である連立一次方程式

(9) $$\begin{cases} a_{11}x_1 + a_{12}x_2 + \cdots + a_{1n}x_n = b_1 \\ a_{21}x_1 + a_{22}x_2 + \cdots + a_{2n}x_n = b_2 \\ \cdots\cdots\cdots\cdots\cdots\cdots\cdots\cdots\cdots \\ a_{m1}x_1 + a_{m2}x_2 + \cdots + a_{mn}x_n = b_m \end{cases}$$

の左邊の係數の (m, n) 型の行列 A の階數を r とする. $r=m$ の場合には $n \geq m$ であつて解は存在する. $m>r$ のときは

(10) $$\begin{vmatrix} a_{11} & \cdots & a_{1r} \\ \cdots & \cdots & \cdots \\ a_{r1} & \cdots & a_{rr} \end{vmatrix} \neq 0$$

とすると

$$a_{r+1,j} = \sum_{i=1}^{r} c_i^{(r+1)} a_{ij}, \quad j=1, \cdots, n$$

$$a_{r+2,j} = \sum_{i=1}^{r} c_i^{(r+2)} a_{ij}, \quad j=1, \cdots, n$$

$$\cdots\cdots\cdots\cdots\cdots\cdots\cdots\cdots\cdots$$

$$a_{mj} = \sum_{i=1}^{r} c_i^{(m)} a_{ij}, \quad j=1, \cdots, n$$

となる $c_i^{(r+1)}$, $c_i^{(r+2)}$, $\cdots$, $c_i^{(m)}$ が定まる. このとき

(11) $b_{r+1} = \sum_{i=1}^{r} c_i^{(r+1)} b_i$, $b_{r+2} = \sum_{i=1}^{r} c_i^{(r+2)} b_i$, $\cdots$, $b_m = \sum_{i=1}^{r} c_i^{(m)} b_i$

となることが解を有するための條件となる.

問 連立一次方程式
$$a_{11}x_1+a_{12}x_2+b_1=0, \quad a_{21}x_1+a_{22}x_2+b_2=0, \quad a_{31}x_1+a_{32}x_2+b_3=0$$
について二つの行列

$$\begin{pmatrix} a_{11} & a_{12} \\ a_{21} & a_{22} \\ a_{31} & a_{32} \end{pmatrix}, \quad \begin{pmatrix} a_{11} & a_{12} & b_1 \\ a_{21} & a_{22} & b_2 \\ a_{31} & a_{32} & b_3 \end{pmatrix}$$

の階數がともに2に等しいならば解が一通りに定まることを證せよ。

連立齊一次方程式. 齊次の場合には(9)に於て $b_1=b_2=\cdots=b_m=0$ であるから條件(11)は必ず成り立つ。實際齊次のときには少くとも自明の解を有するからである。

定理 7. 連立齊一次方程式の未知數の個數 n, 係數の行列の階數 r とするとき自明でない解を有するための條件は $n>r$ である。

證. $n=r$ ならば $m\geqq r$ であつて(10)が成り立つとすると

$$a_{11}x_1+a_{12}x_2+\cdots+a_{1r}x_r=0$$
$$\cdots\cdots\cdots\cdots\cdots\cdots\cdots\cdots\cdots\cdots$$
$$a_{r1}x_1+a_{r2}x_2+\cdots+a_{rr}x_r=0$$

は自明の解だけしかない。また $n>r$ ならば

$$a_{11}x_1+\cdots+a_{1r}x_r=-a_{1,r+1}x_{r+1}-\cdots-a_{1n}x_n$$
$$\cdots\cdots\cdots\cdots\cdots\cdots\cdots\cdots\cdots\cdots\cdots\cdots$$
$$a_{r1}x_1+\cdots+a_{rr}x_r=-a_{r,r+1}x_{r+1}-\cdots-a_{rn}x_n$$

の解はすべて與えられた連立齊一次方程式の解である。$x_{r+1},\cdots,x_n$ の値を任意に選んで $x_1,\cdots,x_r$ の値が定まるから自明でない解を有する。

例題 3. $\quad x+y+z=0 \quad$ を解け。
$$ax+ay+cz=0$$
$$a^2x+a^2y+c^2z=0$$

解. 左邊の係數の行列の階數は $c\neq a$ のとき 2 であつて $c=a$ のとき 1 である。そこで定理7によつて自明でない解をもつ。$c\neq a$ のときには

$$y+z=-x, \quad ay+cz=-ax$$

を解いて $y=-x, z=0$ を得る。$c=a$ のときは x, y の値を任意にとつて

§6. 連立一次方程式

$z=-x-y$ と定めればよい.

さて一般の連立一次方程式 (9) が解を有するための條件は (11) であつたが, 前述の例でもわかる通りこれを次の形で述べることができる.

定理 8. **連立一次方程式 (9) が解を有するための條件は次の二つの行列が相等しい階數を有することである.**

$$A=\begin{pmatrix} a_{11} & a_{12} & \cdots & a_{1n} \\ \cdots\cdots\cdots\cdots\cdots \\ a_{m1} & a_{m2} & \cdots & a_{mn} \end{pmatrix}, \quad B=\begin{pmatrix} a_{11} & a_{12} & \cdots & a_{1n} & b_1 \\ \cdots\cdots\cdots\cdots\cdots\cdots \\ a_{m1} & a_{m2} & \cdots & a_{mn} & b_m \end{pmatrix}$$

證. A の階數を r とする. $r=0$ のときは明白である. $r \geq 1$ として

$$\begin{vmatrix} a_{11} & \cdots & a_{1r} \\ \cdots\cdots\cdots\cdots \\ a_{r1} & \cdots & a_{rr} \end{vmatrix} \neq 0$$

とする. $r=m$ のときは未知數 $x_{m+1}, \cdots$ の値を任意に選んだとき $x_1, \cdots, x_m$ の値が Cramer の公式で定まる. そこで $m > r \geq 1$ として充分條件であることをはじめに證する. B の階數も r であるから前節によつて

$$\sum_{i=1}^{r} c_i a_{1i} = b_1, \quad \cdots, \quad \sum_{i=1}^{r} c_i a_{mi} = b_m$$

となる $c_1, c_2, \cdots, c_r$ が定まる. そこで $x_1=c_1, x_2=c_2, \cdots, x_r=c_r, x_{r+1}=\cdots=x_n=0$ は一つの解である. 次に必要條件であることを證する. $x_1=\lambda_1, x_2=\lambda_2, \cdots, x_n=\lambda_n$ を一つの解とすると

$$b_1 = \sum_{j=1}^{n} a_{1j}\lambda_j, \quad b_2 = \sum_{j=1}^{n} a_{2j}\lambda_j, \quad \cdots, \quad b_m = \sum_{j=1}^{n} a_{mj}\lambda_j$$

もし B の階數が r でなければ B の $r+1$ 次の小行列式のうちに 0 でないものがある. それは B の第 $n+1$ 列の一部を含まねばならない. そこで

$$\begin{vmatrix} a_{p\alpha} & \cdots & a_{p\omega} & b_p \\ \cdots\cdots\cdots\cdots\cdots \\ a_{s\alpha} & \cdots & a_{s\omega} & b_s \end{vmatrix} = \sum_{j=1}^{n} \lambda_j \begin{vmatrix} a_{p\alpha} & \cdots & a_{p\omega} & a_{pj} \\ \cdots\cdots\cdots\cdots\cdots \\ a_{s\alpha} & \cdots & a_{s\omega} & a_{sj} \end{vmatrix} \neq 0$$

ところが A の $r+1$ 次の小行列式はすべて 0 であるから, この行列式は 0 となつて不合理である.

問　題

1. 次の連立方程式に解があれば求めよ．
   (a) $\begin{cases} 4x_1 - 2x_2 = 3 \\ 6x_1 - 3x_2 = 8 \end{cases}$　(b) $\begin{cases} x_1 + 3x_2 - x_3 = 0 \\ x_1 + 2x_2 + x_3 = 4 \end{cases}$
   (c) $\begin{cases} x + z = 1 \\ x - y = 0 \\ y + z = 1 \end{cases}$　(d) $\begin{cases} 2x + 2y + 3z = 0 \\ 3x + 4z = 0 \end{cases}$
   (e) $\begin{cases} x + 2y - 3z - w = 0 \\ 2x - y - z + 2w = 0 \\ 3x + 2y - 5z + w = 0 \end{cases}$

2. 方程式 $ax + by + cz = 1$ が次の解をもつように a, b, c の値を定めよ．
   $\begin{cases} x=1 \\ y=2 \\ z=2 \end{cases}$,　$\begin{cases} x=2 \\ y=1 \\ z=1 \end{cases}$,　$\begin{cases} x=-2 \\ y=3 \\ z=11 \end{cases}$

3. n 個の變數 $x_1, \cdots, x_n$ についての m 個の齊一次函数
$$f_i = a_{i1}x_1 + \cdots + a_{in}x_n \quad (i = 1, \cdots, m)$$
が變数に適當な値を與えることによつて任意の値を取り得るための條件は係数の行列の階数が m に等しいことであることを證せよ．

4. $\begin{vmatrix} a_{11} & a_{12} \\ a_{21} & a_{22} \end{vmatrix} \neq 0$,　$\begin{vmatrix} a_{11} & a_{12} & a_{13} \\ a_{21} & a_{22} & a_{23} \\ a_{31} & a_{32} & a_{33} \end{vmatrix} = 0$　であるとき

連立齊一次方程式 $a_{11}x_1 + a_{12}x_2 + a_{13}x_3 = 0$,　$a_{21}x_1 + a_{22}x_2 + a_{23}x_3 = 0$,　$a_{31}x_1 + a_{32}x_2 + a_{33}x_3 = 0$ の解は次の通りになることを證せよ．
$$x_1 = \lambda A_{31}, \quad x_2 = \lambda A_{32}, \quad x_3 = \lambda A_{33}$$
ただし λ は任意の値をとるものとする．

5. $\begin{pmatrix} a_{11} & a_{12} & a_{13} \\ a_{21} & a_{22} & a_{23} \\ a_{31} & a_{32} & a_{33} \end{pmatrix}$ の階数が 2 ならば $\begin{pmatrix} A_{11} & A_{12} & A_{13} \\ A_{21} & A_{22} & A_{23} \\ A_{31} & A_{32} & A_{33} \end{pmatrix}$
の階数は 1 であることを證せよ．
　　註．　前問を用いよ．

6. 問題 4 を n 個の未知数 $x_1, \cdots, x_n$ についての齊一次連立方程式の場合にまで一般化せよ．

7. n 次の正方行列 (a_{ij}) の階数が $n-1$ であれば餘因数を成分とする行列 (A_{ij}) の階数は 1 であることを證せよ．$(n > 1)$．
　　註．　問題 5 の一般化である．

8. $\begin{vmatrix} A_{11} & A_{12} & A_{13} \\ A_{21} & A_{22} & A_{23} \\ A_{31} & A_{32} & A_{33} \end{vmatrix} = 0$ ならば $\begin{vmatrix} a_{11} & a_{12} & a_{13} \\ a_{21} & a_{22} & a_{23} \\ a_{31} & a_{32} & a_{33} \end{vmatrix} = 0$

であることを證せよ．

註．連立齊一次方程式 $A_{11}x_1 + A_{12}x_2 + A_{13}x_3 = 0$, $A_{21}x_1 + A_{22}x_2 + A_{23}x_3 = 0$, $A_{31}x_1 + A_{32}x_2 + A_{33}x_3 = 0$ を考えよ．

9. 次の連立方程式が自明でない解をもつように λ の値を定め，それぞれの場合に解を求めよ．

$$(\lambda+3)x + 2y + 2z = 0, \quad x + (\lambda+4)y + z = 0, \quad -2x - 4y + (\lambda-1)z = 0$$

10. n 次の正方行列 (a_{ij}) の階數が 0 でなければ連立齊一次方程式

$$a_{i1}x_1 + \cdots + a_{in}x_n = 0 \quad (i=1,\cdots,n)$$

の任意の n 組の解を

$$x_1 = x_1^{(j)}, \ x_2 = x_2^{(j)}, \ \cdots, \ x_n = x_n^{(j)} \quad (j=1,\cdots,n)$$

とするとき，次の行列の階數は n より小である．

$$\begin{pmatrix} x_1^{(1)} & x_1^{(2)} & \cdots & x_1^{(n)} \\ x_2^{(1)} & x_2^{(2)} & \cdots & x_2^{(n)} \\ \cdots & \cdots & \cdots & \cdots \\ x_n^{(1)} & x_n^{(2)} & \cdots & x_n^{(n)} \end{pmatrix}$$

§7. 行列の積

行列の積．l 行 m 列の行列 A と，m 行 n 列の行列 B

$$A = \begin{pmatrix} a_{11} & \cdots & a_{1m} \\ \cdots & \cdots & \cdots \\ a_{1l} & \cdots & a_{lm} \end{pmatrix}, \quad B = \begin{pmatrix} b_{11} & \cdots & b_{1n} \\ \cdots & \cdots & \cdots \\ b_{m1} & \cdots & b_{mn} \end{pmatrix}$$

があるとき次のような行列をつくる．

$$c_{ik} = \sum_{j=1}^{m} a_{ij} b_{jk}$$

として l 行 n 列の行列

$$C = \begin{pmatrix} c_{11} & \cdots & c_{1n} \\ \cdots & \cdots & \cdots \\ c_{l1} & \cdots & c_{ln} \end{pmatrix}$$

を A と B の積といい AB と記す．このとき A の列の個數と B の行の個數は等しくなければならないことに注意を要する．簡單な例をあげると

$$\begin{pmatrix} a_{11} & a_{12} \\ a_{21} & a_{22} \end{pmatrix} \begin{pmatrix} b_{11} & b_{12} \\ b_{21} & b_{22} \end{pmatrix} = \begin{pmatrix} a_{11}b_{11}+a_{12}b_{21} & a_{11}b_{12}+a_{12}b_{22} \\ a_{21}b_{11}+a_{22}b_{21} & a_{21}b_{12}+a_{22}b_{22} \end{pmatrix}$$

$$(a_1 \quad a_2 \quad a_3) \begin{pmatrix} b_1 \\ b_2 \\ b_3 \end{pmatrix} = a_1b_1+a_2b_2+a_3b_3$$

二番目の例では右邊は一行一列の行列である.

A, B, C をそれぞれ (l, m) 型, (m, n) 型, (n, s) 型の行列とするとき

$$(AB)C = A(BC)$$

證. AB の i 行 j 列の成分 　　　$\sum_{\lambda=1}^{m} a_{i\lambda} b_{\lambda j}$

$(AB)C$ の i 行 k 列の成分 　　$\sum_{\mu=1}^{n} \left(\sum_{\lambda=1}^{m} a_{i\lambda} b_{\lambda\mu} \right) c_{\mu k}$

BC の j 行 k 列の成分 　　　$\sum_{\mu=1}^{n} b_{j\mu} c_{\mu k}$

$A(BC)$ の i 行 k 列の成分 　　$\sum_{\lambda=1}^{m} a_{i\lambda} \left(\sum_{\mu=1}^{n} b_{\lambda\mu} c_{\mu k} \right)$

そこで $(AB)C$ の i 行 k 列の成分と $A(BC)$ の i 行 k 列の成分とは相等しい.

數のときと異り行列の積については $AB=BA$ が必らずしも成り立たない. 例えば

$$\begin{pmatrix} 0 & 1 \\ 1 & 1 \end{pmatrix} \begin{pmatrix} 1 & 1 \\ 1 & 0 \end{pmatrix} = \begin{pmatrix} 1 & 0 \\ 2 & 1 \end{pmatrix}, \quad \begin{pmatrix} 1 & 1 \\ 1 & 0 \end{pmatrix} \begin{pmatrix} 0 & 1 \\ 1 & 1 \end{pmatrix} = \begin{pmatrix} 1 & 2 \\ 0 & 1 \end{pmatrix}$$

行列の積を用いるといろいろの關係を示すのに便利なことが多い. 例えば §4 で述べた餘因數の關係を行列を用いて示せば次の通りである.

$$\begin{pmatrix} a_{11} & a_{12} & a_{12} \\ a_{21} & a_{22} & a_{23} \\ a_{31} & a_{32} & a_{33} \end{pmatrix} \begin{pmatrix} A_{11} & A_{21} & A_{31} \\ A_{12} & A_{22} & A_{32} \\ A_{13} & A_{23} & A_{33} \end{pmatrix} = \begin{pmatrix} \varDelta & 0 & 0 \\ 0 & \varDelta & 0 \\ 0 & 0 & \varDelta \end{pmatrix}$$

$$\begin{pmatrix} A_{11} & A_{21} & A_{31} \\ A_{12} & A_{22} & A_{32} \\ A_{13} & A_{23} & A_{33} \end{pmatrix} \begin{pmatrix} a_{11} & a_{12} & a_{13} \\ a_{21} & a_{22} & a_{23} \\ a_{31} & a_{32} & a_{33} \end{pmatrix} = \begin{pmatrix} \varDelta & 0 & 0 \\ 0 & \varDelta & 0 \\ 0 & 0 & \varDelta \end{pmatrix}$$

次に變數 $x_1, x_2, \cdots, x_n, y_1, y_2, \cdots, y_m$ の次の關係

(1) 　　$y_1 = b_{11}x_1 + b_{12}x_2 + \cdots + b_{1n}x_n$

　　　　$y_2 = b_{21}x_1 + b_{22}x_2 + \cdots + b_{2n}x_n$

§7. 行列の積

$$\cdots\cdots\cdots\cdots\cdots\cdots\cdots\cdots\cdots\cdots$$
$$y_m = b_{m1}x_1 + b_{m2}x_2 + \cdots + b_{mn}x_n$$

を行列を用いて示すときは

(2) $\begin{pmatrix} y_1 \\ y_2 \\ \vdots \\ y_m \end{pmatrix} = \begin{pmatrix} b_{11} & b_{12} & \cdots & b_{1n} \\ b_{21} & b_{22} & \cdots & b_{2n} \\ \cdots\cdots\cdots\cdots\cdots \\ b_{m1} & b_{m2} & \cdots & b_{mn} \end{pmatrix} \begin{pmatrix} x_1 \\ x_2 \\ \vdots \\ x_n \end{pmatrix} =$

となる．更に次の関係

(3)
$$z_1 = a_{11}y_1 + a_{12}y_2 + \cdots + a_{1m}y_m$$
$$z_2 = a_{21}y_1 + a_{22}y_2 + \cdots + a_{2m}y_m$$
$$\cdots\cdots\cdots\cdots\cdots\cdots\cdots\cdots\cdots$$
$$z_l = a_{l1}y_1 + a_{l2}y_2 + \cdots + a_{lm}y_m$$

を (1) に代入した結果を

(4)
$$z_1 = c_{11}x_1 + c_{12}x_2 + \cdots + c_{1n}x_n$$
$$z_2 = c_{21}x_1 + c_{22}x_2 + \cdots + c_{2n}x_n$$
$$\cdots\cdots\cdots\cdots\cdots\cdots\cdots\cdots\cdots$$
$$z_l = c_{l1}x_1 + c_{l2}x_2 + \cdots + c_{ln}x_n$$

とするとき係數 $c_{11}, c_{12}, \cdots$ を (1) と (3) の係數で示すことを考えてみよう．(3) を行列を用いて示せば

$$\begin{pmatrix} z_1 \\ z_2 \\ \vdots \\ z_l \end{pmatrix} = \begin{pmatrix} a_{11} & \cdots & a_{1m} \\ a_{21} & \cdots & a_{2m} \\ \cdots\cdots\cdots\cdots \\ a_{l1} & \cdots & a_{lm} \end{pmatrix} \begin{pmatrix} y_1 \\ y_2 \\ \vdots \\ y_m \end{pmatrix}$$

これに (2) を代入すると

$$\begin{pmatrix} z_1 \\ z_2 \\ \vdots \\ z_l \end{pmatrix} = \begin{pmatrix} a_{11} & \cdots & a_{1m} \\ a_{21} & \cdots & a_{2m} \\ \cdots\cdots\cdots\cdots \\ a_{l1} & \cdots & a_{lm} \end{pmatrix} \begin{pmatrix} b_{11} & \cdots & b_{1n} \\ b_{21} & \cdots & b_{2n} \\ \cdots\cdots\cdots\cdots \\ b_{m1} & \cdots & b_{mn} \end{pmatrix} \begin{pmatrix} x_1 \\ x_2 \\ \vdots \\ x_n \end{pmatrix}$$

そこで (4) における係數 $c_{11}, c_{12}, \cdots$ を $a_{11}, a_{12}, \cdots, b_{11}, b_{12}, \cdots$ で表わすには行列を用いて

$$\begin{pmatrix} c_{11} & \cdots & c_{1n} \\ c_{21} & \cdots & c_{2n} \\ \cdots & \cdots & \cdots \\ c_{l1} & \cdots & c_{ln} \end{pmatrix} = \begin{pmatrix} a_{11} & \cdots & a_{1m} \\ a_{21} & \cdots & a_{2m} \\ \cdots & \cdots & \cdots \\ a_{l1} & \cdots & a_{lm} \end{pmatrix} \begin{pmatrix} b_{11} & \cdots & b_{1n} \\ b_{21} & \cdots & b_{2n} \\ \cdots & \cdots & \cdots \\ b_{m1} & \cdots & b_{mn} \end{pmatrix}$$

とすればよいことがわかる．これは $i=1, 2, \cdots, l$; $k=1, 2, \cdots, n$ とするとき

$$c_{ik} = \sum_{j=1}^{m} a_{ij} b_{jk}$$

である關係を行列で示したものに他ならない．

例題 1. 連立一次方程式

$$a_{11}x_1 + a_{12}x_2 + a_{13}x_3 = b_1$$
$$a_{21}x_1 + a_{22}x_2 + a_{23}x_3 = b_2$$
$$a_{31}x_1 + a_{32}x_2 + a_{33}x_3 = b_3$$

の左邊の係數の行列式を $\varDelta$ で示すとき

$$\varDelta x_1 = b_1 A_{11} + b_2 A_{21} + b_3 A_{31}$$
$$\varDelta x_2 = b_1 A_{12} + b_2 A_{22} + b_3 A_{32}$$
$$\varDelta x_3 = b_1 A_{13} + b_2 A_{23} + b_3 A_{33}$$

によつて未知數 x_1, x_2, x_3 の値が定まることを行列を用いて示せ．

解． この連立方程式を解くことは

$$\begin{pmatrix} a_{11} & a_{12} & a_{13} \\ a_{21} & a_{22} & a_{23} \\ a_{31} & a_{32} & a_{33} \end{pmatrix} \begin{pmatrix} x_1 \\ x_2 \\ x_3 \end{pmatrix} = \begin{pmatrix} b_1 \\ b_2 \\ b_3 \end{pmatrix}$$

となる x_1, x_2, x_3 を求めることに他ならない．そこで餘因數でつくつた行列を兩邊の左に乘ずると

$$\begin{pmatrix} \varDelta & 0 & 0 \\ 0 & \varDelta & 0 \\ 0 & 0 & \varDelta \end{pmatrix} \begin{pmatrix} x_1 \\ x_2 \\ x_3 \end{pmatrix} = \begin{pmatrix} A_{11} & A_{21} & A_{31} \\ A_{12} & A_{22} & A_{32} \\ A_{13} & A_{23} & A_{33} \end{pmatrix} \begin{pmatrix} b_1 \\ b_2 \\ b_3 \end{pmatrix}$$

ここで左邊は

$$\begin{pmatrix} \varDelta x_1 \\ \varDelta x_2 \\ \varDelta x_3 \end{pmatrix}$$

であるから例題における關係がでてくる．

§7. 行列の積

例題 2. $y_1 = x_1\cos\theta - x_2\sin\theta,\quad y_2 = x_1\sin\theta + x_2\cos\theta$
$z_1 = y_1\cos\varphi - y_2\sin\varphi,\quad z_2 = y_1\sin\varphi + y_2\cos\varphi$

であるときは

$$z_1 = x_1\cos(\theta+\varphi) - x_2\sin(\theta+\varphi)$$
$$z_2 = x_1\sin(\theta+\varphi) + x_2\cos(\theta+\varphi)$$

であることを行列を用いて示せ.

解. $\begin{pmatrix} y_1 \\ y_2 \end{pmatrix} = \begin{pmatrix} \cos\theta & -\sin\theta \\ \sin\theta & \cos\theta \end{pmatrix}\begin{pmatrix} x_1 \\ x_2 \end{pmatrix},\quad \begin{pmatrix} z_1 \\ z_2 \end{pmatrix} = \begin{pmatrix} \cos\varphi & -\sin\varphi \\ \sin\varphi & \cos\varphi \end{pmatrix}\begin{pmatrix} y_1 \\ y_2 \end{pmatrix}$

$\begin{pmatrix} z_1 \\ z_2 \end{pmatrix} = \begin{pmatrix} \cos\varphi & -\sin\varphi \\ \sin\varphi & \cos\varphi \end{pmatrix}\begin{pmatrix} \cos\theta & -\sin\theta \\ \sin\theta & \cos\theta \end{pmatrix}\begin{pmatrix} x_1 \\ x_2 \end{pmatrix}$

$= \begin{pmatrix} \cos(\theta+\varphi) & -\sin(\theta+\varphi) \\ \sin(\theta+\varphi) & \cos(\theta+\varphi) \end{pmatrix}\begin{pmatrix} x_1 \\ x_2 \end{pmatrix}$

正方行列 A の行列式を記號 $|A|$ で示すことにする.

定理 9. A, B が同次の正方行列ならば

$$|AB| = |A||B|$$

例として2次の正方行列の場合をしらべてみよう.

$\begin{vmatrix} a_{11}b_{11} + a_{12}b_{21} & a_{11}b_{12} + a_{12}b_{22} \\ a_{21}b_{11} + a_{22}b_{21} & a_{21}b_{12} + a_{22}b_{22} \end{vmatrix}$

$= (a_{11}b_{11} + a_{12}b_{21})(a_{21}b_{12} + a_{22}b_{22}) - (a_{11}b_{12} + a_{12}b_{22})(a_{21}b_{11} + a_{22}b_{21})$

$= a_{11}a_{22}(b_{11}b_{22} - b_{12}b_{21}) - a_{12}a_{21}(b_{11}b_{22} - b_{12}b_{21}) = \begin{vmatrix} a_{11} & a_{12} \\ a_{21} & a_{22} \end{vmatrix} \cdot \begin{vmatrix} b_{11} & b_{12} \\ b_{21} & b_{22} \end{vmatrix}$

一般の場合の證は次の通りである. $A = (a_{ij}),\ B = (b_{jk})$ を n 次の正方行列として $c_{ik} = \sum_{j=1}^{n} a_{ij}b_{jk}$ とおく.

$$|AB| = \sum \mathrm{sgn}\begin{pmatrix} 1 & \cdots & n \\ \alpha & \cdots & \omega \end{pmatrix} c_{1\alpha}\cdots c_{n\omega}$$

$$= \sum \mathrm{sgn}\begin{pmatrix} 1 & \cdots & n \\ \alpha & \cdots & \omega \end{pmatrix}\left(\sum_{\lambda=1}^{n} a_{1\lambda}b_{\lambda\alpha}\right)\cdots\left(\sum_{\rho=1}^{n} a_{n\rho}b_{\rho\omega}\right)$$

括弧をはずしたとき項 $a_{1\lambda}\cdots a_{n\rho}$ にかかる因數 $d_{\lambda\cdots\rho}$ は

$$d_{\lambda\cdots\rho} = \sum \mathrm{sgn}\begin{pmatrix} 1 & \cdots & n \\ \alpha & \cdots & \omega \end{pmatrix} b_{\lambda\alpha}\cdots b_{\rho\omega}$$

ここで記號 $\sum$ は $1,\cdots,n$ のあらゆる順列 $\alpha\cdots\omega$ について加えることを意味する. そこで
$$d_{\lambda\cdots\rho}=\begin{vmatrix} b_{\lambda 1} & \cdots & b_{\lambda n} \\ \cdots & \cdots & \cdots \\ b_{\rho 1} & \cdots & b_{\rho n} \end{vmatrix}$$
添數 $\lambda,\cdots,\rho$ のうち等しいものがあればこれは 0 となる. 添數 $\lambda,\cdots,\rho$ が相異なれば
$$d_{\lambda\cdots\rho}=\mathrm{sgn}\begin{pmatrix} 1 & \cdots & n \\ \lambda & \cdots & \rho \end{pmatrix}\begin{vmatrix} b_{11} & \cdots & b_{1n} \\ \cdots & \cdots & \cdots \\ b_{n1} & \cdots & b_{nn} \end{vmatrix}$$
$$|AB|=\sum a_{1\lambda}\cdots a_{n\rho}d_{\lambda\cdots\rho}=\sum \mathrm{sgn}\begin{pmatrix} 1 & \cdots & n \\ \lambda & \cdots & \rho \end{pmatrix}a_{1\lambda}\cdots a_{n\rho}|B|=|A||B|$$

例題 3.
$$\begin{vmatrix} a & b & c & d \\ b & a & d & c \\ c & d & a & b \\ d & c & b & a \end{vmatrix}=(a+b+c+d)(a+b-c-d)(a-b+c-d)(a-b-c+d)$$
を證せよ.

證. 左邊の行列式を $\varDelta$ とおく. また行列
$$\begin{pmatrix} 1 & 1 & 1 & 1 \\ 1 & 1 & -1 & -1 \\ 1 & -1 & 1 & -1 \\ 1 & -1 & -1 & 1 \end{pmatrix}$$
の行列式を δ とおく.
$$\delta\varDelta=\begin{vmatrix} a+b+c+d & a+b+c+d & a+b+c+d & a+b+c+d \\ a+b-c-d & a+b-c-d & c+d-a-b & c+d-a-b \\ a-b+c-d & b-a+d-c & c-d+a-b & d-c+b-a \\ a-b-c+d & b-a-d+c & c-d-a+b & d-c-b+a \end{vmatrix}$$
$$=(a+b+c+d)(a+b-c-d)(a-b+c-d)(a-b-c+d)\delta$$
そこで $\delta\neq 0$ であることがわかればよい. δ の行列を平方して行列式を考えれば
$$\delta^2=\begin{vmatrix} 4 & 0 & 0 & 0 \\ 0 & 4 & 0 & 0 \\ 0 & 0 & 4 & 0 \\ 0 & 0 & 0 & 4 \end{vmatrix}=4^4\neq 0$$

§7. 行列の積

例題 4. n 次の正方行列 $A=(a_{ij})$ の行列式を $\varDelta$ とする．a_{ij} の餘因數を A_{ij} とするとき

$$\begin{vmatrix} A_{11} & \cdots & A_{1n} \\ \cdots & \cdots & \cdots \\ A_{n1} & \cdots & A_{nn} \end{vmatrix} = \varDelta^{n-1}$$

證． $\varDelta=0$ のときは§4 の例題4によつて成り立つ．$\varDelta\neq 0$ の場合は餘因數の性質によつて

$$\begin{pmatrix} a_{11} & \cdots & a_{1n} \\ \cdots & \cdots & \cdots \\ a_{n1} & \cdots & a_{nn} \end{pmatrix} \begin{pmatrix} A_{11} & \cdots & A_{n1} \\ \cdots & \cdots & \cdots \\ A_{n1} & \cdots & A_{nn} \end{pmatrix} = \begin{pmatrix} \varDelta & 0 & \cdots & 0 \\ 0 & \varDelta & \cdots & 0 \\ \cdots & \cdots & \cdots & \cdots \\ 0 & 0 & \cdots & \varDelta \end{pmatrix}$$

兩邊の行列式をとると

$$\varDelta \begin{vmatrix} A_{11} & \cdots & A_{n1} \\ \cdots & \cdots & \cdots \\ A_{n1} & \cdots & A_{nn} \end{vmatrix} = \varDelta^n$$

$\varDelta\neq 0$ であるから證明された．

逆行列． 正方行列 A の行列式 $|A|$ の値が 0 でないとき A を**正則行列**という．また主對角線にある成分が全部 1 で他の成分がすべて 0 である行列

$$\begin{pmatrix} 1 & 0 & \cdots & 0 \\ 0 & 1 & \cdots & 0 \\ \cdots & \cdots & \cdots & \cdots \\ 0 & 0 & \cdots & 1 \end{pmatrix}$$

を**單位行列**という．單位行列を記號 E で示す．$|E|=1$ であるから單位行列は正則行列である．n 次の任意の正方行列 A と n 次の單位行列 E について

$$AE=EA=A$$

が成り立つ．例えば $n=2$ の場合に

$$\begin{pmatrix} 1 & 0 \\ 0 & 1 \end{pmatrix} \begin{pmatrix} a_{11} & a_{12} \\ a_{21} & a_{22} \end{pmatrix} = \begin{pmatrix} a_{11} & a_{12} \\ a_{21} & a_{22} \end{pmatrix}, \quad \begin{pmatrix} a_{11} & a_{12} \\ a_{21} & a_{22} \end{pmatrix} \begin{pmatrix} 1 & 0 \\ 0 & 1 \end{pmatrix} = \begin{pmatrix} a_{11} & a_{12} \\ a_{21} & a_{22} \end{pmatrix}$$

n 次の正方行列 A が正則であるときその 0 でない行列式を $\varDelta$ とする．すなわち $\varDelta=|A|$ とする．いま i 行 j 列の成分 c_{ij} が

$$c_{ij} = \frac{A_{ij}}{\varDelta}$$

である n 次の正方行列を記號 A^{-1} で示す. そうすると

$$\sum_{j=1}^{n} a_{ij} c_{jk} = \frac{1}{\varDelta} \sum_{j=1}^{n} a_{ij} A_{kj}$$

は $k=i$ のとき 1 となり, $k \neq 1$ のとき 0 となる. そこで AA^{-1} は單位行列であつて

(5) $\qquad AA^{-1} = E$

また

$$\sum_{j=1}^{n} c_{ij} a_{jk} = \frac{1}{\varDelta} \sum_{j=1}^{n} a_{jk} A_{ji}$$

は $k=i$ のとき 1 となり, $k \neq i$ のとき 0 となるから $A^{-1}A$ は單位行列となり

(6) $\qquad A^{-1}A = E$

となる. このように (5), (6) の關係にある行列 A^{-1} を A の**逆行列**という.

定理 10. 正方行列 A が逆行列をもつための條件は A が正則行列すなわち $|A| \neq 0$ **である.**

證. $AB=E$ ならば $|A||B|=|E|$ である.

定理 11. 正則行列 A の逆行列 A^{-1} **は一通りに定まつて** $|A^{-1}|=|A|^{-1}$ **である.**

證. $AB=E$ ならば $A^{-1}(AB)=A^{-1}E=A^{-1}$ であつて $A^{-1}(AB)=(A^{-1}A)B$ $=EB=B$ であるから $B=A^{-1}$ である. また $AA^{-1}=E$ によつて $|A||A^{-1}|=1$ を得る.

問 1. $\begin{pmatrix} \cos\theta & -\sin\theta \\ \sin\theta & \cos\theta \end{pmatrix}$ の逆行列は $\begin{pmatrix} \cos\theta & \sin\theta \\ -\sin\theta & \cos\theta \end{pmatrix}$ であることをたしかめよ.

問 2. $\begin{pmatrix} 1 & 0 & 0 \\ a & 1 & 0 \\ b & c & 1 \end{pmatrix}$ の逆行列を求めよ.

例題 5.
$$y_1 = p_{11}x_1 + p_{12}x_2 + p_{13}x_3$$
$$y_2 = p_{21}x_1 + p_{22}x_2 + p_{23}x_3$$
$$y_3 = p_{31}x_1 + p_{32}x_2 + p_{33}x_3$$

について係數の行列 (p_{ij}) が正則であつて逆行列を (q_{ij}) とするとき

$$x_1 = q_{11}y_1 + q_{12}y_2 + q_{13}y_3$$
$$x_2 = q_{21}y_1 + q_{22}y_2 + q_{23}y_3$$

§7. 行列の積

$$x_3 = q_{31}y_1 + q_{32}y_2 + q_{33}y_3$$

となることを證せよ．

證． $\begin{pmatrix} y_1 \\ y_2 \\ y_3 \end{pmatrix} = \begin{pmatrix} p_{11} & p_{12} & p_{13} \\ p_{21} & p_{22} & p_{23} \\ p_{31} & p_{32} & p_{33} \end{pmatrix} \begin{pmatrix} x_1 \\ x_2 \\ x_3 \end{pmatrix}$, $\begin{pmatrix} q_{11} & q_{12} & q_{13} \\ q_{21} & q_{22} & q_{23} \\ q_{31} & q_{32} & q_{33} \end{pmatrix} \begin{pmatrix} y_1 \\ y_2 \\ y_3 \end{pmatrix}$

$$\begin{pmatrix} q_{11} & q_{12} & q_{13} \\ q_{21} & q_{22} & q_{23} \\ q_{31} & q_{32} & q_{33} \end{pmatrix} \begin{pmatrix} p_{11} & p_{12} & p_{13} \\ p_{21} & p_{22} & p_{23} \\ p_{31} & p_{32} & p_{33} \end{pmatrix} \begin{pmatrix} x_1 \\ x_2 \\ x_3 \end{pmatrix} = \begin{pmatrix} 1 & 0 & 0 \\ 0 & 1 & 0 \\ 0 & 0 & 1 \end{pmatrix} \begin{pmatrix} x_1 \\ x_2 \\ x_3 \end{pmatrix} = \begin{pmatrix} x_1 \\ x_2 \\ x_3 \end{pmatrix}$$

問． $x = X\cos\theta - Y\sin\theta$, $y = X\sin\theta + Y\cos\theta$ であるとき
$X = x\cos\theta + y\sin\theta$, $Y = -x\sin\theta + y\cos\theta$
であることを行列を用いて示せ．

行列の積と階數． 定理9は二つの正方行列の積の場合であつたが，これを一般にすると次の通りである．(m, n) 型の行列 A と (n, m) 型の行列 B の積である m 次の正方行列 AB の行列式は，$m < n$ のとき A の m 次の小行列式と B の m 次小行列式との積を加えたものである．$m > n$ のときは 0 である．$m = n$ のときは $|A|$ と $|B|$ の積に等しい．例えば

$$A = \begin{pmatrix} a_{11} & a_{12} & a_{13} \\ a_{21} & a_{22} & a_{23} \end{pmatrix}, \quad B = \begin{pmatrix} b_{11} & b_{12} \\ b_{21} & b_{22} \\ b_{31} & b_{32} \end{pmatrix}$$

とすると，

$$AB = \begin{pmatrix} a_{11}b_{11} + a_{12}b_{21} + a_{13}b_{31} & a_{11}b_{12} + a_{12}b_{22} + a_{13}b_{32} \\ a_{21}b_{11} + a_{22}b_{21} + a_{23}b_{31} & a_{21}b_{12} + a_{22}b_{22} + a_{23}b_{32} \end{pmatrix}$$

$$|AB| = \begin{vmatrix} a_{11} & a_{12} \\ a_{21} & a_{22} \end{vmatrix} \cdot \begin{vmatrix} b_{11} & b_{12} \\ b_{21} & b_{22} \end{vmatrix} + \begin{vmatrix} a_{13} & a_{11} \\ a_{23} & a_{21} \end{vmatrix} \cdot \begin{vmatrix} b_{31} & b_{32} \\ b_{11} & b_{12} \end{vmatrix} + \begin{vmatrix} a_{12} & a_{13} \\ a_{22} & a_{23} \end{vmatrix} \cdot \begin{vmatrix} b_{21} & b_{22} \\ b_{31} & b_{32} \end{vmatrix}$$

これをたしかめるには行列式の性質 (IV), (V) を用いればよい．次に

$$BA = \begin{pmatrix} b_{11}a_{11} + b_{12}a_{21} & b_{11}a_{12} + b_{12}a_{22} & b_{11}a_{13} + b_{12}a_{23} \\ b_{21}a_{11} + b_{22}a_{21} & b_{21}a_{12} + b_{22}a_{22} & b_{21}a_{13} + b_{22}a_{23} \\ b_{31}a_{11} + b_{32}a_{21} & b_{31}a_{12} + b_{32}a_{22} & b_{31}a_{13} + b_{32}a_{23} \end{pmatrix}$$

行列式の性質 (IV), (V) を用いると

$$|BA| = a_{11}a_{12}a_{13}\begin{vmatrix} b_{11} & b_{11} & b_{11} \\ b_{21} & b_{21} & b_{21} \\ b_{31} & b_{31} & b_{31} \end{vmatrix} + a_{11}a_{12}a_{23}\begin{vmatrix} b_{11} & b_{11} & b_{12} \\ b_{21} & b_{21} & b_{22} \\ b_{31} & b_{31} & b_{32} \end{vmatrix} + \cdots$$

となつて右邊の行列式はすべて 0 であるから $|BA|=0$ となる.

一般の場合の證明は定理 9 の證明と似たようにやればよい.

$$|AB| = \sum \mathrm{sgn}\begin{pmatrix} 1 & \cdots & m \\ \alpha & \cdots & \omega \end{pmatrix}\left(\sum_{\lambda=1}^{n} a_{1\lambda}b_{\lambda\alpha}\right)\cdots\left(\sum_{\rho=1}^{n} a_{m\rho}b_{\rho\omega}\right)$$

ここで $\alpha\cdots\omega$ は番號 $1,\cdots,m$ のあらゆる順列をとる. 右邊の項 $a_{1\lambda}\cdots a_{m\rho}$ にかかる因數は

$$\sum \mathrm{sgn}\begin{pmatrix} 1 & \cdots & m \\ \alpha & \cdots & \omega \end{pmatrix} b_{\lambda\alpha}\cdots b_{\rho\omega} = \begin{vmatrix} b_{\lambda 1} & \cdots & b_{\lambda m} \\ \cdots & \cdots & \cdots \\ b_{\rho 1} & \cdots & b_{\rho m} \end{vmatrix}$$

$\lambda\cdots\rho$ は $1,\cdots,n$ のうちから選んだ番號であるから $m>n$ のときそのうち等しいものがあつてこの行列式は 0 となる. $m=n$ のときは定理 9 である. $m<n$ のときは $\lambda\cdots\rho$ が $1,\cdots,n$ のうちから選んだ相異る m 個の番號 $p\cdots r$ の任意の順列とすれば

$$\begin{vmatrix} b_{\lambda 1} & \cdots & b_{\lambda m} \\ \cdots & \cdots & \cdots \\ b_{\rho 1} & \cdots & b_{\rho m} \end{vmatrix} = \mathrm{sgn}\begin{pmatrix} p & \cdots & r \\ \lambda & \cdots & \rho \end{pmatrix}\begin{vmatrix} b_{p1} & \cdots & b_{pm} \\ \cdots & \cdots & \cdots \\ b_{r1} & \cdots & b_{rm} \end{vmatrix}$$

$$|AB| = \sum\sum \mathrm{sgn}\begin{pmatrix} p & \cdots & r \\ \lambda & \cdots & \rho \end{pmatrix} a_{1\lambda}\cdots a_{m\rho}\begin{vmatrix} b_{p1} & \cdots & b_{pm} \\ \cdots & \cdots & \cdots \\ b_{r1} & \cdots & b_{rm} \end{vmatrix}$$

$$= \sum \begin{vmatrix} a_{1p} & \cdots & a_{1r} \\ \cdots & \cdots & \cdots \\ a_{mp} & \cdots & a_{mr} \end{vmatrix} \cdot \begin{vmatrix} b_{p1} & \cdots & b_{pm} \\ \cdots & \cdots & \cdots \\ b_{r1} & \cdots & b_{rm} \end{vmatrix}$$

ここで $\sum$ は $1,\cdots,n$ のうちから m 個の番號 $p,\cdots,r$ の選び方（${}_nC_m$ 個ある）について加えることを示す. (§5 例題 1 参照).

さて上の事柄によつて次の定理が成り立つ.

(l,m) 型の行列 A と (m,n) 型の行列 B について行列 AB の階數は A の階數より大きくない. また行列 AB の階數は B の階數より大きくない.

§7. 行列の積

證. A の階數を r とする．AB に $r+1$ 次の小行列式があるとすれば，それは A の $r+1$ 個の行を選んでつくつた行列と B の $r+1$ 個の列を選んでつくつた行列との積の行列式である．$m < r+1$ のときは上述によつてこの行列式は 0，$m \geqq r+1$ のときは A の $r+1$ 次の小行列式が 0 であつて，從つて AB の $r+1$ 次の小行列式は 0 である．そこで AB の階數は r より大きくない．B の階數より大きくないことも同樣に證明される．

定理 12. *P が正則行列であつて A が同じ次數の正方行列であるとき PA と AP の階數はともに A の階數に等しい．*

證. 定理 11 によつて P の逆行列 P^{-1} が定まる．PA の階數は上述によつて A の階數より大きくない．$A = P^{-1}(PA)$ であるから A の階數は PA の階數より大きくない．從つて等しい．

例題 6. 行列の積を用いて次の不等式を證せよ．實數 $a_1, \cdots, a_n$, $b_1, \cdots, b_n$ について

$$\left(\sum_{i=1}^{n} a_i^2\right)\left(\sum_{i=1}^{n} b_i^2\right) \geqq \left(\sum_{i=1}^{n} a_i b_i\right)^2$$

そして等號の成り立つのは行列

$$P = \begin{pmatrix} a_1 & a_2 & \cdots & a_n \\ b_1 & b_2 & \cdots & b_n \end{pmatrix}$$

の階數が 1 であるか 0 のときであることをたしかめよ．

證. P とその轉置行列 P^* の積は

$$PP^* = \begin{pmatrix} \sum_{i=1}^{n} a_i^2 & \sum_{i=1}^{n} a_i b_i \\ \sum_{i=1}^{n} a_i b_i & \sum_{i=1}^{n} b_i^2 \end{pmatrix}$$

$$|PP^*| = \left(\sum_{i=1}^{n} a_i^2\right)\left(\sum_{i=1}^{n} b_i^2\right) - \left(\sum_{i=1}^{n} a_i b_i\right)^2 = \sum \begin{vmatrix} a_p & a_q \\ b_p & b_q \end{vmatrix} \cdot \begin{vmatrix} a_p & b_p \\ a_q & b_q \end{vmatrix} = \sum \begin{vmatrix} a_p & a_q \\ b_p & b_q \end{vmatrix}^2$$

ここで記號 $\sum$ は $1, \cdots, n$ のうちから ${}_nC_2$ 通りの二つの番號 p, q の選び方について加えることを示す．等號が成り立つのは 2 次の小行列式がすべて 0 のときである．

對稱行列． 正方行列 A の轉置行列を A^* で示す．A^* の轉置行列はもちろん

A であるから
$$(A*)* = A$$
また A と B を同次の正方行列とするとき
$$(AB)* = B*A*$$
である．何となれば $A=(a_{ij})$, $B(b_{ij})$, $A*=(c_{ij})$, $B*=(d_{ij})$ とすれば $c_{ij}=a_{ji}$, $d_{ij}=b_{ji}$ であるから
$$\sum_{j=1}^{n} d_{ij}c_{jk} = \sum_{j=1}^{n} a_{kj}b_{ji}$$
そこで $B*A*$ の i 行 k 列の成分は AB の k 行 i 列の成分すなわち $(AB)*$ の i 行 k 列の成分に等しい．

例． $\begin{pmatrix}0&2\\1&1\end{pmatrix}\begin{pmatrix}1&-1\\1&0\end{pmatrix}=\begin{pmatrix}2&0\\2&-1\end{pmatrix}$, $\begin{pmatrix}1&1\\-1&0\end{pmatrix}\begin{pmatrix}0&1\\2&1\end{pmatrix}=\begin{pmatrix}2&2\\0&-1\end{pmatrix}$

問． m 個の同じ次数の正方行列 $A_1, A_2, \cdots, A_m$ について
$$(A_1A_2\cdots A_m)* = A_m*\cdots A_2*A_1*$$
であることを證せよ．

行列 A の轉置行列が A に等しいとき A を對稱行列という．$A=(a_{ij})$ が對稱行列ならば $a_{ji}=a_{ij}$ である．すなわち主對角線について對稱の位置にある成分は相等しい．例えば
$$\begin{pmatrix}0&1\\1&2\end{pmatrix}, \quad \begin{pmatrix}a&b&c\\b&a&d\\c&d&a\end{pmatrix}$$
は對稱行列である．對稱行列は必らず正方行列でなければならない．

定理 13. A を對稱行列とし P は A と同次の正方行列とするとき $P*AP$ も對稱行列である．

證． $(P*)*=P$ であることと上の問を用いて
$$(P*AP)* = P*A*(P*)* = P*AP$$

固有方程式． n 次の正方行列 $A=(a_{ij})$ の主對角線にある成分 $a_{11}, a_{22}, \cdots, a_{nn}$ の代りに $a_{11}-x, a_{22}-x, \cdots, a_{nn}-x$ をおいて残りの成分をそのままにした行列の行列式を考える．例えば $n=2$, $n=3$ のときには

§7. 行列の積

$$\begin{vmatrix} a_{11}-x & a_{12} \\ a_{21} & a_{22}-x \end{vmatrix} = x^2 - (a_{11}+a_{22})x + \begin{vmatrix} a_{11} & a_{12} \\ a_{21} & a_{22} \end{vmatrix}$$

$$\begin{vmatrix} a_{11}-x & a_{12} & a_{12} \\ a_{21} & a_{22}-x & a_{23} \\ a_{31} & a_{32} & a_{33}-x \end{vmatrix} = -x^3 + (a_{11}+a_{22}+a_{33})x^2$$

$$-\left(\begin{vmatrix} a_{22} & a_{23} \\ a_{32} & a_{33} \end{vmatrix} + \begin{vmatrix} a_{11} & a_{13} \\ a_{31} & a_{33} \end{vmatrix} + \begin{vmatrix} a_{11} & a_{12} \\ a_{21} & a_{22} \end{vmatrix} \right) x + \begin{vmatrix} a_{11} & a_{12} & a_{13} \\ a_{21} & a_{22} & a_{23} \\ a_{31} & a_{32} & a_{33} \end{vmatrix}$$

x の冪指数の最も大きい項は行列式の主項にあらわれる．そこで n 次正方行列のときには n 次の x の多項式が得られる．これを 0 とおいた方程式を行列 A の **固有方程式**または**特性方程式**という．

問． 次の行列の固有方程式の根を求めよ．

$$\begin{pmatrix} 1 & -2 & 0 \\ -2 & 2 & 2 \\ 0 & 2 & 3 \end{pmatrix}$$

定理 14. P を n 次正則行列，A を n 次の正方行列とするとき A の固有方程式と $P^{-1}AP$ の固有方程式は同じである．

證． $P=(p_{ij})$, $P^{-1}=(q_{ij})$, $A=(a_{ij})$ とするとき $k \neq i$ のとき

$$\sum_{j=1}^{n} q_{ij} p_{ji} = 1, \qquad \sum_{j=1}^{n} q_{ij} p_{jk} = 0$$

$P^{-1}AP=(b_{ij})$ とすれば $k \neq i$ のとき

$$b_{ik} = \sum_{j=1}^{n} \sum_{\lambda=1}^{n} q_{ij} a_{j\lambda} p_{\lambda k} = \sum_{j=1}^{n} \sum_{\lambda=1}^{n} q_{ij} a_{j\lambda} p_{\lambda k} - \sum_{j=1}^{n} q_{ij} p_{jk} x$$

$$b_{ii} - x = \sum_{j=1}^{n} \sum_{\lambda=1}^{n} q_{ij} a_{j\lambda} p_{\lambda i} - \sum_{j=1}^{n} q_{ij} p_{ji} x$$

この關係を行列で示すと

$$\begin{pmatrix} b_{11}-x & \cdots & b_{1n} \\ \cdots & \cdots & \cdots \\ b_{n1} & \cdots & b_{nn}-x \end{pmatrix} = \begin{pmatrix} q_{11} & \cdots & q_{1n} \\ \cdots & \cdots & \cdots \\ q_{n1} & \cdots & q_{nn} \end{pmatrix} \begin{pmatrix} a_{11}-x & \cdots & a_{1n} \\ \cdots & \cdots & \cdots \\ a_{n1} & \cdots & a_{nn}-x \end{pmatrix} \begin{pmatrix} p_{11} & \cdots & p_{1n} \\ \cdots & \cdots & \cdots \\ p_{n1} & \cdots & p_{nn} \end{pmatrix}$$

兩邊の行列式をとると定理 11 によつて $|P^{-1}||P|=1$ であるから $P^{-1}AP$ の固有方程式は A の固有方程式に等しい．

例題 7. $\begin{pmatrix} \cos\theta & \sin\theta \\ -\sin\theta & \cos\theta \end{pmatrix}\begin{pmatrix} a & h \\ h & b \end{pmatrix}\begin{pmatrix} \cos\theta & -\sin\theta \\ \sin\theta & \cos\theta \end{pmatrix}=\begin{pmatrix} A & H \\ H & B \end{pmatrix}$

とおけば $ab-h^2=AB-H^2$, $a+b=A+B$ であることを證せよ.

證. 例題3によつて定理14を適用し得る.

$$\begin{vmatrix} a-x & h \\ h & b-x \end{vmatrix}=\begin{vmatrix} A-x & H \\ H & B-x \end{vmatrix}$$

兩邊の定數項と x の係數をくらべればよい.

定理 15. **成分がすべて實數である對稱行列の固有方程式は虛根を有しない.**

例として2次の實對稱行列の固有方程式を考えよう. 行列

$$\begin{pmatrix} a_{11} & a_{12} \\ a_{21} & a_{22} \end{pmatrix}, \qquad a_{12}=a_{21}$$

について固有方程式は

$$x^2-(a_{11}+a_{22})x+(a_{11}a_{22}-a_{12}^2)=0$$

判別式を計算すると a_{11}, a_{22}, a_{12} は實數であるから

$$(a_{11}+a_{22})^2-4(a_{11}a_{22}-a_{12}^2)=(a_{11}-a_{22})^2+4a_{12}^2\geqq 0$$

そこで虛根を有しない. 次に3次の實對稱行列を考えてみよう. この場合は2次のときのように簡單でない. 固有方程式の一つの複素數根を α とする.

$$\begin{vmatrix} a_{11}-\alpha & a_{12} & a_{13} \\ a_{21} & a_{22}-\alpha & a_{23} \\ a_{31} & a_{32} & a_{33}-\alpha \end{vmatrix}=0$$

そこで齊一次連立方程式についての定理7によつて

(7) $\begin{cases} (a_{11}-\alpha)z_1+a_{12}z_2+a_{13}z_3=0 \\ a_{21}z_1+(a_{22}-\alpha)z_2+a_{23}z_3=0 \\ a_{31}z_1+a_{32}z_2+(a_{33}-\alpha)z_3=0 \end{cases}$

となる自明でない解すなわち複素數 z_1, z_2, z_3 が得られ, このうち0でないものがある. さて任意の複素數 $z=a+bi$ があるとき共役な複素數 $a-bi$ を記號 $\bar{z}$ で示すことにする. $z\bar{z}$ は負でない實數であるが $z\neq 0$ ならば $z\bar{z}>0$ である. いま z_1, z_2, z_3 に共役な複素數をそれぞれ $\bar{z}_1$, $\bar{z}_2$, $\bar{z}_3$ とするとき z_1, z_2, z_3 のうちに 0 でないものがあるから

§7. 行 列 の 積

(8) $$z_1\bar{z}_1+z_2\bar{z}_2+z_3\bar{z}_3>0$$

である．(7)の第1式，第2式，第3式にそれぞれ $\bar{z}_1, \bar{z}_2, \bar{z}_3$ を乘じて

(9) $$\begin{cases} a_{11}z_1\bar{z}_1+a_{12}z_2\bar{z}_1+a_{13}z_3\bar{z}_1=\alpha z_1\bar{z}_1 \\ a_{21}z_1\bar{z}_2+a_{22}z_2\bar{z}_2+a_{23}z_3\bar{z}_2=\alpha z_2\bar{z}_2 \\ a_{31}z_1\bar{z}_3+a_{32}z_2\bar{z}_3+a_{33}z_3\bar{z}_3=\alpha z_3\bar{z}_3 \end{cases}$$

一方 (9) に於て各項を共役な複素數におきかえると $a_{11}, a_{12}, \cdots$ などは實數であるから

(10) $$\begin{cases} a_{11}\bar{z}_1 z_1+a_{12}\bar{z}_2 z_1+a_{13}\bar{z}_3 z_1=\bar{\alpha}\bar{z}_1 z_1 \\ a_{21}\bar{z}_1 z_2+a_{22}\bar{z}_2 z_2+a_{23}\bar{z}_3 z_2=\bar{\alpha}\bar{z}_2 z_2 \\ a_{31}\bar{z}_1 z_3+a_{32}\bar{z}_2 z_3+a_{33}\bar{z}_3 z_3=\bar{\alpha}\bar{z}_3 z_3 \end{cases}$$

が成り立つ．$a_{12}=a_{21}$, $a_{13}=a_{31}$, $a_{23}=a_{32}$ であるから (9) の左邊の和と (10) の左邊の和は等しい．そこで

$$\alpha(z_1\bar{z}_1+z_2\bar{z}_2+z_3\bar{z}_3)=\bar{\alpha}(z_1\bar{z}_1+z_2\bar{z}_2+z_3\bar{z}_3)$$

である．(8) によつて $\alpha=\bar{\alpha}$ となるから α は實數である．一般の場合の證明も $n=3$ のときと同様にやればよい．

問　　題

1. $A=\begin{pmatrix} 3 & 2 & 6 \\ 1 & 1 & 2 \\ 2 & 2 & 5 \end{pmatrix}$, $B=\begin{pmatrix} 1 & 0 & 4 \\ 2 & 4 & 3 \\ 1 & 3 & 0 \end{pmatrix}$, $C=\begin{pmatrix} 1 & 1 & 1 \\ 1 & 0 & 2 \\ 2 & 2 & 0 \end{pmatrix}$

   $P=\begin{pmatrix} 1 & 2 \\ 4 & 0 \\ 3 & 1 \end{pmatrix}$, $Q=\begin{pmatrix} -2 & 1 \\ 3 & 1 \\ 0 & 2 \end{pmatrix}$, $R=\begin{pmatrix} 1 & 3 & 4 \\ 0 & -1 & 2 \end{pmatrix}$

   であるとき次の行列を計算せよ．
   AB, BA, AQ, RB, BP, CQ, PR, RC, RP

2. 前問の行列 A, B の逆行列を求めよ．
3. 問題1の行列 C について例題4の結果をたしかめよ．
4. 行列式の乘法（定理9）によつて次の等式を證せよ．(4—6).
$$\begin{vmatrix} b^2+c^2 & ab & ca \\ ab & c^2+a^2 & bc \\ ca & bc & a^2+b^2 \end{vmatrix}=4a^2b^2c^2$$

註. $\begin{pmatrix} 0 & b & c \\ c & a & 0 \\ b & 0 & a \end{pmatrix}$ とその轉置行列の積を考える．

5. $\begin{vmatrix} a & b & c & d \\ -b & a & -d & c \\ -c & d & a & -b \\ -d & -c & b & a \end{vmatrix} = (a^2+b^2+c^2+d^2)^2$

註. 左邊の行列にその轉置行列を乘ずる．

6. $\begin{vmatrix} 0 & a & b & c \\ -a & 0 & d & e \\ -b & -d & 0 & f \\ -c & -e & -f & 0 \end{vmatrix} = (af-be+cd)^2$

註. 左邊に $\begin{vmatrix} 1 & 0 & e & -d \\ 0 & 1 & -c & b \\ 0 & 0 & 0 & -a \\ 0 & 0 & a & 0 \end{vmatrix}$ を乘ぜよ．

7. $\varDelta = \begin{vmatrix} a_{11} & a_{12} & a_{13} \\ a_{21} & a_{22} & a_{23} \\ a_{31} & a_{32} & a_{33} \end{vmatrix}$ とするとき

$\varDelta a_{11} = \begin{vmatrix} A_{22} & A_{23} \\ A_{32} & A_{33} \end{vmatrix}, \quad \varDelta a_{12} = \begin{vmatrix} A_{23} & A_{21} \\ A_{33} & A_{31} \end{vmatrix}, \quad \varDelta a_{13} = \begin{vmatrix} A_{21} & A_{22} \\ A_{31} & A_{32} \end{vmatrix}$

を證せよ．

8. n 次の正方行列 (a_{ij}) の成分の餘因數を成分とする行列 (A_{ij}) の階數が 1 であれば (a_{ij}) の階數は $n-1$ である．$(n>1)$．

註. §6問題7の逆である．

9. 次の行列の固有方程式の根を求めよ．

(a) $\begin{pmatrix} -3 & 4 \\ 5 & -2 \end{pmatrix}$　(b) $\begin{pmatrix} 1 & 3 & 0 \\ 3 & -2 & -1 \\ 0 & -1 & 1 \end{pmatrix}$

*10. 問題6の左邊の行列の固有方程式の根は純虛數であることを證せよ．ただし a, b, c, d, e, f は實數とする．

第2章 直線の方程式と平面上の計量

§1. 直線上の點の座標

一つの直線について二通りの向きが考えられるが，そのうちの一方を**正の向き**と定めておく．g 上の任意の二點 A, B を結ぶ線分 AB について向きを考えたとき**有向線分**という．A から B に向う向きを考えたときの線分 AB を $\overrightarrow{AB}$ と記す．$\overrightarrow{AB}$ と $\overrightarrow{BA}$ は向きが逆である．$\overrightarrow{AB}$ の向きが g の正の向きと同じであるときその長さを示す數を AB で示すことにする．また $\overrightarrow{AB}$ の向きが g の負の向き（正の向きと反對）であるときその長さを示す數に負號をつけたものを AB と記すことにする．そうすると AB は $\overrightarrow{AB}$ の向きによつて正負の實數を示すわけである．$\overrightarrow{AB}$ と $\overrightarrow{CD}$ が長さも向きも同じである有向線分ならば $AB=CD$ となる．また線分 AA は考えられないが，AA は長さが 0 であるとして數 0 を意味するものと約束しておくと都合がよい．次の事柄が成り立つことは明らかである．

$$BA = -AB, \quad AB + BA = AA = 0$$

g 上の任意の三點 A, B, C について次の式が常に成り立つ．

$AB + BC = AC$

$AB = AC - BC = CB - CA$

$AB + BC + CA = 0$

第 1 圖

直線 g 上の三點 A, B, C について $AC : CB = m : n$ であるとき點 C は線分 AB を $m : n$ の比に分つという．AC と CB が同符號のとき點 C は AB の內部にある．このとき $\dfrac{m}{n}$ は正であつて點 C は線分 AB を $|m|:|n|$ の比に**內分する**という．AC と CB が異符號のとき點 C は線分 AB の外部にある．このとき $\dfrac{m}{n}$ は負であつて點 C は線分 AB を $|m|:|n|$ の比に**外分する**という．

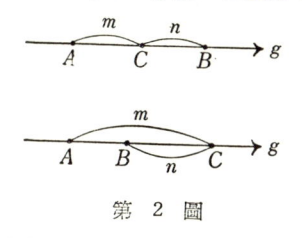

第 2 圖

調和列點． 直線 g 上の相異なる四點 A, B, C, D について

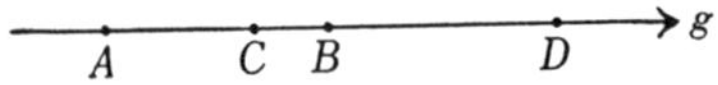

```
———•————•—•———————•————————→ g
    A    C  B      D
```
第 3 圖

(1) $\dfrac{AC}{BC} = -\dfrac{AD}{BD}$

が成り立つとき二點 A, B と二點 C, D は調和列點であるという．(1) が成り立てば

$$\frac{CA}{DA} = -\frac{CB}{DB}$$

が成り立つ．そこで A, B と C, D が調和列點であれば C, D と A, B も調和列點である．

線分 AB をある比に內分，外分する点をそれぞれ C, D とすれば A, B と C, D は調和列點である．

證．$\dfrac{AC}{CB} = \dfrac{n}{m}$ とすれば $\dfrac{AD}{DB} = -\dfrac{n}{m}$ であるから (1) が成り立つ．この事柄の逆が成り立つことを證しよう．A, B と C, D が調和列點であれば (1) が成り立つから $\dfrac{AC}{CB}$ と $\dfrac{AD}{DB}$ は符號が反對であるだけである．そこで C が線分 AB の內部にあれば D は線分 AB の外部にあつて，C, D はそれぞれ線分 AB をある比に內分，外分する點となる．また C が線分 AB の外部にあれば D は線分 AB の內部にあつて D, C はそれぞれ線分 AB をある比に內分，外分する點となる．

A, B と C, D が調和列點であるとき D は A, B について C の**共役點**という．また C は A, B について D の共役點である．このとき C, D と A, B も調和列點であるから，C, D について A と B は共役である．

點 C が線分 AB の中點であるとき A, B について C の共役點は存在しない．

證．C に共役な點 D があるとすれば (1) が成り立つて $\dfrac{AC}{CB} = 1$ であるから

$$\frac{AD}{BD} = 1$$

となつて A と B は一致する．A と B は異なるはずであるから矛盾する．

直線上の點の座標． 直線 g 上に定點 O をとり O を原點とする．g 上の任意の點 P の位置を OP の示す數によって定める．これを點 P の座標という．座標を用いると直線上の點に關する問題を解くのに便利なことが多い．

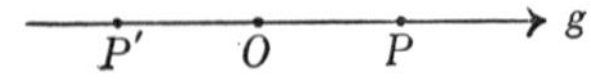

```
————————•——•——•————————→ g
         P'  O  P
```
第 4 圖

直線 g 上の任意の二點 A, B の座標を a, b とするとき $AB = b-a$ である．

§1. 直線上の點の座標

證.　　　　$OA=a$,　$OB=b$,　$AB=OB-OA=b-a$.

直線 g 上の任意の二點 A, B の座標を a, b とするとき線分 AB の中點 M の座標は
$$\frac{a+b}{2}$$
である.

證.　$AB=AM+MB$, $AM=MB$ らであるから
$$AM=\frac{1}{2}AB=\frac{b-a}{2},\qquad OM=OA+AM=a+\frac{b-a}{2}=\frac{a+b}{2}$$

例題 1.　三點 A, B, C の座標を a, b, c とするとき A, B について C に共役な點 D の座標を求めよ.

解.　D の座標を d とすれば
$$AC=c-a,\quad CB=b-c,\quad AD=d-a,\quad DB=b-d$$
であつて
$$\frac{AC}{BC}=-\frac{AD}{BD}$$
であるから
$$\frac{c-a}{c-b}=-\frac{d-a}{d-b}$$
$$(2c-a-b)d=ac+bc-2ab$$

C が線分 AB の中點でなければ $c \ne \dfrac{a+b}{2}$ であるから $2c-a-b \ne 0$. 從つて
$$d=\frac{ac+bc-2ab}{2c-a-b}$$

例題 2.　A, B と C, D が調和列點であるとき線分 AB の中點を M とすれば
$$MA^2=MB^2=MC \cdot MD$$
であることを證せよ.

證.　A, B, C, D の座標をそれぞれ a, b, c, d とするれば例題1によつて
$$d=\frac{ac+bc-2ab}{2c-a-b}$$
であつて M の座標は $\dfrac{a+b}{2}$ である. そこで

$$MA = a - \frac{a+b}{2} = \frac{a-b}{2}, \quad MC = c - \frac{a+b}{2} = \frac{2c-a-b}{2}$$

$$MD = d - \frac{a+b}{2} = \frac{ac+bc-2ab}{2c-a-b} - \frac{a+b}{2} = \frac{(a-b)^2}{2(2c-a-b)}$$

$$MA^2 = MC \cdot MD$$

例題 3. A, B と C, D が調和列點であるとき

$$\frac{2}{AB} = \frac{1}{AC} + \frac{1}{AD}$$

を證せよ.

證. A, B, C, D の座標を a, b, c, d とすれば

$$AB = b - a, \quad AC = c - a$$

$$AD = d - a = \frac{ac+bc-2ab}{2c-a-b} - a = \frac{(b-a)(c-a)}{2c-a-b}$$

$$\frac{1}{AC} + \frac{1}{AD} = \frac{1}{c-a} + \frac{2c-a-b}{(b-a)(c-a)} = \frac{2}{b-a} = \frac{2}{AB}$$

例題 4. 直線 g 上にある三點 A, B, C について

$$\frac{1}{AB \cdot AC} + \frac{1}{BC \cdot BA} + \frac{1}{CA \cdot CB} = 0$$

を證せよ.

證. A, B, C の座標を a, b, c とするとき,左邊の式は

$$\frac{1}{(b-a)(c-a)} + \frac{1}{(c-b)(a-b)} + \frac{1}{(a-c)(b-c)} = \frac{(c-b)+(a-c)+(b-a)}{(a-b)(b-c)(c-a)} = 0$$

問　題

1. 直線 g 上の四點 A, B, C, P について次式を證せよ.

$$\frac{AP}{AB \cdot AC} + \frac{BP}{BC \cdot BA} + \frac{CP}{CA \cdot CB} = 0,$$

$$\frac{PB \cdot PC}{AB \cdot AC} + \frac{PC \cdot PA}{BC \cdot BA} + \frac{PA \cdot PB}{CA \cdot CB} = 1,$$

$$PA^2 \cdot BC + PB^2 \cdot CA + PC^2 \cdot AB + BC \cdot CA \cdot AB = 0.$$

2. 直線 g 上の A, B と C, D が調和列點であつて,P が g 上の任意の點であれば

$$2\frac{PB}{AB} = \frac{PC}{AC} + \frac{PD}{AD}$$

であることを證せよ.

3. 前問に於て線分 AB の中點を M, 線分 CD の中點を N とすれば
$$\frac{AC}{BD} = \frac{CM \cdot CN}{BM \cdot BN}, \quad PA \cdot PB + PC \cdot PD = 2PM \cdot PN$$
であることを證せよ．

4. 問題 2 から例題 3 をみちびけ．

§2. 平面上の點の座標

平面上の點の位置を定めるため平面上に相交わる二直線をとり，一方を x 軸あるいは横軸といい，他方を y 軸あるいは縦軸という．この二直線を**座標軸**といい交點 O を**原點**という．座標軸が互に垂直であるとき**直交軸**といい，そうでないときに**斜交軸**という．座標軸の正の向きを定めておくとき，座標軸に平行な直線の正の向きは座標軸の正の向きと同じに定める．さて座標軸をもとにして平面上の任意の點 P の位置を次のように定める．P を通り y 軸に同方向に引いた直線（すなわち y 軸に平行な直線であるか y 軸自身）と x 軸との交點を M とするとき OM を點 P の x **座標**という．また MP を點 P の y **座標**という．P を通り x 軸と同方向の直線と y 軸との交點を N とすれば $ON = MP$ であるから ON を P の y 座標としてもよい．平面上の任意の點の座標は二つの實數であつて一通りに定まる．逆に a, b を任意の實數とするとき a, b をそれぞれ x 座標, y 座標とする點が一通りに定まる．これを點 (a, b) と記す．このような種類の座標を**平行座標**という．直交軸のときには**直角座標**あるいは**直交座標**という．他の種類の座標については後に述べる．

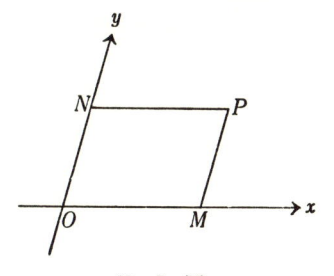

第 5 圖

注意．OM, MP の長さをはかるのに長さの單位は同じであるとしておく．

問．點 (a, b) の原點に關して對稱な點の座標を求めよ．また直交軸の場合に點 (a, b) の x 軸に關して對稱な點の座標，y 軸に關して對稱な點の座標を求めよ．

線分を與えられた比に分つ點の座標．點 $P(x_1, y_1)$ と點 $Q(x_2, y_2)$ を結ぶ線分 PQ を $m : n$ の比に分つ點 $R(x, y)$ の座標は

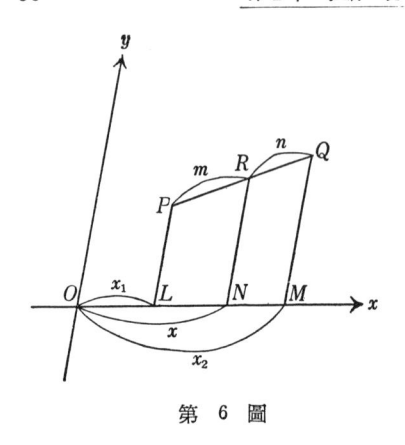

$$x=\frac{mx_2+nx_1}{m+n}, \quad y=\frac{my_2+ny_1}{m+n}$$

である.

證. P, Q, R を通る y 軸と同方向の直線を引き x 軸との交點をそれぞれ L, M, N とする.

$OL=x_1, OM=x_2, ON=x$

$LN:NM=PR:RQ=m:n$

$LN=ON-OL=x-x_1,$

$NM=OM-ON=x_2-x$

第 6 圖

そこで $x-x_1:x_2-x=m:n$ であるから

$$m(x_2-x)=n(x-x_1)$$

$$x=\frac{mx_2+nx_1}{m+n}$$

また P, Q, R を通り x 軸と同方向の直線を引いて同様にすれば

$$y=\frac{my_2+ny_1}{m+n}$$

特に $m=n=1$ の場合を考えると,次の結果が得られる.

點 (x_1, y_1) と點 (x_2, y_2) を結ぶ線分の中點の座標 (x, y) は

$$x=\frac{x_1+x_2}{2}, \quad y=\frac{y_1+y_2}{2}$$

例題 1. 點 $P(x_1, y_1)$ と點 $Q(x_2, y_2)$ を結ぶ線分 PQ を $3:1$ の比に內分する點と外分する點の座標を求めよ.

解. 內分する點 R_1 について $PR_1:R_1Q=3:1$ であるから

$$x=\frac{3x_2+x_1}{4}, \quad y=\frac{3y_2+y_1}{4}$$

外分する點 R_2 については $PR_2:R_2Q=3:-1$ であるから

$$x=\frac{3x_2-x_1}{2}, \quad y=\frac{3y_2-y_1}{2}$$

例題 2. 三角形の三つの中線は一點で交わることを證せよ.

§2. 平面上の點の座標

證. 頂點 A, B, C の座標をそれぞれ $(x_1, y_1), (x_2, y_2), (x_3, y_3)$ とするとき

邊 BC の中點 L の座標　$\left(\dfrac{x_2+x_3}{2}, \dfrac{y_2+y_3}{2}\right)$

邊 CA の中點 M の座標　$\left(\dfrac{x_3+x_1}{2}, \dfrac{y_3+y_1}{2}\right)$

邊 AB の中點 N の座標　$\left(\dfrac{x_1+x_2}{2}, \dfrac{y_1+y_2}{2}\right)$

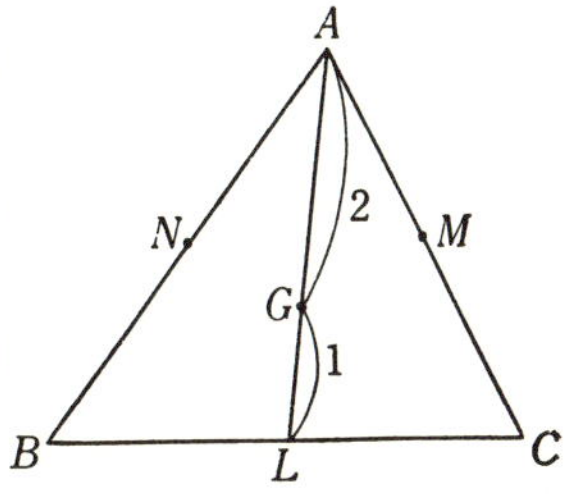

中線 AL を $2:1$ の比に內分する點 G の座標を (x, y) とすれば

第 7 圖

$$x=\dfrac{2\dfrac{x_2+x_3}{2}+x_1}{2+1}=\dfrac{x_1+x_2+x_3}{3}, \quad y=\dfrac{2\dfrac{y_2+y_3}{2}+y_1}{2+1}=\dfrac{y_1+y_2+y_3}{3}$$

同樣に中線 BM を $2:1$ の比に內分する點の座標は

$$\left(\dfrac{x_1+x_2+x_3}{3}, \dfrac{y_1+y_2+y_3}{3}\right)$$

となつてこの點は G と一致する．同樣にして中線 CN を $2:1$ の比に內分する點も G に一致する．そこで三中線は點 G を通る．點 G を三角形の**重心**という．重心の座標は上記のようになるわけである．

問　題

1. 二點 $A(x_1, y_1), B(x_2, y_2)$ を結ぶ線分 AB をこの向きに同じ長さだけ延長した點 C の座標を求めよ．
2. 平行四邊形 $ABCD$ の三頂點 A, B, C の座標が與えられたとき D の座標を求めよ．
3. 四邊形の對邊の中點を結ぶ二線分と對角線の中點を結ぶ線分は一點で交わることを證せよ．
4. 二點 $A(-1, 3), B(4, -2)$ を結ぶ線分を $5:2$ の比に內分，外分する點の座標を求めよ．
5. 三角形 ABC の三邊 BC, CA, AB を同じ比に分つ點を頂點とする三角形の重心はもとの三角形の重心と一致することを證せよ．
6. 四邊形 $ABCD$ の四邊 AB, BC, CD, DA 上にそれぞれ點 P, S, Q, R があり
$$AP:PB=DQ:QC=m_1:n_1,$$
$$AR:RD=BS:SC=m_2:n_2$$
であれば，直線 PQ, RS の交點を K とするとき

$$PK:KQ=m_2:n_2, \quad RK:KS=m_1:n_1$$
であることを證せよ．

7. 三角形 ABC の邊 BC を $1:2$ の比に分つ點を D，邊 AC の中點を E，AD と BE の交點を F とすれば
$$BF=FE, \quad AF=3FD$$
であることを證せよ．

§3. 直線の方程式

平面上に圖形があるときこの圖形上のすべての點の座標がある式を滿足し，逆にこの式を滿足するような座標をもつ點がすべてこの圖形上にあるならば，この式を圖形の**方程式**という．本節では直線の方程式を考えることにする．

y 軸と同方向の直線の方程式． 直線と x 軸との交點の座標を $(a, 0)$ とすると き，この直線上の任意の點の x 座標は a である．逆に x 座標が a である點はこの直線上にある．そこで方程式は
$$x=a \quad \text{または} \quad x-a=0$$
である．y 軸自身の方程式は $x=0$ である．

第 8 圖

y 軸と同方向でない直線の方程式． 原點 O を通る直線 g の場合を考える．g 上の任意の點 P を通り y 軸と同方向である直線と x 軸との交點を M とする．P の座標を (x, y) とすれば
$$OM=x, \quad MP=y$$
MP と OM の比は一定である．この比の値を m とすれば $y=mx$ である．逆に y 座標と x 座標の比が m である點は g 上にある．そこで g の方程式は
$$y=mx \quad \text{または} \quad y-mx=0$$
特に x 軸自身の方程式は $y=0$ である．

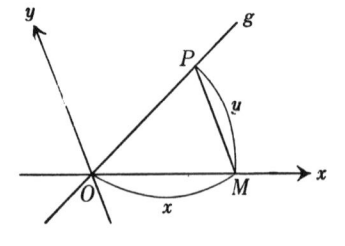

第 9 圖

次に原點を通らない直線 g が y 軸と同方向でないとする．g と y 軸との交點 B の座標を $(0, b)$ とすると $OB=b$ である．O を通り g に平行な直線 h の方程

§3. 直線の方程式

式を $y=mx$ とする. g 上の任意の點 $P(x_1, y_1)$ を通り y 軸と同方向な直線と h との交點を Q, x 軸との交點を M とする. Q の x 座標は明らかに x_1 であるが, y 座標を y_2 とすると $MQ=y_2$ であつて

$$y_2=mx_1$$
$$QP=OB=b,$$
$$y_1=MP=MQ+QP=y_2+b$$
$$y_1=mx_1+b$$

そこで g 上の任意の點の座標は

$$y=mx+b$$

を滿足する. 逆にこれを滿足する座標をもつ點は g にある. そこで g の方程式は

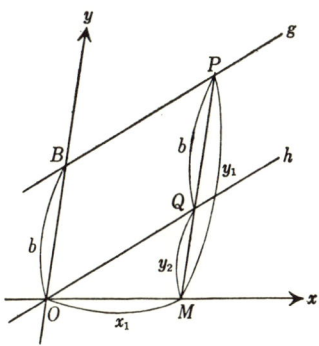

第 10 圖

$$y=mx+b$$

となる. g が x 軸に平行な場合は h が x 軸と一致するから $m=0$ となつて, g の方程式は $y=b$ となる. 結局

y 軸と同方向の直線の方程式は $x=a$ **あるいは** $x-a=0$ **であり, y 軸と同方向でない直線の方程式は** $y=mx+b$ **あるいは** $y-mx-b=0$ **である.**

直線 g が y 軸と同方向でないとき m を g の**方向係數**という. 直線の方向が同じであれば方向係數は變らない. そこで

同一の方向係數をもつ二つの直線は平行である.

例題 1. 原點と點 (a, b) を通る直線の方向係數を求めよ. ただし $a \neq 0$ とする.

解. $a \neq 0$ ならば y 軸と同方向でないから方程式は $y=mx$ となる. 點 (a, b) を通るから $b=ma$ である. そこで $m=b/a$ である.

例題 2. 方向係數が m であつて, 點 (x_0, y_0) を通る直線の方程式は

$$y-y_0=m(x-x_0)$$

であることを證せよ.

證. 方程式を $y=mx+b$ とするとき點 (x_0, y_0) を通るから $y_0=mx_0+b$ となる. $b=y_0-mx_0$ を代入して

$$y=mx+y_0-mx_0, \quad y-y_0=m(x-x_0)$$

例題 3. 原點を通らない直線 g の x 軸との交點 $(a, 0)$, y 軸との交點 $(0, b)$ とするとき,g の方程式は

$$\frac{x}{a}+\frac{y}{b}=1$$

であることを證せよ.

證. g は y 軸と同方向でないから方程式を $y=mx+b$ としてよい.點 $(a, 0)$ を通るから $0=ma+b$ となる.$m=-\dfrac{b}{a}$ を方程式に代入して

$$y=-\frac{b}{a}x+b$$

これより $\dfrac{x}{a}+\dfrac{y}{b}=1$ を得る.

一次方程式と直線. 直線の方程式は $x-a=0$ であるか $y-mx-b=0$ であるから,左邊は x, y についての一次式である.その際 x の係數と y の係數のうちに 0 でないものがある.

逆に左邊が x, y の一次式であつて,x の係數と y の係數のうちに 0 でないものがあるような左邊をもつ一次方程式

$$Ax+By+C=0$$

はある直線の方程式であることを證しよう.A, B のうち 0 でないものがあるから $B=0$ とすれば,$A\neq 0$ であつて

$$x=-\frac{C}{A}$$

となるから y 軸と同方向な直線の方程式である.また $B\neq 0$ ならば

$$y=-\frac{A}{B}x-\frac{C}{B}$$

となつて,方向係數が $-\dfrac{A}{B}$ であつて點 $\left(0, -\dfrac{C}{B}\right)$ を通る直線の方程式である.

方程式が $Ax+By+C=0$ である直線を直線 $Ax+By+C=0$ という.

例題 4. 點 $(1, 2)$ を通り直線 $2x+3y-1=0$ に平行である直線の方程式を求めよ.

§3. 直線の方程式

解. 直線 $2x+3y-1=0$ の方向係數は $-\dfrac{2}{3}$ である．これに平行な直線の方向係數も $-\dfrac{2}{3}$ であるから，方程式は例題2によつて

$$y-2=-\dfrac{2}{3}(x-1), \quad 2x+3y-8=0$$

例題 5. 一點 O で交わる三つの直線を g, h, l とする．l 上の任意の點 P を通る任意の直線が g, h と交わる點をそれぞれ A, B とするとき，A, B について P に共役な點 Q の軌跡は O を通る一つの直線であることを證せよ．

證. g を x 軸，h を y 軸とする．l の方程式を $y=kx$ として P の座標を (x_0, y_0) とすれば

(1) $\qquad y_0 = kx_0$

A, B の座標をそれぞれ $(a, 0)$，$(0, b)$ とする．P が線分 AB を $m : n$ の比に分つとすれば

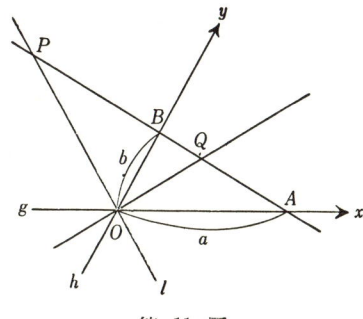

(2) $\qquad x_0 = \dfrac{na}{m+n}, \quad y_0 = \dfrac{mb}{m+b}$

第 11 圖

A, B について P に共役な點 $Q(x, y)$ は線分 AB を $m : -n$ の比に分つから

(3) $\qquad x = \dfrac{-na}{m-n}, \quad y = \dfrac{mb}{m-n}$

(1) と (2) から $kna = mb$ となる．そこで (3) から

$$y = -kx$$

を得る．これは O を通る一定の直線の方程式であつて，Q の座標はこれを滿足するから Q の軌跡は O を通る直線であることがわかる．

二つの直線の關係. 二直線 g, h の方程式をそれぞれ

$$A_1 x + B_1 y + C_1 = 0, \quad \varDelta = \begin{vmatrix} A_1 & B_1 \\ A_2 & B_2 \end{vmatrix}$$
$$A_2 x + B_2 y + C_2 = 0$$

とする．

g と h が一點で交わるための條件は $\Delta \neq 0$ である．

g と h が平行であるための條件は $\Delta = 0$ であつて，行列 $\begin{pmatrix} A_1 & B_1 & C_1 \\ A_2 & B_2 & C_2 \end{pmatrix}$ の階數が 2 であることである．

g と h が一致するための條件は行列 $\begin{pmatrix} A_1 & B_1 & C_1 \\ A_2 & B_2 & C_2 \end{pmatrix}$ の階數が 1 であることである．

證．g と h の交點の座標は g, h の方程式を連立方程式とするときの解である．$\Delta \neq 0$ ならば連立方程式の解はただ一つ定まるから g と h は一點で交わる．$\Delta = 0$ であつて上の行列の階數が 2 ならば定理 8 によつて連立方程式に解がないから g と h は交わらないすなわち平行である．次に行列の階數 1 ならば g の方程式を滿足する x, y の値は全部 h の方程式を滿足する．そこで g と h は一致する．A_1, B_1 のうち 0 でないものがあるから行列の階數は 0 となることはない．すべての場合がつくされたわけである．

g と h が一致するときには行列の階數 1 であるから

(4) $\qquad A_2 = kA_1, \quad B_2 = kB_1, \quad C_2 = kC_1$

となる數 k が定まる．このことを次の式で示す習慣がある．

(5) $\qquad \dfrac{A_2}{A_1} = \dfrac{B_2}{B_1} = \dfrac{C_2}{C_1}$

ここで分母が 0 のときは分子も 0 であることを意味する．$\dfrac{0}{0}$ という數を考えるのではなくて，ただ (5) は (4) の關係を示すに過ぎないのである．そこで (4) に於て $A_1 = 0$ ならば $A_2 = 0$ となる．例えば $2x - 1 = 0$ と $-4x + 2 = 0$ について

$$\frac{-4}{2} = \frac{0}{0} = \frac{2}{-1} = -2$$

であるから同一の直線の方程式である．

例題 6. 直線 $\dfrac{x}{a} + \dfrac{y}{b} = 1$ に平行な直線の方程式は $\dfrac{x}{a} + \dfrac{y}{b} = k$ である．

證．平行な直線上の一點 P の座標を (x_0, y_0) とするとき $\dfrac{x_0}{a} + \dfrac{y_0}{b} = k$ とおけば，直線

$$\frac{x}{a} + \frac{y}{b} = k$$

は P を通り與えられた直線に平行である．

§3. 直線の方程式

例題 7. 三角形 ABC について C, A を通る直線を g として,C, B を通る直線を h とする.邊 AB に平行な任意の直線 l が g, h と交わる點をそれぞれ D, E とするとき,A, E を通る直線 s と B, D を通る直線 t との交點 P の軌跡は邊 AB の中點 M と C を通る直線であることを證せよ.

證. g を x 軸,h を y 軸とする.A, B の座標を $(a, 0), (0, b)$ とすれば A, B を通る直線の方程式は $\dfrac{x}{a}+\dfrac{y}{b}=1$ である.l の方程式は例題 6 によつて

$$\frac{x}{a}+\frac{y}{b}=k$$

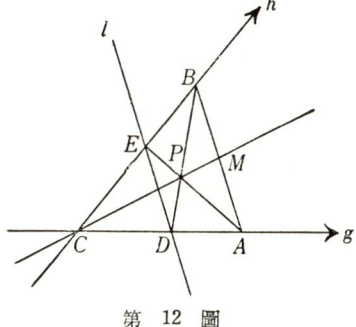

第 12 圖

D, E の座標は $(ka, 0), (0, kb)$ である.s, t の方程式はそれぞれ

$$\frac{x}{a}+\frac{y}{kb}=1, \quad \frac{x}{ka}+\frac{y}{b}=1$$

であるから,交點 P の座標はこれを解いて

$$\left(\frac{ka}{k+1},\ \frac{kb}{k+1}\right)$$

これは $bx-ay=0$ を滿足する.そこで P の軌跡は直線 $bx-ay=0$ である.點 M の座標は $\left(\dfrac{a}{2}, \dfrac{b}{2}\right)$ であるからこの直線上にある.從つて C, M を通る直線である.

問 題

1. 次の直線の方程式を求めよ.
   (a) 點 $(-3, 5)$ を通り方向係數が 2 である直線.
   (b) 點 $(2, 7)$ を通り直線 $4x-3y+1=0$ に平行な直線.
   (c) 二點 $(a, 0), (0, b)$ を結ぶ線分を $m:n$ の比に分つ點と原點を通る直線.
2. 相交わる二定直線に一定方向の任意の直線が交わる點を A, B とするとき線分 AB を一定の比に分つ點の軌跡は直線であることを證せよ.
3. 定直線 g 上にない定點 A を通る任意の直線が g と交わる點を P とし,線分 AP を $l:m$ の比に分つ點を Q とする.g 上の定點 B をとるとき,線分 BQ を $s:t$ の比に分つ點の軌跡を求めよ.

4. 四邊形 $ABCD$ の二邊 BC, AD の延長の交點を E とし，E を通つて邊 CD に平行な直線が直線 AB と交わる點を P として，E を通り邊 AB に平行な直線が直線 CD と交わる點を Q とすれば $AP:PB=CQ:QD$ であることを證せよ．
 註．二直線 AB, CD を座標軸にとれ．
5. 任意の一直線と四直線 $x+y-1=0, \ 3x-2y+3=0, \ 2x-3y+4=0, \ 4x-y+2=0$ との交點をそれぞれ A, B, C, D とすれば A, B と C, D は調和列點であることを證せよ．
6. 三角形 ABC の邊 BC 上の任意の點 D をとり，D を通つて邊 AC, AB に平行な二直線がそれぞれ邊 AB, AC と交わる點を E, F とし，直線 BF, CE の交點 G を頂點 A に結ぶ直線が直線 EF と交わる點を H とするとき
$$HE:HF=DB:DC$$
であることを證せよ．

§4. 點と直線の關係

二點 $(x_1, y_1), (x_2, y_2)$ を通る直線の方程式は

$$\begin{vmatrix} x & y & 1 \\ x_1 & y_1 & 1 \\ x_2 & y_2 & 1 \end{vmatrix} = 0$$

である．

 證．左邊の行列式を第 1 行について展開すれば

$$(y_1-y_2)x+(x_2-x_1)y+(x_1y_2-x_2y_1)=0$$

二點は相異るから x, y の係數が同時に 0 になることがない．從つて直線の方程式である．

$$\begin{vmatrix} x_1 & y_1 & 1 \\ x_1 & y_1 & 1 \\ x_2 & y_2 & 1 \end{vmatrix} = 0, \quad \begin{vmatrix} x_2 & y_2 & 1 \\ x_1 & y_1 & 1 \\ x_2 & y_2 & 1 \end{vmatrix} = 0$$

であるから二點 $(x_1, y_1), (x_2, y_2)$ を通る．

三點が一直線上にあるための條件． 三點 $(x_1, y_1), (x_2, y_2), (x_3, y_3)$ が一直線上にあるための條件は次の行列式が 0 となることである．

(1) $$\begin{vmatrix} x_1 & y_1 & 1 \\ x_2 & y_2 & 1 \\ x_3 & y_3 & 1 \end{vmatrix} = 0$$

§4. 點と直線の關係

證. 二點 (x_2, y_2), (x_3, y_3) を通る直線の方程式は

$$\begin{vmatrix} x & y & 1 \\ x_2 & y_2 & 1 \\ x_3 & y_3 & 1 \end{vmatrix} = 0$$

である. 點 (x_1, y_1) を通るための條件は (1) となる.

例題 1. 點 $(2, 3)$ と點 $(-1, 4)$ を通る直線の方程式を求めよ.

解. $\begin{vmatrix} x & y & 1 \\ 2 & 3 & 1 \\ -1 & 4 & 1 \end{vmatrix} = 0$, $x + 3y - 11 = 0$

例題 2. Menelaus の定理. 三角形 ABC の邊 BC, CA, AB 上またはその延長上にそれぞれ點 L, M, N をとるとき, この三點が一直線上にあるための條件は

$$AN \cdot BL \cdot CM = AM \cdot BN \cdot CL$$

證. $BL : LC = l_1 : l_2$, $CM : MA = m_1 : m_2$, $AN : NB = n_1 : n_2$ とする. A, B を通る直線を x 軸, A, C を通る直線を y 軸として B, C の座標をそれぞれ $(b, 0)$, $(0, c)$ とすれば

L の座標 $\quad x_1 = \dfrac{l_2 b}{l_1 + l_2}, \quad y_1 = \dfrac{l_1 c}{l_1 + l_2}$

M の座標 $\quad x_2 = 0, \quad y_2 = \dfrac{m_2 c}{m_1 + m_2}$

N の座標 $\quad x_3 = \dfrac{n_1 b}{n_1 + n_2}, \quad y_3 = 0$

L, M, N が一直線上にあるための條件は

$$\begin{vmatrix} x_1 & y_1 & 1 \\ x_2 & y_2 & 1 \\ x_3 & y_3 & 1 \end{vmatrix} = 0$$

これを計算して

$$l_1 m_1 n_1 = -l_2 m_2 n_2$$

これは問題の式が成り立つことと同じである.

例題 4. Pascal-Pappus の定理. 相交わる二直線 g と h の交點を O とす

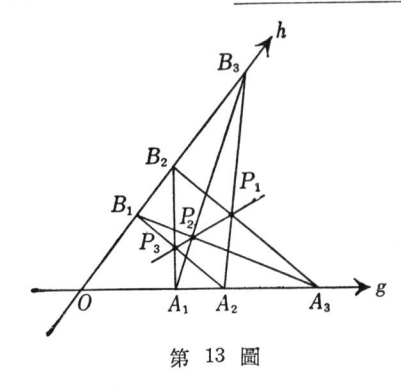

る．g 上に O と一致しない三點 A_1, A_2, A_3 をとり，h 上に O と一致しない三點 B_1, B_2, B_3 をとるとき，A_2, B_3 を通る直線と A_3, B_2 を通る直線との交點を P_1 とし，A_3, B_1 を通る直線と A_1, B_3 を通る直線との交點を P_2 とし，A_1, B_2 を通る直線と A_2, B_1 を通る直線との交點を P_3 とする．P_1, P_2, P_3 は一直線上にあることを證せよ．

第 13 圖

證． $OA_1 = a_1$, $OA_2 = a_2$, $OA_3 = a_3$, $OB_1 = b_1$, $OB_2 = b_2$, $OB_3 = b_3$ とすれば

A_2, B_3 を通る直線の方程式 $\quad \dfrac{x}{a_2} + \dfrac{y}{b_3} = 1$

A_3, B_2 を通る直線の方程式 $\quad \dfrac{x}{a_3} + \dfrac{y}{b_2} = 1$

P_1 の座標 $\quad x_1 = \dfrac{a_2 a_3 (b_3 - b_2)}{a_3 b_3 - a_2 b_2}, \quad y_1 = \dfrac{b_2 b_3 (a_3 - a_2)}{a_3 b_3 - a_2 b_2}$

同様に P_2 の座標 $\quad x_2 = \dfrac{a_3 a_1 (b_1 - b_3)}{a_1 b_1 - a_3 b_3}, \quad y_2 = \dfrac{b_3 b_1 (a_1 - a_3)}{a_1 b_1 - a_3 b_3}$

P_3 の座標 $\quad x_3 = \dfrac{a_1 a_2 (b_2 - b_1)}{a_2 b_2 - a_1 b_1}, \quad y_3 = \dfrac{b_1 b_2 (a_2 - a_1)}{a_2 b_2 - a_1 b_1}$

$$\begin{vmatrix} a_2 a_3 (b_3 - b_2) & b_2 b_3 (a_3 - a_2) & a_3 b_3 - a_2 b_2 \\ a_3 a_1 (b_1 - b_3) & b_3 b_1 (a_1 - a_3) & a_1 b_1 - a_3 b_3 \\ a_1 a_2 (b_2 - b_1) & b_1 b_2 (a_2 - a_1) & a_2 b_2 - a_1 b_1 \end{vmatrix}$$

$$= (a_3 b_3 - a_2 b_2)(a_1 b_1 - a_3 b_3)(a_2 b_2 - a_1 b_1) \begin{vmatrix} x_1 & y_1 & 1 \\ x_2 & y_2 & 1 \\ x_3 & y_3 & 1 \end{vmatrix}$$

左の行列式の第1行に $a_1 b_1$ を乗じ，第2行に $a_2 b_2$ を乗じ，第3行に $a_3 b_3$ を乗じて加へればどの列についても零となる．そこで行列式の値は0であるから三點は一直線上にある．

三直線が一點で交わるための條件． 相異る三直線の方程式を

§4. 點と直線の關係

$A_1x+B_1y+C_1=0$, $A_2x+B_2y+C_2=0$, $A_3x+B_3y+C_3=0$ とする. この三直線が一點で交わるかまたは互に平行であるための條件は

(2) $\begin{vmatrix} A_1 & B_1 & C_1 \\ A_2 & B_2 & C_2 \\ A_3 & B_3 & C_3 \end{vmatrix} = 0$

である. 三直線が一點で交わるための條件は (2) が成り立ち，次の行列の階數が 2 であることである，

(3) $\begin{pmatrix} A_1 & B_1 \\ A_2 & B_2 \\ A_3 & B_3 \end{pmatrix}$

證. 三直線が互に平行ならば前節の結果によつて行列 (3) の階數は 1 である．從つて (2) の左邊の行列式は 0 となる．また三直線が一點で交わるならば (3) の行列の階數は 2 である．交點の座標は三直線の方程式を連立方程式と考えたときの解であるから，定理 8 によつて (2) の行列式は 0 となる．逆に行列 (3) の階數が 2 であつて行列式 (2) が 0 ならば，三直線の方程式を連立方程式とする解はただ一つ定まる．すなわち三直線の交點がただ一つある．また行列 (3) の階數が 1 ならば前節の結果によつて三直線は互に平行である．

例題 5. 三直線 $2x+3y+1=0$, $x-3y-1=0$, $-x+9y+3=0$ は一點で交わることを證せよ．

證. $\begin{vmatrix} 2 & 3 & 1 \\ 1 & -3 & -1 \\ -1 & 9 & 3 \end{vmatrix} = 0$, $\begin{vmatrix} 2 & 3 \\ 1 & -3 \end{vmatrix} \neq 0$

例題 6. Ceva の定理． 三角形 ABC の邊 BC 上あるいはその延長上に點を L, 邊 CA 上あるいはその延長上に點 M, 邊 AB 上あるいはその延長上に點 N をとる． A, L を通る直線, B, M を通る直線と C, N を通る直線が一點で交わるか平行であるための條件は

$$AN \cdot BL \cdot CM = -AM \cdot BN \cdot CL$$

である．

證. A, B を通る直線を x 軸, A, C を通る直線を y 軸とする．そして B, C

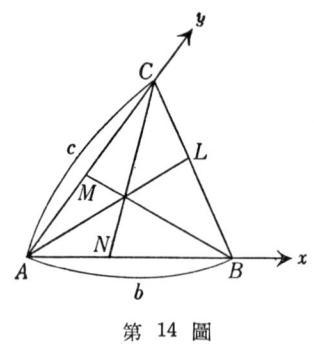

の座標をそれぞれ $(b, 0)$, $(0, c)$ とする.
$BL : LC = l_1 : l_2$, $CM : MA = m_1 : m_2$, $AN : NB = n_1 : n_2$ とするとき,點 L の座標は

$$x = \frac{l_2 b}{l_1 + l_2}, \quad y = \frac{l_1 c}{l_1 + l_2}$$

A, L を通る直線の方程式 $l_1 cx - l_2 by = 0$

點 M の座標は $x = 0$, $y = \dfrac{m_2 c}{m_1 + m_2}$

第 14 圖

B, M を通る直線の方程式 $\dfrac{x}{b} + \dfrac{m_1 + m_2}{m_2 c} y = 1$

$$m_2 cx + (m_1 + m_2) by - m_2 bc = 0$$

點 N の座標は $x = \dfrac{n_1 b}{n_1 + n_2}$, $y = 0$

C, N を通る直線の方程式 $\dfrac{n_1 + n_2}{n_1 b} x + \dfrac{y}{c} = 1$

$$(n_1 + n_2) cx + n_1 by - n_1 bc = 0$$

三直線が一點で交わるか平行であるための條件は

$$\begin{vmatrix} l_1 c & -l_2 b & 0 \\ m_2 c & (m_1 + m_2) b & -m_2 bc \\ (n_1 + n_2) c & n_1 b & -n_1 bc \end{vmatrix} = b^2 c^2 \begin{vmatrix} l_1 & -l_2 & 0 \\ m_2 & m_1 + m_2 & -m_2 \\ n_1 + n_2 & n_1 & -n_1 \end{vmatrix}$$

$$= b^2 c^2 (l_2 m_2 n_2 - l_1 m_1 n_1) = 0$$

そこで $l_2 m_2 n_2 = l_1 m_1 n_1$ であるから
$AN \cdot BL \cdot CM = -AM \cdot BN \cdot CL$ を得る.

例題 7. 四邊形 $ABCD$ において邊 AB の延長と邊 CD の延長との交點を P, 邊 BC の延長と邊 AD の延長との交點を Q, 對角線 AC と BD との交點を R として, Q, R を通る直線と邊 AB との交點を S とするとき, 二點 A, B と二點 S, P とは調和列點であることを證せよ.

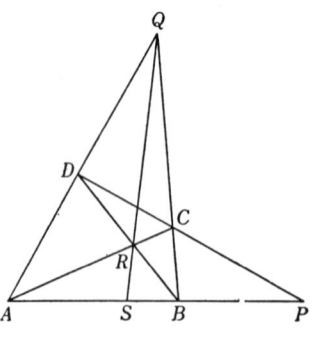

第 15 圖

證． 三角形 ABQ について Menelaus の定理を適用すると P, C, D が一直線上にあるから

(4) $$AP \cdot BC \cdot QD = AD \cdot BP \cdot QC$$

三角形 ABQ について Ceva の定理を適用すると A, C を通る直線，B, D を通る直線と Q, S を通る直線は一點で交わるから

(5) $$AS \cdot BC \cdot QD = -AD \cdot BS \cdot QC$$

(4) と (5) から
$$\frac{AS}{BS} = -\frac{AP}{BP}$$

そこで A, B と S, P は調和列點である．

二直線の交點を通る直線． 二直線 $A_1x + B_1y + C_1 = 0$, $A_2x + B_2y + C_2 = 0$ の交點を通る直線 g の方程式は

$$\lambda(A_1x + B_1y + C_1) + \mu(A_2x + B_2y + C_2) = 0$$

の形となる．ただし λ, μ のうち 0 でないものがある．

證． g の方程式を $A_3x + B_3y + C_3 = 0$ とすれば

$$\begin{vmatrix} A_1 & B_1 & C_1 \\ A_2 & B_2 & C_2 \\ A_3 & B_3 & C_3 \end{vmatrix} = 0, \quad \begin{vmatrix} A_1 & B_1 \\ A_2 & B_2 \end{vmatrix} \neq 0$$

そこで $A_3 = \lambda A_1 + \mu A_2$, $B_3 = \lambda B_1 + \mu B_2$, $C_3 = \lambda C_1 + \mu C_2$ となる數 λ, μ が定まる．

例題 8． 二直線 $x + y - 2 = 0$, $3x - 2y + 1 = 0$ の交點を通り點 $(3, 1)$ を通る直線の方程式を求めよ．

解． $$\lambda(x + y - 2) + \mu(3x - 2y + 1) = 0$$

點 $(3, 1)$ を通るから $2\lambda + 8\mu = 0$ となる．そこで $\mu = -1$, $\lambda = 4$ として

$$4(x + y - 2) - (3x - 2y + 1) = 0, \quad x + 6y - 9 = 0$$

問　題

1. 點 $(-3, 4)$ と點 $(2, -5)$ を通る直線の方程式を求めよ．
2. 四邊形の四邊の方程式が $2x + y = 7$, $x + y = 5$, $3x - y = 11$, $2x - 5y + 23 = 0$ であるとき對角線の方程式を求めよ．

3. 二直線 $2x-3y+2=0$, $4x+y-3=0$ の交點を通つて直線 $3x+2y+4=0$ に平行な直線の方程式を求めよ.
4. 二直線 $a_1x+b_1y+c_1=0$, $a_2x+b_2y+c_2=0$ の交點と二直線 $a_3x+b_3y+c_3=0$, $a_4x+b_4y+c_4=0$ の交點とを通る直線の方程式を求めよ.
5. 前節問題5の四直線は一點で交わることを證せよ.
6. 四邊形の二つの對角線の中點と, 二組の對邊の延長の交點を結ぶ線分の中點とは一直線上にある. (Newton の定理).
7. 平行四邊形 $ABCD$ の對角線 AC 上の點 E を通り邊 BC に平行な直線が邊 AB, CD と交わる點をそれぞれ P, Q とし, また E を通り邊 AB に平行な直線が邊 AD, BC と交わる點をそれぞれ R, S とすれば, 三直線 AC, PS, QR は一點で交わる.
8. 三角形 ABC の三邊 BC, CA, AB 上にそれぞれ點 D, E, F をとり, 線分 AD, EF の交點を G とし, 線分 BG, DF の交點を P, 線分 CG, DE の交點を Q とすれば, 三直線 BC, EF, PQ は平行であるかまたは一點で交わる.
9. 例題7を直接に證明せよ.
10. 例題7に於て CD と QS の交點を T とすれば, C, D と P, T は調和列點であることを證せよ.
11. 點 P で交わる二直線 g, h があるとき, P, A, B, C はこの順序にある g 上の四點であつて, P, B と A, C は調和列點であるとする. また P, D, E, F はこの順序にある h 上の四點であつて, P, E と D, F は調和列點とする. 二直線 AF, DC の交點を Q として, BF, EC の交點を R とすれば, 三點 P, Q, R は一直線上にあることを證せよ.

§5. ベクトル

平面上の線分 PQ について向きを考えたときこれを有向線分といい $\overrightarrow{PQ}$ と記す. この場合 P から Q に向う向きを考えるのであつて, P を**始點**, Q を**終點**という. 有向線分 $\overrightarrow{P_1Q_1}$ と有向線分 $\overrightarrow{P_2Q_2}$ について長さも方向も同じであれば

$$\overrightarrow{P_1Q_1} = \overrightarrow{P_2Q_2}$$

とする. このとき線分 P_1Q_1 と線分 P_2Q_2 は同一直線上にあるか平行である. $\overrightarrow{PQ}$ と $\overrightarrow{QP}$ は長さは同じであるが向きは逆である. このように長さも向きも同じである有向線分を同一と考えたとき, これを**ベクトル**という. 一つの平面上のベクトルを**2次元ベクトル**ということがある. 第2章でベクトルと言えば平面上のベクトルを意味する. 一つのベクトルが有向線分 $\overrightarrow{PQ}$ で示されるときベクトル $\overrightarrow{PQ}$ という. またベクトルを示すのに **A, B, C** などの文字を用いる. ベク

§5. ベクトル

トル $\vec{PQ}$ の**長さ**は線分 PQ の長さ $\overline{PQ}$ を意味する.

PQ と書けば正, 負が考えられ, 實數を示すのであるが, $\overline{PQ}$ は正, 負を考えない長さであつて PQ の示す數の絶對値を意味するものと約束をしておく. 従つてベクトルの長さは負にはならない. またベクトル A の長さを記號 $|A|$ で示すことにする.

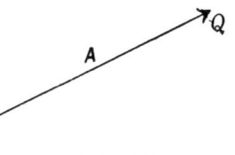

第 16 圖

ベクトルの和. ベクトル A を示す有向線分を $\vec{PQ}$ として, $\vec{PQ}$ の終點 Q を始點としてベクトル B を示す有向線分 $\vec{QR}$ を引いたとき, P を始點として R を終點とする有向線分 $\vec{PR}$ で示されるベクトルを A と B の**和**といひ

$$A+B$$

と示す. この場合 A を示す有向線分を $\vec{PQ}$ の代りに $\vec{P_1Q_1}$ として, B を示す有向線分を $\vec{Q_1R_1}$ とするとき, $\vec{P_1R_1}$ と $\vec{PR}$ は長さも向きも同じであるから同一のベクトルを示す. そこで二つのベク

第 17 圖

トルの和は一通りに定まる. また A などの記號を用ゐる代りに

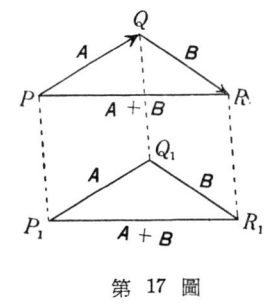

$$\vec{PQ}+\vec{QR}=\vec{PR}$$

と書くこともある. 特に A と B とが長さが同じであつて, 向きが逆であるときは, $\vec{PQ}$ で A を示すとき B は $\vec{QP}$ で示される. そこで

$$\vec{PQ}+\vec{QP}=\vec{PP}$$

となるが, このとき $\vec{PP}$ は長さ零のベクトルすなはち**零ベクトル**を示すといふ. 零ベクトルは便宜上設けたものに過ぎず, 長さは 0 であつて向きを有しない. 任意のベクトルと零ベクトルの和はもとのベクトルである. 零ベクトルを記號 0 (數の 0 と同記號) で示せば

$$A+0=0+A=A, \quad \vec{PQ}+\vec{QQ}=\vec{PQ}, \quad \vec{PP}+\vec{PQ}=\vec{PQ}$$

ベクトルの和について次の事柄が成り立つ.

(1) $\qquad A+B=B+A$
(2) $\qquad (A+B)+C=A+(B+C)$

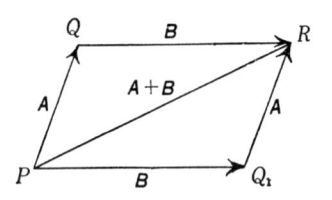

(1) の證. $\overrightarrow{PQ}$ は A を示し,$\overrightarrow{QR}$ は B を示すとする.また $\overrightarrow{PQ_1}$ は B を示すとすれば $\overrightarrow{Q_1R}$ は A を示す.從つて
$$\overrightarrow{PQ}+\overrightarrow{QR}=\overrightarrow{PQ_1}+\overrightarrow{Q_1R}$$
(2) の證.$\overrightarrow{PQ},\overrightarrow{QR},\overrightarrow{RS}$ はそれぞれ A,B,C を示すとすれば $\overrightarrow{PR},\overrightarrow{QS}$ はそれぞれ

第 18 圖

$A+B$, $B+C$ を示す.(1),(2) によつて多くのベクトルの和は加える順序とか,括弧のつけ方に無關係であることがわかる.

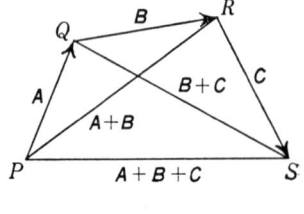

ベクトルの差. ベクトル A にあるベクトルを加えた結果がベクトル B であるとき,このベクトルを $B-A$ と示す.$\overrightarrow{PQ}+\overrightarrow{QR}=\overrightarrow{PR}$ であるから $\overrightarrow{QR}=\overrightarrow{PR}-\overrightarrow{PQ}$ である.

第 19 圖

それで $B-A$ は一通りに定まる.零ベクトルを 0 で示すとき $0-A$ を簡單に $-A$ と記す.
$$A+(-A)=0$$
A と $-A$ は長さが同じで向きが逆である.すなわち A が $\overrightarrow{PQ}$ で示されるとき $-A$ は $\overrightarrow{QP}$ で示される.
$$\{B+(-A)\}+A=B+\{(-A)+A\}=B+0=B$$
從つて次の事柄が成り立つ.
$$B-A=B+(-A)$$

ベクトルに數を乘ずること. ベクトル A と同じ向きであつて長さが $|A|$ の m 倍であるベクトルを mA と記す.

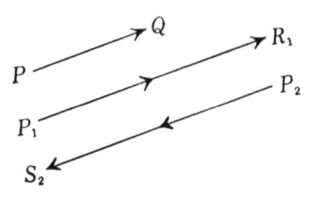

ここで m は負でない任意の實數である.m が負の實數であるときは mA は A と向きが逆であつて,長さが $|A|$ の $|m|$ 倍であるベクトルを示す.例えば第 20 圖に於て $\overrightarrow{PQ}$ が A を示すとき,$\overrightarrow{P_1R_1}$ は $2A$ を示し,

第 20 圖

§5. ベクトル

$\overrightarrow{P_2S_2}$ は $(-2)A$ を示す．$0 \cdot A$ は零ベクトルである．

ベクトル A と同じ向きであるか逆の向きを有する任意のベクトル B について
$$B = mA$$
となる實數 m がある．

A, B を任意のベクトル，m, n を任意の實數とするとき

(3) $\quad m(A+B) = mA + mB, \quad m(A-B) = mA - mB$

(4) $\quad mA + nA = (m+n)A, \quad mA - nA = (m-n)A$

(5) $\quad m(nA) = (mn)A$

が成り立つことが容易に證明される．なお次の事柄が成り立つことは明らかである．

$$0 \cdot A = 0, \quad 1 \cdot A = A, \quad (-m)A = -mA, \quad m(-A) = -mA.$$

問． (3)，(4)，(5) の公式を證明せよ．

ベクトルの一次獨立． 二つの零ベクトルでないベクトル A, B の向きが同じでも逆でもないとき A と B は**一次獨立**であるという．A, B を示す有向線分を $\overrightarrow{OP}, \overrightarrow{OQ}$ とするとき，O, P, Q が一直線上になければ A と B は一次獨立である．

A, B が一次獨立ならば任意のベクトル C について
$$C = mA + nB$$
となる實數 m, n が一通りに定まる．

證． 共通の始點 O をもつ $\overrightarrow{OP}$ と $\overrightarrow{OQ}$ がそれぞれ A, B を示すとする．C が $\overrightarrow{OR}$ で示されるとき點 R を通り，線分 OQ に平行な直線を引いて線分 OP あるいはその延長との交點を M とするとき

$$\overrightarrow{OR} = \overrightarrow{OM} + \overrightarrow{MR}$$

$\overrightarrow{OM}$ は $\overrightarrow{OP}$ と同じか逆の向きをもつ．また $\overrightarrow{MR}$ は $\overrightarrow{OQ}$ と同じあるいは逆の向きをもつ．そこで

$$\overrightarrow{OM} = mA, \quad \overrightarrow{MR} = nB$$

となる數 m, n が定まる．從って $C = mA + nB$ となる．一通りに定まることの證明は次の通りである．

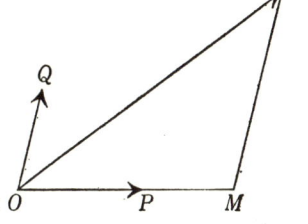

第 21 圖

$$mA+nB=m'A+n'B$$
とするとき $m'=m$ ならば $n'B=nB$ となつて $n'=n$ である．もしも $m'\ne m$ とすると
$$A=\frac{n'-n}{m-m'}B$$
であつて，A と B は同じ向きか逆の向きとなり，A と B が一次獨立であるという假定に反する．

ベクトルの成分． 長さが 1 であるベクトルを**單位ベクトル**という．直線 g の正の向きと同じ向きである單位ベクトルを E として，g 上の任意の二點，P，Q について有向線分 $\overrightarrow{PQ}$ で示されるベクトルを A とすれば

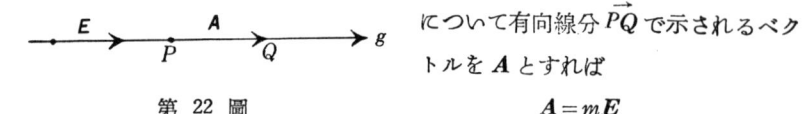

$$A=mE$$

第 22 圖

となる數 m がある．このとき $m=PQ$ である．従つて g と同じ向きのベクトルは E に乘ずる數によつて定まる．このことは後にしばしば用いられる．

平面上に x 軸，y 軸をとり，x 軸の正の向きと同じ向きをもつ單位ベクトルを E_x として，y 軸の正の向きと同じ向きをもつ單位ベクトルを E_y とする．任意のベクトル A があるとき，原點 O を始點とする有向線分 $\overrightarrow{OA}$ で示されるならば，終點 A を通り y 軸と同方向である直線が x 軸と交わる點を M とすれば

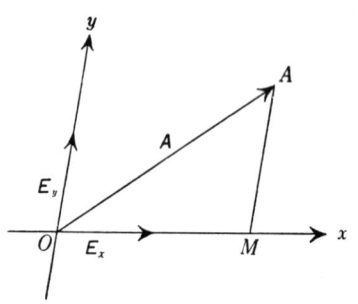

第 23 圖

$$\overrightarrow{OA}=\overrightarrow{OM}+\overrightarrow{MA}$$

である．$\overrightarrow{OM}$ は E_x に OM の示す數すなわち點 A の x 座標を乘じたものであり，$\overrightarrow{MA}$ は E_y に點 A の y 座標を乘じたものである．そこで次の結果を得る．

任意のベクトル A について

(6) $$A=a_x E_x+a_y E_y$$

となる實數 a_x, a_y が一通りに定まる．(a_x, a_y) は A を示す原點を始點とする有向線分の終點の座標である．

§5. ベクトル

E_x と E_y は一次獨立であるから，a_x, a_y が一通りに定まつていることは明らかである．このような二つの實數 a_x, a_y をそれぞれベクトル A の x 成分，y 成分という．

$A+B$ の x 成分（y 成分）は A の x 成分（y 成分）と B の x 成分（y 成分）の和に等しい．

$A-B$ の x 成分（y 成分）は A の x 成分（y 成分）から B の x 成分（y 成分）を減じたものに等しい．

m を任意の實數とするとき，mA の x 成分（y 成分）は A の x 成分（y 成分）に m を乗じたものである．

證．A, B の成分をそれぞれ $(a_x, a_y), (b_x, b_y)$ とすれば

$$A = a_x E_x + a_y E_y, \quad B = b_x E_x + b_y E_y$$

(3), (4), (5) によって

$$A+B = (a_x+b_x)E_x + (a_y+b_y)E_y$$
$$A-B = (a_x-b_x)E_x + (a_y-b_y)E_y$$
$$mA = (ma_x)E_x + (ma_y)E_y$$

この表わし方は一通りであるから，$A+B$ の x 成分は a_x+b_x, y 成分は a_y+b_y である．あとは同様に證明される．なおこれは圖を描いても容易に看取される事柄である．

二點 P, Q の座標をそれぞれ $(x_1, y_1), (x_2, y_2)$ とするとき $\overrightarrow{PQ}$ で示されるベクトルの成分は (x_2-x_1, y_2-y_1) である．

證．$$\overrightarrow{PQ} = \overrightarrow{OQ} - \overrightarrow{OP}$$

であって，$\overrightarrow{OQ}, \overrightarrow{OP}$ の成分は $(x_2, y_2), (x_1, y_1)$ であるから，$\overrightarrow{PQ}$ の成分は (x_2-x_1, y_2-y_1) である．この事柄も圖を描いて容易にわかる事柄である．

例題 1. 二點 P, Q の座標をそれぞれ $(x_1, y_1), (x_2, y_2)$ とするとき，線分 PQ を $m:n$ の比に分つ點 R の座標を求める公式をベクトルを用いて求めよ．

證．$PR:RQ = m:n$ であるから，$m\overrightarrow{RQ} = n\overrightarrow{PR}$ である．R の座標を (x, y) とすれば $\overrightarrow{RQ}$ の成分は (x_2-x, y_2-y) であって，$\overrightarrow{PR}$ の成分は $(x-x_1, y-y_1)$ である．$m\overrightarrow{RQ}$ の成分は $n\overrightarrow{PR}$ の成分に等しいから

$$m(x_2-x)=n(x-x_1), \quad m(y_2-y)=n(y-y_1)$$

を得る．これから

$$x=\frac{mx_2+nx_1}{m+n}, \quad y=\frac{my_2+ny_1}{m+n}$$

例題 2. 三點 $A(x_1, y_1)$, $B(x_2, y_2)$, $C(x_3, y_3)$ が一直線上にあるための條件は

$$\begin{vmatrix} x_1 & y_1 & 1 \\ x_2 & y_2 & 1 \\ x_3 & y_3 & 1 \end{vmatrix}=0$$

であることをベクトルを用いて證せよ．

證． A, B, C が一直線上にあるための條件は，ベクトル $\overrightarrow{AB}$ とベクトル $\overrightarrow{AC}$ とが同じ向きであるか逆の向きにあることである．それは

$$\overrightarrow{AB}=\lambda\overrightarrow{AC}$$

となる數 λ があることである．兩邊の成分を考えると

$$x_2-x_1=\lambda(x_3-x_1), \quad y_2-y_1=\lambda(y_3-y_1)$$

從つて
$$\begin{vmatrix} x_1 & y_1 & 1 \\ x_2 & y_2 & 1 \\ x_3 & y_3 & 1 \end{vmatrix}=\begin{vmatrix} x_2-x_1 & y_2-y_1 \\ x_3-x_1 & y_3-y_1 \end{vmatrix}=0$$

例題 3. ベクトル $(-2, 3)$ と同じ向きであつて，點 $A(0, 2)$ を通る直線の方程式を求めよ．

解． 直線上の任意の點 $P(x, y)$ をとるとき，ベクトル $\overrightarrow{AP}$ はベクトル $(-2, 3)$ と同じ向きであるか逆の向きをもつ．そこで $\overrightarrow{AP}$ はベクトル $(-2, 3)$ にある數 k を乘じたものである．$\overrightarrow{AP}$ の成分は $(x, y-2)$ であるから

$$x=-2k, \quad y-2=3k$$

k を消去して $2y+3x=4$ を得る．

例題 4. 三角形 ABC について A, P を通る直線と, B, C を通る直線との交點を L とし，B, P を通る直線と C, A を通る直線との交點を M とし，C, P を通る直線と A, B を通る直線との交點を N とするとき

$$AN \cdot BL \cdot CM = -AM \cdot BN \cdot CL$$

を證せよ．(Ceva の定理)．

§5. ベクトル

證. P が三角形の邊上にないときを證すればよい。$\overrightarrow{AP}=A$, $\overrightarrow{BP}=B$, $\overrightarrow{CP}=C$ とするとき, A と B は一次獨立であるから

(7) $$C = rA + sB$$

となる数 r, s がある。$\overrightarrow{BL}:\overrightarrow{LC}=l_1:l_2$ として $\overrightarrow{BC}=B-C$ であるから

$$\overrightarrow{LP}=\overrightarrow{BP}-\overrightarrow{BL}=B-\frac{l_1}{l_1+l_2}(B-C)=\frac{l_2}{l_1+l_2}B+\frac{l_1}{l_1+l_2}C$$

$\overrightarrow{LP}=\lambda\overrightarrow{AP}$ となる数 λ があるから

(8) $$\lambda(l_1+l_2)A = l_2B + l_1C$$

同様に $\overrightarrow{CM}:\overrightarrow{MA}=m_1:m_2$, $\overrightarrow{AN}:\overrightarrow{NB}=n_1:n_2$ として

(9) $$\mu(m_1+m_2)B = m_2C + m_1A$$
(10) $$\nu(n_1+n_2)C = n_2A + n_1B$$

となる数 μ, ν がある。(7)を(8), (9), (10)に代入すれば

$$(\lambda(l_1+l_2)-l_1r)A = (l_2+l_1s)B$$
$$(m_1+m_2r)A = (\mu(m_1+m_2)-m_2s)B$$
$$\{\nu(n_1+n_2)r-n_2\}A = \{n_1-\nu(n_1+n_2)s\}B$$

A と B は一次獨立であるから

$$l_2+l_1s=0, \quad m_1+m_2r=0, \quad n_2=r\nu(n_1+n_2), \quad n_1=\nu(n_1+n_2)s$$

ν, r, s を消去して $l_1m_1n_1 = l_2m_2n_2$ を得る。

問題

1. ベクトル (a_x, a_y) とベクトル (b_x, b_y) が一次獨立であるための條件は
$$\begin{vmatrix} a_x & a_y \\ b_x & b_y \end{vmatrix} \neq 0$$
であることを證せよ。

2. ベクトル (a, b) は直線 $bx-ay=0$ と同方向であることを證せよ。

3. $A=(3,-2)$, $B=(0,3)$, $C=(-1,2)$ であるとき次のベクトルの成分を求めよ。
$$A+B-C, \quad 2B-3C, \quad aA+bB+cC$$

4. 三角形 ABC の底邊 BC を $m:n$ の比に分つ點を D とすれば
$$\overrightarrow{AD} = \frac{m}{m+n}\overrightarrow{AC} + \frac{n}{m+n}\overrightarrow{AB}$$

ベクトルを用いて次の問題を解け。

5. 平行四邊形の對角線は互に他を二等分する.
6. 三角形の三中線は一點で交わる.
7. §2の問題4,6をベクトルを用いて解け.
8. Menelaus の定理を證せよ.
9. §3の問題2

§6. 角 と 面 積

距離とか角を扱うときには斜交軸によるよりも直交軸の方が都合がよいので，以後直交軸を用いる．

二つのベクトルのなす角. 二つのベクトル A, B があるとき，任意の點 P を始點として A を示す有向線分 $\overrightarrow{PQ}$ と B を示す有向線分 $\overrightarrow{PR}$ を引くとき，角 QPR を A と B のなす角という．これは P の選び方に無關係である．ところで角をはかる向きを考えて時計の針の動く向きと反對の向きにはかつた角を正として，時計の針の動く向きと同じ向きにはかつた角を負とすると都合がよいことがしばしばある．

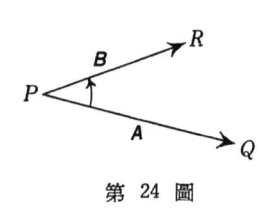

第 24 圖

A と B のなす角 θ は $\overrightarrow{PQ}$ から $\overrightarrow{PR}$ にかけてはかつた角であるが，$\overrightarrow{PR}$ が $\overrightarrow{PQ}$ の向きについて左側にあるとき $\pi \geqq \theta \geqq 0$ の範圍に θ を選び得る．また $\overrightarrow{PR}$ が $\overrightarrow{PQ}$ の向きについて右側にあるならば $-\pi \leqq \theta \leqq 0$ の範圍にとり得る．A と B のなす角の符號を變えたものは B と A のなす角となる．また A と B のなす角と B と C のなす角の和は A と C のなす角に等しい．

正の座標系と負の座標系. x 軸の正の向きから y 軸の正の向きにかけてはかつた角が $+\dfrac{\pi}{2}$ であるように座標軸の正の向きを定めたときの座標の定め方を正の座標系という．また x 軸の正の向きから y 軸の正の向きにかけてはかつた角が $-\dfrac{\pi}{2}$ であるようにしたときの座標の定め方を負の座標系という．座標軸のうち一方だけ正の向きを變えれば負の座標系は正の座標系に變り，正の座標系は負の座標系に變る．直交軸のときの正（負）の

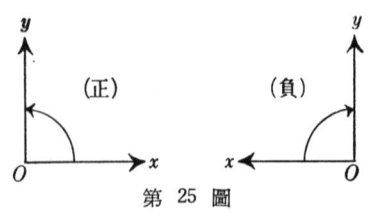

第 25 圖

§6. 角 と 面 積

座標系を正（負）の直交座標系という．

今後は特に断らない限り正の直交座標系を用いることにする．

ベクトルの長さと成分． x 軸の正の向きとベクトル A のなす角を α とするとき A の x 成分は $|A|\cos\alpha$, A の y 成分は $|A|\sin\alpha$ に等しい．

證． A を示す有向線分 $\overrightarrow{OP}$ をとれば，成分は點 P の座標に等しいからである．これから直ちに次の事柄を得る．

ベクトル A の成分を a_x, a_y とすれば

（1） $\qquad |A|=\sqrt{a_x^2+a_y^2}$

例題 1. x 軸の正の向きとなす角が $-\dfrac{\pi}{6}$ であつて，長さが 2 であるベクトルの成分を求めよ．

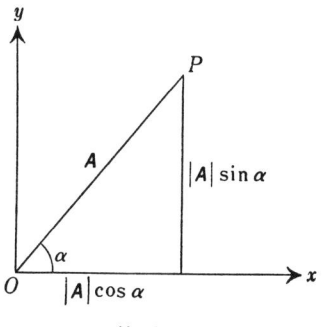

第 26 圖

$$2\cos\left(-\frac{\pi}{6}\right)=\sqrt{3}, \quad 2\sin\left(-\frac{\pi}{6}\right)=-1$$

二つのベクトル A, B の成分をそれぞれ $(a_x, a_y), (b_x, b_y)$ とするとき, A と B のなす角 θ について

（2） $\qquad \cos\theta=\dfrac{a_xb_x+a_yb_y}{\sqrt{a_x^2+a_y^2}\sqrt{b_x^2+b_y^2}}$

（3） $\qquad \sin\theta=\dfrac{\begin{vmatrix}a_x & a_y \\ b_x & b_y\end{vmatrix}}{\sqrt{a_x^2+a_y^2}\sqrt{b_x^2+b_y^2}}$

證． x 軸の正の向きと A, B とのなす角をそれぞれ α, β とすれば $\beta=\alpha+\theta$ である．

$$\cos\theta=\cos(\beta-\alpha)=\cos\alpha\cos\beta+\sin\alpha\sin\beta$$
$$=\frac{a_xb_x+a_yb_y}{|A|\cdot|B|}=\frac{a_xb_x+a_yb_y}{\sqrt{a_x^2+a_y^2}\sqrt{b_x^2+b_y^2}}$$
$$\sin\theta=\sin(\beta-\alpha)=\cos\alpha\sin\beta-\sin\alpha\cos\beta=\frac{a_xb_y-a_yb_x}{|A|\cdot|B|}$$

ベクトル (a_x, a_y) とベクトル (b_x, b_y) が垂直であるための條件は

$$a_xb_x+a_yb_y=0$$

例題 2. 三角形 ABC について頂點の座標を $A(1, -1)$, $B(2\sqrt{3}+1, 1)$, $C(\sqrt{3}+1, 2)$ とするとき $\angle BAC$ を求めよ.

解. $\overrightarrow{AB}$ の成分は $(2\sqrt{3}, 2)$, $\overrightarrow{AC}$ の成分 $(\sqrt{3}, 3)$

$$\cos\theta = \frac{2\sqrt{3}\cdot\sqrt{3}+2\cdot 3}{\sqrt{(2\sqrt{3})^2+2^2}\sqrt{(\sqrt{3})^2+3^2}} = \frac{\sqrt{3}}{2}, \quad \sin\theta = \frac{1}{2}$$

となるから, $\theta = \dfrac{\pi}{6}$ である.

二點間の距離. 點 $P(x_1, y_1)$ と點 $Q(x_2, y_2)$ の距離は次の公式で求められる.

$$\sqrt{(x_2-x_1)^2+(y_2-y_1)^2}$$

證. 二點の距離はベクトル $\overrightarrow{PQ}$ の長さである. 成分は (x_2-x_1, y_2-y_1) であるから (1) によつて上式を得る.

例題 3. 三點 P, Q, R からの距離の平方の和が最小となる點は三角形 PQR の重心であることを證せよ.

證. 三點の座標を $P(x_1, y_1)$, $Q(x_2, y_2)$, $R(x_3, y_3)$ として, 任意の點 A の座標を (x, y) とすると

$$\overline{AP}^2 + \overline{AQ}^2 + \overline{AR}^2$$
$$= (x-x_1)^2+(y-y_1)^2+(x-x_2)^2+(y-y_2)^2+(x-x_3)^2+(y-y_3)^2$$
$$= 3x^2-2(x_1+x_2+x_3)x+x_1^2+x_2^2+x_3^2+3y^2-2(y_1+y_2+y_3)y+y_1^2+y_2^2+y_3^2$$
$$= 3\left\{x-\frac{1}{3}(x_1+x_2+x_3)\right\}^2 + 3\left\{y-\frac{1}{3}(y_1+y_2+y_3)\right\}^2$$
$$+ \frac{2}{3}(x_1^2+x_2^2+x_3^2-x_1x_2-x_2x_3-x_3x_1) + \frac{2}{3}(y_1^2+y_2^2+y_3^2-y_1y_2-y_2y_3-y_3y_1)$$

そこで $x=\dfrac{1}{3}(x_1+x_2+x_3)$, $y=\dfrac{1}{3}(y_1+y_2+y_3)$ のとき最小となる. この座標をもつ點は三角形 PQR の重心である.

三角形の面積. 三角形の頂點の座標を $A(x_1, y_1)$, $B(x_2, y_2)$, $C(x_3, y_3)$ とするとき, A, B, C の順に右廻り (左側に三角形の內部を見るように廻る意味) となるならば, 面積は

$$\frac{1}{2}\begin{vmatrix} x_1 & y_1 & 1 \\ x_2 & y_2 & 1 \\ x_3 & y_3 & 1 \end{vmatrix}$$

§6. 角 と 面 積

證. ベクトル $\vec{AB}$ の成分は $x_2-x_1,\ y_2-y_1$ であつて，ベクトル $\vec{AC}$ の成分は $x_3-x_1,\ y_3-y_1$ である。$\vec{AB}$ から $\vec{AC}$ へはかつた角を θ とすれば，$\vec{AC}$ は $\vec{AB}$ の向きの左側にあるから

$$\pi > \theta > 0, \quad \sin\theta > 0$$

三角形の面積は (3) によつて

$$\frac{1}{2}\overline{AB}\cdot\overline{AC}\sin\theta = \frac{1}{2}\begin{vmatrix} x_2-x_1 & y_2-y_1 \\ x_3-x_1 & y_3-y_1 \end{vmatrix} = \frac{1}{2}\begin{vmatrix} x_1 & y_1 & 1 \\ x_2 & y_2 & 1 \\ x_3 & y_3 & 1 \end{vmatrix}$$

A, B, C の順に左廻りとなるならば $-\pi < \theta < 0,\ \sin\theta < 0$ となつて，この行列式の値は負になる。例題2における三角形 ABC の面積は

$$\frac{1}{2}\begin{vmatrix} 1 & -1 & 1 \\ 2\sqrt{3}+1 & 1 & 1 \\ \sqrt{3}+1 & 2 & 1 \end{vmatrix} = 2\sqrt{3}$$

であつて，A, B, C の順序は右廻りである。

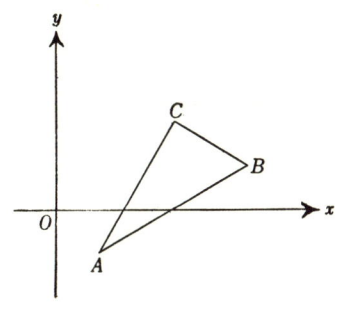

第 27 圖

例題 4. 平面上の四邊形（凸でも凹でもよい）の四頂點の座標を $A(x_1, y_1)$, $B(x_2, y_2)$, $C(x_3, y_3)$, $D(x_4, y_4)$ とするとき，A, B, C, D の順序が右廻りとなるならば，四邊形の面積は

$$\frac{1}{2}\begin{vmatrix} x_1 & y_1 & 1 \\ x_2 & y_2 & 1 \\ x_3 & y_3 & 1 \end{vmatrix} + \frac{1}{2}\begin{vmatrix} x_3 & y_3 & 1 \\ x_4 & y_4 & 1 \\ x_1 & y_1 & 1 \end{vmatrix}$$

であることを證せよ。

證. 三角形 ABC の面積は上の左の項であるが，A, B, C の順が三角形 ABC の右廻りとなるならば正，左廻りとなるならば負である。それは四邊形が頂點 B に於て凸であるか凹であるかによる。また三角形 CDA の面積は上式の右の項である。結局四邊形の面積はいずれの場合

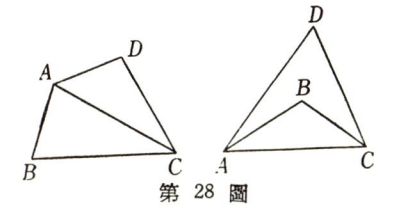

第 28 圖

でも上式の通りになる。

例題 5. どの二つも相交わる三直線の方程式を $a_{11}x+a_{12}y+a_{13}=0$, $a_{21}x+a_{22}y+a_{23}=0$, $a_{31}x+a_{32}y+a_{33}=0$ とするとき，三直線によつてかこまれる三角形の面積は

$$\frac{\begin{vmatrix} a_{11} & a_{12} & a_{13} \\ a_{21} & a_{22} & a_{23} \\ a_{31} & a_{32} & a_{33} \end{vmatrix}^2}{2\begin{vmatrix} a_{11} & a_{12} \\ a_{21} & a_{22} \end{vmatrix} \begin{vmatrix} a_{21} & a_{22} \\ a_{31} & a_{32} \end{vmatrix} \begin{vmatrix} a_{31} & a_{32} \\ a_{11} & a_{12} \end{vmatrix}}$$

の絶對値に等しいことを證せよ．

證．三直線の方程式の左邊の係數の行列式を $\varDelta$ として，$a_{11}, a_{12}, \cdots$ の餘因數を $A_{11}, A_{12}, \cdots$ で示すとき直線 $a_{11}x+a_{12}y+a_{13}=0$ と直線 $a_{21}x+a_{22}y+a_{23}=0$ の交點の座標は

$$x_3 = -\frac{\begin{vmatrix} a_{13} & a_{12} \\ a_{23} & a_{22} \end{vmatrix}}{\begin{vmatrix} a_{11} & a_{12} \\ a_{21} & a_{22} \end{vmatrix}} = \frac{A_{31}}{A_{33}}, \qquad y_3 = -\frac{\begin{vmatrix} a_{11} & a_{13} \\ a_{21} & a_{23} \end{vmatrix}}{\begin{vmatrix} a_{11} & a_{12} \\ a_{21} & a_{22} \end{vmatrix}} = \frac{A_{32}}{A_{33}}$$

同樣に直線 $a_{21}x+a_{22}y+a_{23}=0$ と直線 $a_{31}x+a_{32}y+a_{33}=0$ との交點の座標は

$$x_1 = \frac{A_{11}}{A_{13}}, \qquad y_1 = \frac{A_{12}}{A_{13}}$$

直線 $a_{31}x+a_{32}y+a_{33}=0$ と直線 $a_{11}x+a_{12}y+a_{13}=0$ の交點の座標は

$$x_2 = \frac{A_{21}}{A_{23}}, \qquad y_2 = \frac{A_{22}}{A_{23}}$$

$$\frac{1}{2}\begin{vmatrix} x_1 & y_1 & 1 \\ x_2 & y_2 & 1 \\ x_3 & y_3 & 1 \end{vmatrix} = \frac{1}{2A_{13}A_{23}A_{33}} \begin{vmatrix} A_{11} & A_{12} & A_{13} \\ A_{21} & A_{22} & A_{23} \\ A_{31} & A_{32} & A_{33} \end{vmatrix}$$

第1章§7 例題4によつてこれは

$$\frac{\varDelta^2}{2A_{13}A_{23}A_{33}}$$

に等しい．

問　題

1. 次の成分をもつ二つのベクトルの間の角を求めよ．
   （a）$(3, 7)$ と $(2, -5)$　　（b）$(2\sqrt{3}, 5)$ と $(11, 3\sqrt{3})$
2. 三點 $(2, 3)$, $(7, 4)$, $(5, 8)$ を頂點とする三角形の面積を求めよ．
3. 三直線 $-x+y=1$, $x+y=0$, $8x+3y=6$ によつてかこまれる三角形の面積を求めよ．
4. 四點 $O(-2, 6)$, $A(4, -1)$, $B(3, 3)$, $C(7, 4)$ があるときベクトル $\overrightarrow{OB}$ は $\overrightarrow{OA}$ と $\overrightarrow{OC}$ のなす銳角を二等分することを示せ．
5. 平面上に三角形 ABC と任意の一點 P をとれば
$$\triangle ABC = \triangle PBC + \triangle PCA + \triangle PAB$$
であることを證せよ．ただし頂點の順序が右廻りならば面積は正とし，左廻りならば負とする．
6. 凸四邊形 $ABCD$ の對角線の交點を E とすれば
$$\triangle ABC + \triangle BDC = \triangle EAB - \triangle ECD$$
であることを證せよ．註．前問を用いよ．
7. 一直線上にない四定點 A, B, C, D について $\triangle PAB + \triangle PCD$ を一定にするような點 P の軌跡は直線であることを證せよ．
8. 三角形 ABC について $a = \overline{BC}$, $b = \overline{CA}$, $c = \overline{AB}$ とすれば
$$a^2 = b^2 + c^2 - 2bc \cos A$$
であることをベクトルを用いて示せ．
9. 任意のベクトル A, B について
$$|A+B|^2 + |A-B|^2 = 2(|A|^2 + |B|^2)$$
を證せよ．
10. 三直線 AO, BO, CO が三直線 BC, CA, AB と交わる點をそれぞれ A', B', C' とすれば
$$\frac{1}{\triangle AOB'} + \frac{1}{\triangle BOC'} + \frac{1}{\triangle COA'} = \frac{1}{\triangle AC'O} + \frac{1}{\triangle BA'O} + \frac{1}{\triangle CB'O}$$
ただし面積の符號は問題 5 と同樣にする．

§7. 直線についての計量

x 軸の正の向きと直線 g の一つの向きとのなす角を α とすれば，x 軸の正の向きと g の他の向きとのなす角は $\alpha + \pi$ である．g の一つの向きと同じ向きの單位ベクトル E の成分は $(\cos \alpha, \sin \alpha)$ である．これを直線 g の**方向餘弦**という．g のもう一つの向きと同じ向きの單位ベクトルの成分は
$$\cos(\alpha + \pi) = -\cos \alpha, \quad \sin(\alpha + \pi) = -\sin \alpha$$

であるから，直線の方向餘弦は二通りあつて，一方は他方の符號を變えたものである．

g 上の定點を $A(x_0, y_0)$, g 上の任意の點を P とするときベクトル $\overrightarrow{AP}$ は E と同じ向きであるか逆の向きであるから

(1) $\qquad \overrightarrow{AP} = rE$

となる數 r が定まる．g の正の向きを E の向きと同じにしたとき $AP = r$ であつて，r は A, P 間の距離（正あるいは負）を示す．（1）の成分を考えると

$$x - x_0 = r\cos\alpha, \quad y - y_0 = r\sin\alpha$$

これより次の式を得る．

(2) $\qquad x = x_0 + r\cos\alpha, \quad y = y_0 + r\sin\alpha$

これは r を媒介變數とする直線 g の方程式である．（2）に於て $\cos\alpha \neq 0$ すなわち g が y 軸と同方向でなければ

$$y - y_0 = \tan\alpha (x - x_0)$$

α の代りに $\alpha + \pi$ としても $\tan$ の値は變らない．すなわち g の二つの向きのうちどちらを選んでも $\tan$ の値は同じである．

直線の方向係數は x 軸の正の向きと直線の方向とのなす角 α の正接 $\tan\alpha$ に等しい．

なお次の事柄が成り立つ．

直線 g の方程式を $Ax + By + C = 0$ とするとき，ベクトル $(B, -A)$ とベクトル $(-B, A)$ は g と同方向である．ベクトル (A, B) とベクトル $(-A, -B)$ は g に垂直である．g の方向餘弦は $\dfrac{B}{\sqrt{A^2+B^2}}, \dfrac{-A}{\sqrt{A^2+B^2}}$ であるかあるいは $\dfrac{-B}{\sqrt{A^2+B^2}}, \dfrac{A}{\sqrt{A^2+B^2}}$ である．

證．g の方程式 (2) から

$$x\sin\alpha - y\cos\alpha + y_0\cos\alpha - x_0\sin\alpha = 0$$

である．$Ax + By + C = 0$ も g の方程式であるから

(3) $\qquad \dfrac{\sin\alpha}{A} = \dfrac{-\cos\alpha}{B}$

§7. 直線についての計量

そこでベクトル $(B, -A)$ とベクトル $(-B, A)$ はベクトル $(\cos\alpha, \sin\alpha)$ と同じ向きであるか逆の向きである．すなはち g と同方向である．また（3）から
$$A\cos\alpha + B\sin\alpha = 0$$
であるからベクトル (A, B) とベクトル $(-A, -B)$ はベクトル $(\cos\alpha, \sin\alpha)$ に垂直すなはち g に垂直である．また (3) から
$$\cos\alpha = -Bk, \quad \sin\alpha = Ak$$
となる數 k がある．兩邊を平方して加へれば
$$(A^2+B^2)k^2 = \cos^2\alpha + \sin^2\alpha = 1$$
$$k = \pm\frac{1}{\sqrt{A^2+B^2}}$$
$$\cos\alpha = \mp\frac{B}{\sqrt{A^2+B^2}}, \quad \sin\alpha = \pm\frac{A}{\sqrt{A^2+B^2}}$$

例題 1. 直線 $y+x-2=0$ の方向餘弦と方向係數を求めよ．また媒介變數による方程式を求めよ．

解．
$$\cos\alpha = \mp\frac{1}{\sqrt{2}}, \quad \sin\alpha = \pm\frac{1}{\sqrt{2}}$$
$$\alpha = \frac{3}{4}\pi \text{ あるいは } \alpha = -\frac{\pi}{4}$$

方向係數は $\tan\alpha = -1$ である．媒介變數による方程式は點 $(0, 2)$ を通るから
$$x = -\frac{r}{\sqrt{2}}, \quad y = 2+\frac{r}{\sqrt{2}}$$
または
$$x = \frac{r}{\sqrt{2}}, \quad y = 2-\frac{r}{\sqrt{2}} \quad \text{である．}$$
ここで r は點 $(0, 2)$ から直線上の點 (x, y) までの距離を示す．

例題 2. 直線 $5x-3y+10=0$ について點 $A(2, 1)$ に對稱な點の座標を求めよ．

解． 對稱な點 B の座標を (x_1, y_1) とする．ベクトル $\overrightarrow{AB}$ は直線に垂直である．從つてベクトル $(5, -3)$ と同じ向きか反對の向きである．$\overrightarrow{AB}$ の成分は (x_1-2, y_1-1) であるから

(4) $$\frac{x_1-2}{5} = \frac{y_1-1}{-3}$$

また線分 AB の中點 $\left(\dfrac{x_1+2}{2}, \dfrac{y_1+1}{2}\right)$ は直線上にあるから

(5) $\qquad 5\left(\dfrac{x_1+2}{2}\right) - 3\left(\dfrac{y_1+1}{2}\right) + 10 = 0$

(4), (5) から
$$3x_1+5y_1-11=0, \quad 5x_1-3y_1+27=0$$
これを解いて $x_1=-3, y_1=4$ を得る.

二直線のなす角. 二直線 g, h のなす角は g と同方向のベクトルと h と同方向のベクトルとのなす角に等しい.

直線 $A_1x+B_1y+C_1=0$ と直線 $A_2x+B_2y+C_2=0$ とのなす角を θ とすると
$$\cos\theta = \pm \dfrac{A_1A_2+B_1B_2}{\sqrt{A_1^2+B_1^2}\sqrt{A_2^2+B_2^2}}$$

證. ベクトル $(B_1, -A_1)$ とベクトル $(B_2, -A_2)$ とのなす角を θ とすると上式の + の方である. ベクトル $(B_1, -A_1)$ とベクトル $(-B_2, A_2)$ とのなす角を θ とすると上式で負號をとる.

問. $\sin\theta, \tan\theta$ を求めよ.

二直線 $A_1x+B_1y+C_1=0, A_2x+B_2y+C_2=0$ が垂直である條件は $A_1A_2+B_1B_2=0$ である.

方向係數が m_1 である直線と方向係數が m_2 である直線が垂直である條件は
$$m_1m_2+1=0$$

證. $m_1=-\dfrac{A_1}{B_1}, \quad m_2=-\dfrac{A_2}{B_2}$ を $A_1A_2+B_1B_2=0$ に代入すれば $B_1B_2 \neq 0$ から $m_1m_2+1=0$ を得る.

例題 3. 點 $(1, 2)$ を通り直線 $y+2x+1=0$ に垂直である直線の方程式を求めよ.

解. 直線 $y+2x+1=0$ の方向係數は -2 であるから, これに垂直である直線の方向係數は $\dfrac{1}{2}$ である.
$$y-2=\dfrac{1}{2}(x-1), \quad x-2y+3=0$$

例題 4. 三角形 ABC の三つの垂線は一點で交わることを證せよ.

§7. 直線についての計量

證. 直角三角形の場合は明らかであるからそうでないとする．A, B を通る直線を x 軸として，C を通りこれに垂直な直線を y 軸にとる．A, B, C の座標をそれぞれ $(a, 0)$, $(b, 0)$, $(0, c)$ とする．A, B は原點でないから $a \neq 0$, $b \neq 0$ である．C は x 軸上にないから $c \neq 0$ である．A, C を通る直線の方程式は

$$\frac{x}{a} + \frac{y}{c} = 1$$

であつて方向係數は $-\dfrac{c}{a}$ である．B を通りこれに垂直な直線の方程式は

(6) $\quad y = \dfrac{a}{c}(x-b)$

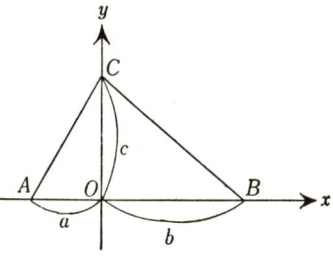

B, C を通る直線の方程式と方向係數は

$$\frac{x}{b} + \frac{y}{c} = 1, \quad -\frac{c}{b}$$

A を通りこれに垂直である直線の方程式は

(7) $\quad y = \dfrac{b}{c}(x-a)$

(6) から (7) を減じて $(a-b)x = 0$ を得る．$a \neq b$ であるから $x = 0$. すなわち (6) と (7) の交點は y 軸上にあるから三垂線は一點で交わる．

第 29 圖

點と直線の距離. 直線は平面を二つの部分に分ける．一方の側を**正の側**（**正領域**）として，他の側を**負の側**（**負領域**）とする．

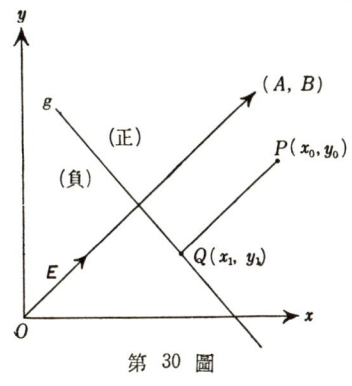

直線 g の方程式を $Ax + By + C = 0$ とするとき，ベクトル (A, B) は g に垂直である．このベクトルが g の負の側から正の側に向う向きである場合を考える．この向きの單位ベクトル E の成分は

$$\frac{A}{\sqrt{A^2+B^2}}, \quad \frac{B}{\sqrt{A^2+B^2}}$$

である．平面上の任意の點 $P(x_0, y_0)$ を通り g に垂直な直線と g との交點を

第 30 圖

$Q(x_1, y_1)$ とするとき，$\overrightarrow{QP}$ は E と同じ向きであるか逆の向きである．それは P が正の側にあるか負の側にあるかによつて定まる．

(8) $$\overrightarrow{QP} = rE$$

とするとき r は Q, P の距離 QP であつて，P が正の側にあれば正，P が負の側にあれば負である．$\overrightarrow{QP}$ の成分は (x_0-x_1, y_0-y_1) であるから (8) によつて

$$x_0-x_1 = \frac{Ar}{\sqrt{A^2+B^2}}, \qquad y_0-y_1 = \frac{Br}{\sqrt{A^2+B^2}}$$

左の式の兩邊に A を乗じ，右の式の兩邊に B を乗じて加えれば $Ax_1+By_1+C_1=0$ であるから

$$r = \frac{Ax_0+By_0+C}{\sqrt{A^2+B^2}}$$

を得る．またベクトル (A, B) が正の側から負の側に向うときはベクトル $(-A, -B)$ が負の側から正の側に向う．そこで上の場合と同様に

$$r = -\frac{Ax_0+By_0+C}{\sqrt{A^2+B^2}}$$

となる．以上によつて次の結果を得る．

點 $P(x_1, y_1)$ と點 $Q(x_2, y_2)$ が直線の同じ側にあれば Ax_1+By_1+C と Ax_2+By_2+C とは同符號である．また P と Q が異なる側にあれば Ax_1+By_1+C と Ax_2+By_2+C は異符號である．

例題 5. 直線 $2x+3y-1=0$ の原點のある側を正の側とするとき，この直線と點 $(3, 1)$ との距離を求めよ．

解． $\dfrac{2\cdot 3+3\cdot 1-1}{\sqrt{2^2+3^2}} = \dfrac{8}{\sqrt{13}}$, $\quad 2\cdot 3+3\cdot 1-1=8, \quad 2\cdot 0+3\cdot 0-1=-1$

であるから，原點と點 $(3, 1)$ は異なる側にある．そこで點 $(3, 1)$ は負の側にあるから距離は $-\dfrac{8}{\sqrt{13}}$ とすべきである．

ベクトル (A, B) が直線 $Ax+By+C=0$ の負の側から正の側に向うベクトルであるとき，x 軸の正方向とこのベクトルとのなす角を β とすれば

$$\cos\beta = \frac{A}{\sqrt{A^2+B^2}}, \qquad \sin\beta = \frac{B}{\sqrt{A^2+B^2}}$$

である．$Ax+By+C=0$ の代りに同一の直線の方程式

§7. 直線についての計量

$$\frac{A}{\sqrt{A^2+B^2}}x+\frac{B}{\sqrt{A^2+B^2}}y+\frac{C}{\sqrt{A^2+B^2}}=0$$

において $p=\dfrac{C}{\sqrt{A^2+B^2}}$ とおけば

(9)　　　　　　$x\cos\beta+y\sin\beta+p=0$

となる．これは x 軸の正の向きと直線の負の側から正の側に向う垂直なベクトルとのなす角 β を用いた直線の方程式である．任意の點 (x_0, y_0) と直線との距離は

$$x_0\cos\beta+y_0\sin\beta+p$$

となる．そこで p は原點と直線との距離を意味する．(9) の形の方程式を **Hesse の標準形** という．なお圖において $p=MO$ であるが，$OM=p$ とおけば (9) の代りに

$$x\cos\beta+y\sin\beta-p=0$$

となる．多くの書物ではこちらの方を Hesse の標準形と言うことが多い．

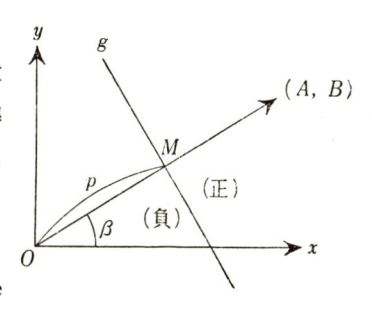

第 31 圖

例題 6. 例題5における直線 $2x+3y-1=0$ の Hesse の標準形の方程式を求めよ．

解.　　$\dfrac{2}{\sqrt{13}}x+\dfrac{3}{\sqrt{13}}y-\dfrac{1}{\sqrt{13}}=0$,　　$\dfrac{-2}{\sqrt{13}}x+\dfrac{-3}{\sqrt{13}}y+\dfrac{1}{\sqrt{13}}=0$

のうちのどちらかが Hesse の標準形の方程式である．原點のある側が正の側であるから右の方程式がそうである．原點のある側が負ならば左をとるべきである．

例題 7. 三角形 ABC の三邊への距離の和が一定である點の軌跡は直線であることを證せよ．ただし正三角形の場合は例外であつて，任意の點から三邊への距離の和は一定である．

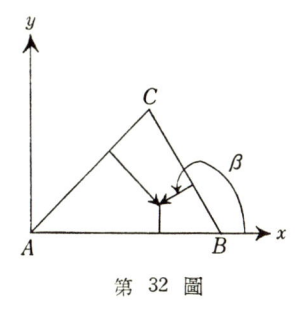

解. A, B を通り x 軸をとり A を原點とする．點 C が x 軸について正の側にあるように y 軸の正の向きを定める．また點 B は y 軸について正の側にあるとする．そこで三邊の正の側は三角形の内部であるとするとき，B, C を通る直線の Hesse の標準形の方程式は

第 32 圖

$$x\cos\beta+y\sin\beta+p=0$$

A, C を通る直線の Hesse の標準形の方程式は

$$x\cos\gamma+y\sin\gamma=0$$

とする．點 $P(x, y)$ と三邊との距離の和が k であるとすると

$$y+(x\cos\beta+y\sin\beta+p)+(x\cos\gamma+y\sin\gamma)=k$$
$$x(\cos\beta+\cos\gamma)+y(1+\sin\beta+\sin\gamma)+p-k=0$$

x, y の係數のうち 0 でないものがあれば，k の値が何であつても軌跡は直線であることがわかる．もしも x, y の係數がともに 0 ならば $k=p$ でなければならない．そして任意の點から三邊への距離の和は p に等しい．この例外となる場合はどんな場合であるかを吟味してみよう．

$$\cos\beta+\cos\gamma=0, \quad 1+\sin\beta+\sin\gamma=0$$

であるから

$$\cos^2\beta+(1+\sin\beta)^2=\cos^2\gamma+\sin^2\gamma=1$$

となつて $\sin\beta=-\dfrac{1}{2}$, $\sin\gamma=-\dfrac{1}{2}$ を得る．從つて $\cos\beta=-\dfrac{\sqrt{3}}{2}$, $\cos\gamma=\dfrac{\sqrt{3}}{2}$ である．$\beta=\dfrac{7}{6}\pi$ であるから x 軸の正方向と $\overrightarrow{BC}$ とのなす角は $\dfrac{7}{6}\pi-\dfrac{\pi}{2}=\dfrac{2}{3}\pi$ であり，$\gamma=-\dfrac{\pi}{6}$ であるから x 軸の正方向と $\overrightarrow{AC}$ とのなす角は $\dfrac{\pi}{2}-\dfrac{\pi}{6}=\dfrac{\pi}{3}$ である．すなわち正三角形の場合となる．このときには任意の點から三邊への距離の和は一定であり，他の場合には軌跡は直線となる．

例題 8. 二直線 g, h の Hesse の標準形の方程式をそれぞれ $A_1x+B_1y+C_1=0$, $A_2x+B_2y+C_2=0$ とするとき，g と h のなす角の二等分線の方程式は

(9) $\qquad (A_1+A_2)x+(B_1+B_2)y+C_1+C_2=0$

(10) $\qquad (A_1-A_2)x+(B_1-B_2)y+C_1-C_2=0$

であることを證せよ．

證． 一つの二等分線上の任意の點 $P(x, y)$ は，g の正領域，h の負領域にあるかあるいは g の負領域，h の正領域にある．それで P と g の距離と P と h の距離は絶對値等しく符號反對であるから

$$A_1x+B_1y+C_1=-(A_2x+B_2y+C_2)$$

§7. 直線についての計量

これから (9) を得る．他のもう一つの二等分線上の任意の點 P は，g, h の正領域にあるか g, h の負領域にある．そこで P と g との距離と P と h の距離は等しい．
$$A_1 x + B_1 y + C_1 = A_2 x + B_2 y + C_2$$
これから (10) を得る．

例題 9. 直線 $x+y-3=0$ と直線 $4x-3y=0$ のなす角の二等分線の方程式を求めよ．

解． Hesse の標準形の方程式はそれぞれ
$$\frac{1}{\sqrt{2}}x + \frac{1}{\sqrt{2}}y - \frac{3}{\sqrt{2}} = 0, \qquad \frac{4}{5}x - \frac{3}{5}y = 0$$
であるから，二等分線の方程式は
$$\left(\frac{1}{\sqrt{2}} + \frac{4}{5}\right)x + \left(\frac{1}{\sqrt{2}} - \frac{3}{5}\right)y - \frac{3}{\sqrt{2}} = 0,$$
$$\left(\frac{1}{\sqrt{2}} - \frac{4}{5}\right)x + \left(\frac{1}{\sqrt{2}} + \frac{3}{5}\right)y - \frac{3}{\sqrt{2}} = 0$$
である．

問　題

1. 二點 $(3, 4)$, $(-5, 7)$ を結ぶ線分の垂直二等分線の方程式を求めよ．
2. 點 $(-4, 1)$ を通り直線 $2y-3x=1$ と $45°$ の角をなす二直線の方程式を求めよ．
3. 平行な二直線 $Ax+By+C=0$, $Ax+By+C'=0$ の距離を求めよ．
4. 直線 $12x-5y+8=0$ と平行であつて，この直線からの距離が 7 である二直線の方程式を求めよ．
5. 次の二組の平行線によつてかこまれる平行四邊形の面積を求めよ．
$$\begin{cases} Ax+By+C=0 \\ Ax+By+C'=0 \end{cases}, \quad \begin{cases} lx+my+n=0 \\ lx+my+n'=0 \end{cases}$$
6. 直線 $2x-3y+1=0$ と直線 $x+y=0$ のなす角の二等分線の方程式を求めよ．
7. 三角形の重心，外心，垂心は一直線上にあることを證せよ．
8. 三角形 ABC の頂點 A, B, C から直線 l に垂線 AP, BQ, CR を引き，その足 P, Q, R からそれぞれ直線 BC, CA, AB に垂線を引けば，これらの三垂線は一點で交わることを證せよ．
9. 方向係數が m_1 である直線と m_2 である直線とのなす角 θ について
$$\tan \theta = \frac{m_2 - m_1}{1 + m_1 m_2}$$
である．

10. 四邊形 $ABCD$ について $\overline{AB}=CD$ であるとき邊 BC, AD の中點をそれぞれ M, N とすれば、ベクトル $\overrightarrow{NM}$ は $\overrightarrow{AB}$ および $\overrightarrow{DC}$ と等角をなすことを證せよ。

11. 一點で交わる三直線 g, h, p の方程式が $4x-3y+5=0$, $3x-4y+3=0$, $x-6y-1=0$ とする。二直線 g, h のなす角の二等分線について p と對稱な直線 q の方程式を求めよ。

§8. 極 座 標

平面上に半直線 h をとり、その端の點を O とする。h と O を基準にして平面上の任意の點 P の位置を定めようとするとき O を**極**といい h を**原線**という。P の極 O からの距離 OP を點 P の**動徑**といい文字 ρ あるいは r で示す。また原線から $\overrightarrow{OP}$ まではかつた角 θ (弧度法による角) を P の**偏角**という。點 P の位置はその動徑と偏角によつて定まる。原線から $\overrightarrow{OP}$ まではかつた角が θ ならば、原線から $\overrightarrow{PO}$ まではかつた角は $\theta+\pi$ である。そこで P 點の動徑 ρ と偏角 θ の代りに動徑を $-\rho$、偏角を $\theta+\pi$ としてもよい。しかし普通には動徑の値は正あるいは 0 の實數の値をとるものとする。特に P 點が O に一致するときすなわち極自身であるとき、動徑は 0 であつて偏角は定まらない。このように定めた (ρ, θ) を點 P の**極座標**という。

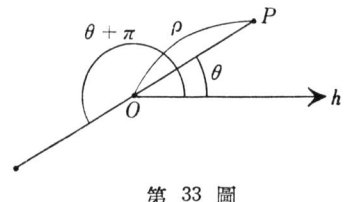

第 33 圖

問. 極座標が次のものである點を圖示せよ。
$$\rho=1,\ \theta=\frac{\pi}{6}\ ;\ \rho=-1,\ \theta=\frac{\pi}{3}\ ;\ \rho=2,\ \theta=\frac{5}{3}\pi.$$

例題 1. 點 $P(\rho_1, \theta_1)$ と點 $Q(\rho_2, \theta_2)$ との距離について
$$PQ^2=\rho_1^2+\rho_2^2-2\rho_1\rho_2\cos(\theta_2-\theta_1)$$
であることを證せよ。

證. 三角形 OPQ について $OP=\rho_1$, $OQ=\rho_2$, $\angle POQ=\theta_2-\theta_1$ であるから、公式より直ちに得られる。

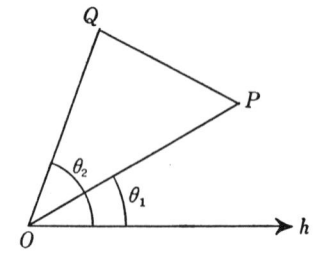

直線の極方程式. 次に極座標の場合の直線の方程式を求めよう。極 O を通り直線 g

第 34 圖

§8. 極座標

に垂直な直線と g との交點を M とする．$OM=p$ として原線と $\overrightarrow{OM}$ とのなす角を α とする．g 上の任意の點 P の極座標を (ρ, θ) とするとき $OP=\rho$ であるから

(1) $\qquad \rho \cos (\theta - \alpha) = p$

逆に極座標がこの式を滿足する點は g 上にある．そこで (1) は極座標の場合の g の方程式である．特に g が原線と同方向であるときは $\alpha = \dfrac{\pi}{2}$ であるから，g の方程式は

$$\rho \sin \theta = p$$

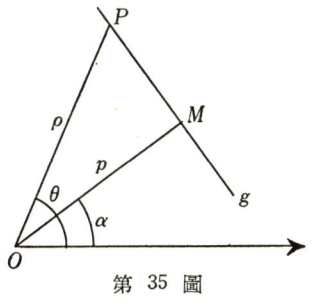

となる．また極を通る直線の方程式は，原線とのなす角 α とするとき $\theta = \alpha$ である．

例題 2. 極座標が $\left(2, \dfrac{\pi}{3}\right)$, $\left(4, \dfrac{2}{3}\pi\right)$ である二點を通る直線の方程式を求めよ．

解. 直線の方程式を $\rho \cos(\theta - \alpha) = p$ とすれば，點 $\left(2, \dfrac{\pi}{3}\right)$ を通るから

$$2 \cos\left(\dfrac{\pi}{3} - \alpha\right) = p, \quad 2\left(\cos \dfrac{\pi}{3} \cos \alpha + \sin \dfrac{\pi}{3} \sin \alpha\right) = p$$

(2) $\qquad \cos \alpha + \sqrt{3} \sin \alpha = p$

點 $\left(4, \dfrac{2}{3}\pi\right)$ を通るから

$$4 \cos\left(\dfrac{2}{3}\pi - \alpha\right) = p, \quad 4\left(\cos \dfrac{2}{3}\pi \cos \alpha + \sin \dfrac{2}{3}\pi \sin \alpha\right) = p$$

(3) $\qquad -2 \cos \alpha + 2\sqrt{3} \sin \alpha = p$

(2) と (3) から $\cos \alpha = \dfrac{p}{4}$, $\sin \alpha = \dfrac{\sqrt{3}}{4} p$ を得る．從って $p^2 = 4$ から $p = 2$ となつて $\sin \alpha = \dfrac{\sqrt{3}}{2}$, $\cos \alpha = \dfrac{1}{2}$ であるから $\alpha = \dfrac{\pi}{3}$．そこで直線の方程式は

$$\rho \cos\left(\theta - \dfrac{\pi}{3}\right) = 2$$

例題 3. 定直線 g 上にない定點を O とする．g 上に點 A が動くとき $\overline{OA} = \overline{AB} = \overline{OB}$ である點 B の軌跡は二つの直線であることを證せよ．

證． O を極として，O を通り g に垂直な直線を原線とする．原線と g との交點を M として $OM=a$ とおく．B の極座標を (ρ, θ) とする．三角形 ABO は正三角形であつて，$OA=\rho$ であるから A の極座標は $\left(\rho, \theta-\dfrac{\pi}{3}\right)$ あるいは $\left(\rho, \theta+\dfrac{\pi}{3}\right)$ である．そこで

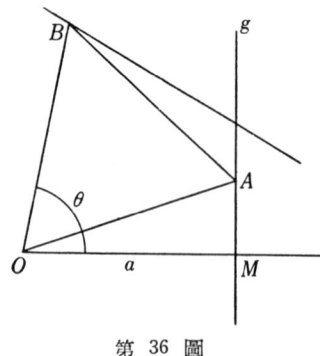

$$\rho\cos\left(\theta-\frac{\pi}{3}\right)=a, \quad \rho\cos\left(\theta+\frac{\pi}{3}\right)=a$$

となる．これは垂線と原線とのなす角が，$\dfrac{\pi}{3}$ あるいは $-\dfrac{\pi}{3}$ であつて O からの距離が a である二つの直線の方程式である．

第 36 圖

極座標と直角座標との關係． 極を原點として，原線が x 軸の正の部分となるように直交軸をとるとき平面上の任意の點 P の直角座標 (x, y) と極座標 (ρ, θ) について次の關係が成り立つ．

$$x=\rho\cos\theta, \quad y=\rho\sin\theta$$

$$\rho=\sqrt{x^2+y^2}, \quad \tan\theta=\frac{y}{x}$$

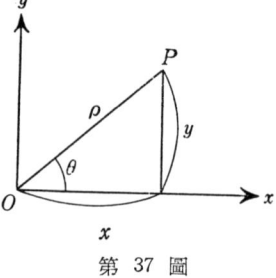

例題 4． 直角座標が $(1, -\sqrt{3})$ である點の極座標を求めよ．ただし原點を極として x 軸の正の部分を原線とする．

第 37 圖

解． $x=1, y=-\sqrt{3}$ であるから $\rho=2$ を得る．$2\cos\theta=1, 2\sin\theta=-\sqrt{3}$ であるから $\theta=\dfrac{5}{3}\pi$ を得る．

問　題

1. 二點 A, B の極座標をそれぞれ $\left(\sqrt{6}, \dfrac{\pi}{4}\right), \left(\sqrt{3}+1, \dfrac{\pi}{2}\right)$ とするとき直線 AB の極方程式を求めよ．
2. 前問に於て二點 A, B の距離を求めよ．
3. 定直線 g 上にない定點を O とする．g 上に點 A が動くとき角 AOB は一定であつて，$OA:OB$ 一定ならば點 B の軌跡は二つの直線であることを證せよ．

§8. 極座標

4. 點 $P(\rho_0, \theta_0)$ から直線 $\theta=\alpha$ に下した垂線の足 A の極座標を求めよ.

5. 前問において點 P から直線 $\theta=\beta$ に下した垂線の足を B とするとき, 直線 AB の極方程式を求めよ.

6. 三角形の三頂點から對邊に下した三つの垂線が一點で交わることを極座標を用いて證せよ.

7. 直交軸の x 軸の正部分を原線として原點を極とするとき, 次の直線の極方程式を求めよ.

　　　（a）　$x+y=1$　　　（b）　$-x+\sqrt{3}\,y=4$

8. 前問において次の極方程式を有する直線の直交軸に關する方程式を求めよ.

　　　（a）　$\rho\cos\left(\theta+\dfrac{\pi}{3}\right)=p$　　　（b）　$\rho\sin\left(\theta-\dfrac{\pi}{3}\right)=2$

*9. 極を通らない一直線上の四點 A, B と C, D が調和列點であるための條件は, これらの點の偏角 $\alpha, \beta, \gamma, \delta$ について
$$\sin(\delta-\alpha)\sin(\beta-\gamma)=\sin(\gamma-\alpha)\sin(\delta-\beta)$$
が成り立つことであることを證せよ.

第3章 二次曲線

§1. 座標の變換

座標軸を變えると點の座標,直線の方程式などが變る.座標軸の變換の種類のうちで重要なのは平行移動と廻轉である.

平行移動. 與えられた座標軸は直交軸でも斜交軸でもよいとして横軸,縦軸を x 軸, y 軸とする. x 軸と同方向の一つの直線を X 軸, y 軸と同方向の一つの直線を Y 軸として, X 軸, Y 軸を新しい横軸,縦軸とする新座標軸を考える.このとき X 軸, Y 軸の正の向きはそれぞれ x 軸, y 軸の正の向きと一致するように定める.

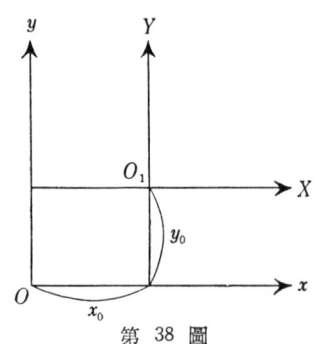

新原點 O_1 の舊座標を (x_0, y_0) とする,このような座標軸の變換を**平行移動**という.

第 38 圖

平行移動によってベクトルの成分は變らない.すなわち新座標軸についての成分は舊座標軸についての成分に等しい.

何となれば $\overrightarrow{OA}$ と $\overrightarrow{O_1A_1}$ が同一のベクトルを示すとき, A の舊座標と A_1 の新座標は同じであるからである.次に平面上の任意の點 P の舊座標を (x, y),新座標を (X, Y) とするとき

$$\overrightarrow{OP} = \overrightarrow{OO_1} + \overrightarrow{O_1P}$$

であるから,座標軸についての成分を考えると

$$x = x_0 + X, \quad y = y_0 + Y$$

となる.これが平面上の任意の點 P の舊座標と新座標の關係である.

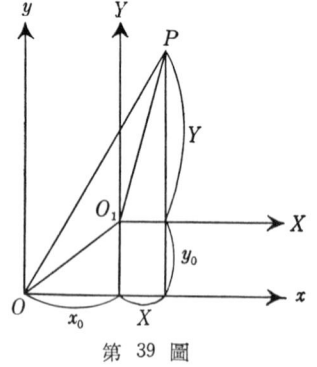

第 39 圖

例題 1. 新しい原點の舊座標 $(2, 3)$ として平行移動を行うとき直線 $x-2y+$

§1. 座標の變換

$1=0$ の新座標軸についての方程式を求めよ.

解. 任意の點の舊座標 (x, y) と新座標 (X, Y) の關係は

$$x = X+2, \quad y = Y+3$$

である．これを方程式に代入して

$$(X+2)-2(Y+3)+1=0$$
$$X-2Y-3=0$$

これが新座標軸についての直線の方程式である．

廻轉. 正の座標系をつくる直交軸の原點 O を固定して，O のまわりにこれを廻轉するとき新しい直交軸を得る．これを詳しく説明すれば次の通りである．原點 O を通る任意直線を X 軸としてその正の向きを任意に定める．x 軸の正の向きと X 軸の正の向きとのなす角を θ とする．O を通り X 軸に垂直な直線を Y 軸として，X 軸と Y 軸とが正の座標系をつくるように，すなわち X 軸の正の向きと Y 軸の正の向きとのなす角が $+\dfrac{\pi}{2}$ であるように Y 軸の正の向きを定める．X 軸，Y 軸を新しい座標軸とするときこれを舊座標軸を角 θ だけ**廻轉**したという．

平面上の任意の點 P を通り Y 軸と同方向の直線が X 軸と交わる點を M とする．P の舊座標を (x, y), 新座標を (X, Y) とすれば $OM=X$, $MP=Y$ であつて

(1) $\qquad \overrightarrow{OP} = \overrightarrow{OM} + \overrightarrow{MP}$

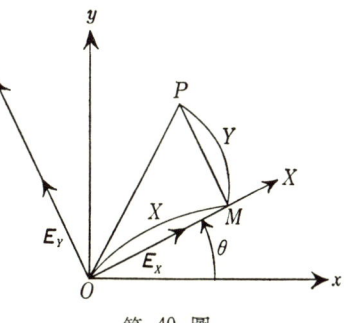

第 40 圖

X 軸の正の向きの單位ベクトル $\boldsymbol{E_X}$ の舊座標軸についての成分は $(\cos\theta, \sin\theta)$ であつて $\overrightarrow{OM}=X\boldsymbol{E_X}$ であるから，$\overrightarrow{OM}$ の舊座標軸についての成分は $X\cos\theta$, $X\sin\theta$ である．また x 軸の正の向きと Y 軸の正の向きとのなす角は $\theta+\dfrac{\pi}{2}$ である．Y 軸の正の向きの單位ベクトル $\boldsymbol{E_Y}$ の舊座標軸についての成分は $\cos\left(\theta+\dfrac{\pi}{2}\right)$, $\sin\left(\theta+\dfrac{\pi}{2}\right)$ であつて $\overrightarrow{MP}=Y\boldsymbol{E_Y}$ であるから，$\overrightarrow{MP}$ の舊座標軸についての成

分は $Y\cos\left(\theta+\dfrac{\pi}{2}\right)$, $Y\sin\left(\theta+\dfrac{\pi}{2}\right)$ である. そこで (1) から

$$x = X\cos\theta - Y\sin\theta$$
$$y = X\sin\theta + Y\cos\theta$$

これが廻轉の場合の舊座標と新座標の關係である. この關係を行列を用いて示せば

$$\begin{pmatrix} x \\ y \end{pmatrix} = \begin{pmatrix} \cos\theta & -\sin\theta \\ \sin\theta & \cos\theta \end{pmatrix} \begin{pmatrix} X \\ Y \end{pmatrix}$$

となる.

例題 2. 直交軸を $\dfrac{\pi}{4}$ 廻轉したときの點 $(-2, 3)$ の新座標を求めよ.

$$x = \frac{1}{\sqrt{2}}(X-Y), \quad y = \frac{1}{\sqrt{2}}(X+Y)$$

に於て $x=-2$, $y=3$ とすると $X=\dfrac{1}{\sqrt{2}}$, $Y=\dfrac{5}{\sqrt{2}}$ を得る.

例題 3. 二點 P, Q の直角座標をそれぞれ (x_1, y_1), (x_2, y_2) とするとき,

$$\begin{vmatrix} x_1 & y_1 \\ x_2 & y_2 \end{vmatrix}$$

の値は座標軸の廻轉によつて變らないことを證せよ.

證.
$$(x_1, y_1) = (X_1, Y_1) \begin{pmatrix} \cos\theta & \sin\theta \\ -\sin\theta & \cos\theta \end{pmatrix}$$
$$(x_2, y_2) = (X_2, Y_2) \begin{pmatrix} \cos\theta & \sin\theta \\ -\sin\theta & \cos\theta \end{pmatrix}$$

であるから

$$\begin{pmatrix} x_1 & y_1 \\ x_2 & y_2 \end{pmatrix} = \begin{pmatrix} X_1 & Y_1 \\ X_2 & Y_2 \end{pmatrix} \begin{pmatrix} \cos\theta & \sin\theta \\ -\sin\theta & \cos\theta \end{pmatrix}$$

$$\begin{vmatrix} x_1 & y_1 \\ x_2 & y_2 \end{vmatrix} = \begin{vmatrix} X_1 & Y_1 \\ X_2 & Y_2 \end{vmatrix} \begin{vmatrix} \cos\theta & \sin\theta \\ -\sin\theta & \cos\theta \end{vmatrix} = \begin{vmatrix} X_1 & Y_1 \\ X_2 & Y_2 \end{vmatrix}$$

これは實は三角形 OPQ の面積の2倍であるから, 廻轉によつて變らないのは當然である.

新原點 (x_0, y_0) をとつて平行移動を行い次に廻轉を行えば, 舊座標と新座標の關係は次の通りである.

§1. 座標の變換

$$x = X\cos\theta - Y\sin\theta + x_0,$$
$$y = X\sin\theta + Y\cos\theta + y_0.$$

正の直交座標系を任意の正の直交座標系に變える變換は，最初に平行移動を行い次に廻轉を行うことによつて生ずる．この種の變換を**運動**という．正の座標系を負の座標系に變える變換は運動ではなく**折り返し**という．例えば座標軸はそのままであつて，y 軸だけ正の向きを變えると折り返しになる．このとき舊座標と新座標の關係は次の通りになる．

$$x = X, \quad y = -Y$$

問　題

1. 座標軸を原點のまわりに $60°$ だけ廻轉するとき，次の二つの直線の方程式はどのように變るか．
$$\sqrt{3}x - 2y + 1 = 0, \quad 5x + \sqrt{3}y + 2 = 0$$

2. 座標軸を原點のまわりに角 θ だけ廻轉したときの新座標を舊座標で表わせば
$$\begin{pmatrix} X \\ Y \end{pmatrix} = \begin{pmatrix} \cos\theta & \sin\theta \\ -\sin\theta & \cos\theta \end{pmatrix} \begin{pmatrix} x \\ y \end{pmatrix}$$
となることを説明せよ．

3. 座標軸を角 θ だけ廻轉したときの新座標軸を，さらに角 φ だけ廻轉すれば，最後の座標軸は最初の座標軸を角 $\theta + \varphi$ だけ廻轉したものと一致することを行列の計算によつてたしかめよ．

4. 三直線の方程式 $a_1x + b_1y + c_1 = 0$，$a_2x + b_2y + c_2 = 0$，$a_3x + b_3y + c_3 = 0$ の左邊が座標軸の運動によつてそれぞれ $A_1X + B_1Y + C_1$，$A_2X + B_2X + C_2$，$A_3X + B_3Y + C_3$ に變るものとすれば
$$\begin{vmatrix} A_1 & B_1 & C_1 \\ A_2 & B_2 & C_2 \\ A_3 & B_3 & C_3 \end{vmatrix} = \begin{vmatrix} a_1 & b_1 & c_1 \\ a_2 & b_2 & c_2 \\ a_3 & b_3 & c_3 \end{vmatrix}$$
であることを證せよ．

5. 直線 $3x - 4y + 7 = 0$ に關して x 軸，y 軸に對稱な直線をそれぞれ X 軸，Y 軸とするとき，新座標と舊座標の關係を求めよ．

6. x 軸，y 軸を點 (x_0, y_0) のまわりに角 θ だけ廻轉して得られる直線をそれぞれ X 軸，Y 軸とするとき，新座標を舊座標で表わせ．

7. 座標軸の運動を行うとき，座標の變らない點（不動點）がただ一つあることを示せ．ただし平行移動の場合を除く．

8. 點 $(-7, -2)$ を新原點とする平行移動を行い，次に $135°$ だけ廻轉する運動を行つたときの不動點を求めよ．

§2. 二次曲線の方程式

圓の方程式. 圓の中心 C の座標を (x_0, y_0) として半徑を r とする．圓周上の任意の點 P の座標を (x, y) とすれば，$\overline{CP}=r$ であるから

$$\sqrt{(x-x_0)^2+(y-y_0)^2}=r$$

これより圓の方程式

$$(x-x_0)^2+(y-y_0)^2=r^2$$

を得る．一般に左邊が x, y についての二次式であつて，x^2 と y^2 の係數が 0 でなく相等しいときには

$$ax^2+ay^2+2gx+2fy+c=0$$

と書ける．ここで $a \neq 0$ である．これを

$$\left(x+\frac{g}{a}\right)^2+\left(x+\frac{f}{a}\right)^2=\frac{g^2+f^2-a^2c}{a^2}$$

とすれば，$g^2+f^2-a^2c>0$ のとき圓の方程式となる．$g^2+f^2-a^2c=0$ のときは一つの點 $\left(-\dfrac{g}{a}, -\dfrac{f}{a}\right)$ だけである．この場合に便宜上點圓という言葉を用いる．$g^2+f^2-a^2c<0$ のときは上式を滿足する點の座標はないから圖形は實在しない．しかしこのときも便宜上虛圓という言葉を用いる．

例.
$$x^2+y^2-2x+2y-3=0$$
$$(x-1)^2+(y+1)^2=5$$

これは點 $(1, -1)$ を中心とし半徑 $\sqrt{5}$ である圓の方程式である．

例題 1. 二點 A, B からの距離の比が一定である點 P の軌跡を求めよ．これを **Apollonius の軌跡** という．

解. A, B を通る直線を x 軸として直交軸をとり，A, B の座標をそれぞれ $(a, 0), (b, 0)$ とする．點 P の座標を (x, y) として $\overline{BP}=k\overline{AP}$ とすれば $k>0$ であつて

$$(x-b)^2+y^2=k^2\{(x-a)^2+y^2\}$$

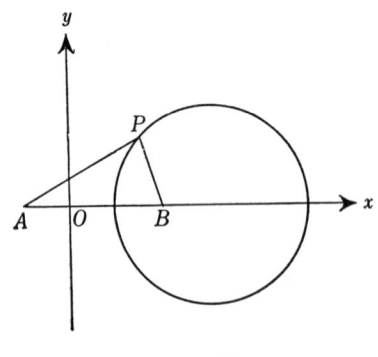

第 41 圖

§2. 二次曲線の方程式

$$(k^2-1)(x^2+y^2)-2(k^2a-b)x+k^2a^2-b^2=0$$

$k=1$ のときは $x=\dfrac{a+b}{2}$ となつて軌跡は線分 AB の中點を通り，これに垂直な直線である．$k\neq 1$ のときは

$$\left(x-\frac{k^2a-b}{k^2-1}\right)^2+y^2=\left(\frac{k(a-b)}{k^2-1}\right)^2$$

中心を x 軸上に有する圓の方程式である．

例題 2． 一直線上にない三點 (x_1, y_1), (x_2, y_2), (x_3, y_3) を通る圓の方程式は

$$\begin{vmatrix} x^2+y^2 & x & y & 1 \\ x_1^2+y_1^2 & x_1 & y_1 & 1 \\ x_2^2+y_2^2 & x_2 & y_2 & 1 \\ x_3^2+y_3^2 & x_3 & y_3 & 1 \end{vmatrix}=0$$

であることを證せよ．

證． 左邊の x^2+y^2 の係數は

$$\begin{vmatrix} x_1 & y_1 & 1 \\ x_2 & y_2 & 1 \\ x_3 & y_3 & 1 \end{vmatrix}$$

であるが，三點が一直線上にないから 0 ではない．三點の座標が滿足することは行列式の性質から明らかである．

圓の極方程式． 半徑 r の圓の中心 C の極座標を (a, α) とする．圓周上の任意の點 P の極座標を (ρ, θ) とすれば $CP=r$ であるから

(1) $\qquad \rho^2+a^2-2a\rho\cos(\theta-\alpha)=r^2$

これが極座標のときの圓の方程式である．特に中心が極の場合は $\rho=r$ が圓の方程式である．また中心が原線上にあつて，圓周が極を通る場合は方程式が

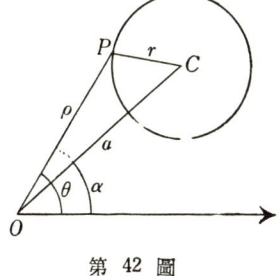

第 42 圖

$$\rho=2r\cos\theta$$

となる．何となれば (1) に於て $a=r$，$\alpha=0$ とすればこの式を得るからである．

長圓，双曲線，放物線の方程式． 定點 F を通らない定直線 d があるとき，F からの距離と d からの距離の比

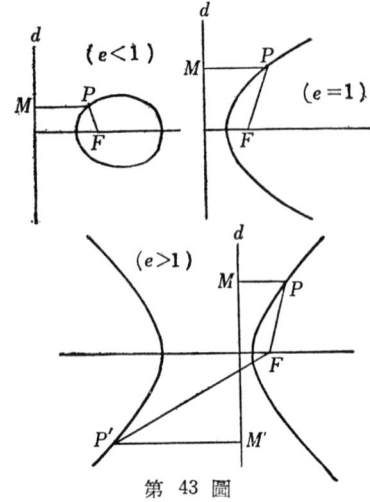

$$\frac{FP}{MP}=e$$

が一定である點 P の軌跡を考える．これを F を**焦點**として d を**準線**とする**離心率** e の**二次曲線**という．離心率 e の値によって異つた種類の曲線が得られる．

　　$e<1$，　　**長圓**（楕圓）．
　　$e>1$，　　**双曲線**．
　　$e=1$，　　**放物線**．

第 43 圖

F を通り d に垂直な直線を x 軸，d を y 軸として F の座標を $(f, 0)$ とすると

$$FP=\sqrt{(x-f)^2+y^2}, \quad MP=x, \quad (x-f)^2+y^2=e^2x^2$$

(2)　　　　　　　$(1-e^2)x^2-2fx+y^2+f^2=0$

$e<1$ あるいは $e>1$ ならば (2) から

(3)　　　　　$\left(x-\dfrac{f}{1-e^2}\right)^2+\dfrac{y^2}{1-e^2}=\dfrac{f^2e^2}{(1-e^2)^2}$

$e<1$ のときは

$$\frac{fe}{1-e^2}=a, \quad a\sqrt{1-e^2}=b$$

とおいて點 $\left(\dfrac{f}{1-e^2}, 0\right)$ を新原點にとつて平行移動をすれば

$$x=\frac{f}{1-e^2}+X, \quad y=Y$$

これを (3) に代入して

$$\frac{X^2}{a^2}+\frac{Y^2}{b^2}=1$$

これを**長圓の標準形の方程式**という．新座標軸について焦點 F の座標は

$$X=f-\frac{f}{1-e^2}=-\frac{fe^2}{1-e^2}=-ae, \quad Y=0$$

§2. 二次曲線の方程式

準線 d の方程式は $X=-\dfrac{a}{e}$ である．

$e>1$ のときは

$$\dfrac{fe}{e^2-1}=a, \qquad a\sqrt{e^2-1}=b$$

とおいて，點 $\left(\dfrac{f}{1-e^2},\ 0\right)$ を新原點にとつて平行移動をすれば，前と同樣に (3) から

$$\dfrac{X^2}{a^2}-\dfrac{Y^2}{b^2}=1$$

を得る．これを**雙曲線の標準形の方程式**という．新座標軸について焦點 F の座標は

$$X=ae, \quad Y=0$$

となり，準線 d の方程式は $X=\dfrac{a}{e}$ である．

また $e=1$ のときは (2) から

$$y^2=2fx-f^2$$

$f=2p$ とおいて點 $(p,0)$ を新原點にとり平行移動をすれば $x=X+p,\ y=Y$ である．これを (8) に代入して

$$Y^2=4pX$$

を得る．これが**拋物線の標準形の方程式**である．新座標軸について焦點 F の座標は $(p,0)$ であり，準線 d の方程式は $X=-p$ である．

長圓の簡單な性質．

　二定點 F_1, F_2 からの距離の和が一定である點 P の軌跡は長圓である．

　證． 一定である距離の和を $2a$ とおく．$\overline{F_1F_2}<2a$ であるから

$$\overline{F_1F_2}=2ae$$

とおくとき $e<1$ である．F_1,F_2 を通る直線を x 軸として，線分 F_2F_1 の中點 O を原點とする直交軸をとるとき，F_1, F_2 の座標はそれぞれ $(ae,0),(-ae,0)$ と

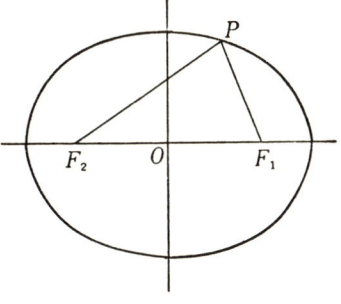

第 44 圖

なる．P の座標を (x, y) とすれば

$$\overline{F_1P} = \sqrt{(x-ae)^2+y^2}, \quad \overline{F_2P} = \sqrt{(x+ae)^2+y^2}$$

$$F_2P^2 - F_1P^2 = 4aex$$

$\overline{F_1P} + \overline{F_2P} = 2a$ であるから

$$\overline{F_2P} - \overline{F_1P} = \frac{F_2P^2 - F_1P^2}{F_2P + F_1P} = \frac{4aex}{2a} = 2ex$$

(4) $\qquad \overline{F_2P} = a + ex, \quad \overline{F_1P} = a - ex$

上式とくらべて

$$a + ex = \sqrt{(x+ae)^2 + y^2}$$

$$(a+ex)^2 = (x+ae)^2 + y^2$$

$$\frac{x^2}{a^2} + \frac{y^2}{a^2(1-e^2)} = 1$$

$b = a\sqrt{1-e^2}$ とおけば

(5) $\qquad \dfrac{x^2}{a^2} + \dfrac{y^2}{b^2} = 1$

を得る．方程式が $x = \dfrac{a}{e}$, $x = -\dfrac{a}{e}$ である直線をそれぞれ d_1, d_2 とすれば，P と d_1 の距離 PN は $\dfrac{a}{e} - x$ に等しい．従つて (4) により $\overline{F_1P}$ と $\overline{PN}$ の比は一定であつて e に等しい．同様に P と d_2 の距離 MP は $x + \dfrac{a}{e}$ に等しく (4) によつて $\overline{F_2P}$ と $\overline{MP}$ の比は一定であつて e に等しい．以上によつて軌跡は長圓であることは明らかである．

長圓について二定點 F_1 と F_2 を**焦點**といい，直線 d_1 と d_2 を**準線**という．長圓の標準形の方程式 (5) によれば，x 軸との交點の座標は $A(a, 0)$, $B(-a, 0)$ である．線分 BA は焦點 F_1, F_2 を通る．これを長圓の**長軸**という．長軸の長さは $2a$ である．また y 軸との交點の座標は $C(b, 0)$, $D(-b, 0)$ である．線分 CD を長圓の**短軸**といい，その長さは $2b$ である．$b = a\sqrt{1-e^2}$ であるから短軸は長軸よりも短い．長軸と短軸の交點 O を長圓の**中心**という．

a, b を相異なる正數とするとき方程式

$$\frac{x^2}{a^2} + \frac{y^2}{b^2} = 1$$

は長圓の方程式である.

證. $a>b$ ならば $e=\dfrac{\sqrt{a^2-b^2}}{a}$ とおくとき $F_1(ae, 0)$ を一つの焦點とし,$x=\dfrac{a}{e}$ を一つの準線とする長圓の方程式である. このとき長軸は x 軸上にあり, 短軸は y 軸上にある. $a<b$ ならば座標軸を角 $\dfrac{\pi}{2}$ だけ廻轉して $x=-Y, y=X$ を上式に代入すれば

$$\frac{X^2}{b^2}+\frac{Y^2}{a^2}=1$$

となり, 焦點は X 軸上すなわち y 軸上にあり, 準線は Y 軸に平行すなわち x 軸に平行である長圓の方程式となる.

$b=a$ のときは $x^2+y^2=a^2$ となつて圓の方程式となる. 長圓の方程式において b を a に近づけたとき e は 0 に近づくから, 二焦點 F_1, F_2 が一致したときすなわち離心率 0 のときは圓であると考えてよい. そこで圓は長圓の特別の場合と考えられる.

長圓は長軸について線對稱であり, 短軸についても線對稱である. また中心については點對稱である.

證. 長圓の標準形の方程式によれば, 點 (x,y) が長圓上の點ならば點 $(x,-y)$ もそうである. 從つて長軸について對稱, 同樣に短軸について對稱である. また點 (x, y) が長圓上の點ならば點 $(-x, -y)$ もそうである. そこで中心について點對稱である.

例題 1. 點 $(1, 0)$ からの距離と直線 $x=4$ からの距離の比が $\dfrac{1}{2}$ であるような點 P の軌跡を求めよ.

解. P の座標を (x, y) とすれば

$$2\sqrt{(x-1)^2+y^2}=4-x$$
$$4(x-1)^2+4y^2=(4-x)^2$$
$$\frac{x^2}{4}+\frac{y^2}{3}=1$$

そこで長軸の長さ 4, 短軸の長さ $2\sqrt{3}$ の長圓である.

例題 2. g と h は互に垂直な二定直線であつて線分 AB は長さが l とする.

この線分の兩端の點 A, B がそれぞれ g, h の上を動くとき,線分 AB 上の定點 P の軌跡を求めよ.

解. g を x 軸, h を y 軸とする.點 P の A からの距離を d とする.また A の座標を $(a, 0)$ とする. A, B を通る直線の媒介變數による方程式は

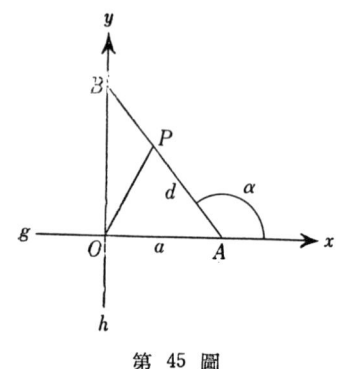

$$x = a + r\cos\alpha$$
$$y = r\sin\alpha$$

である.ここに α は x 軸の正の向きと $\overrightarrow{AB}$ とのなす角である.點 P の座標については

$$x = a + d\cos\alpha$$
$$y = d\sin\alpha$$

第 45 圖 AB の長さ l とすると, B の x 座標について
$$0 = a + l\cos\alpha$$

であるから

$$x = (d-l)\cos\alpha, \quad y = d\sin\alpha$$

これから α を消去して

$$\frac{x^2}{(d-l)^2} + \frac{y^2}{d^2} = 1$$

そこで軌跡は $\dfrac{l}{2} > d$ のとき長軸, 短軸の長さがそれぞれ $2(l-d)$, $2d$ の長圓であり, $\dfrac{l}{2} < d$ のとき長軸, 短軸の長さがそれぞれ $2d$, $2(l-d)$ である長圓である. $\dfrac{l}{2} = d$ のときは半徑 d の圓となる.

雙曲線の簡單な性質.

二定點 F_1, F_2 からの距離の差が一定である點 P の軌跡は雙曲線である.

證. 一定である距離の差を $2a$ とすると

$$\overline{F_2P} - \overline{F_1P} = 2a \quad \text{あるいは} \quad \overline{F_1P} - \overline{F_2P} = 2a.$$

F_1, F_2 を通る直線を x 軸とし,線分 F_2F_1 の中點 O を原點として直交軸をとるとき, P の座標を (x, y) とする. $\overline{F_2P}$ と $\overline{F_1P}$ の差は $\overline{F_2F_1}$ より小さいから $\overline{F_2F_1} > 2a$ である.そこで $\overline{F_2F_1} = 2ae$ とおいて $e > 1$ であり, F_1, F_2 の座標

は $(ae, 0)$, $(-ae, 0)$ である.

$$\overline{F_2P} = \sqrt{(x+ae)^2+y^2}, \quad \overline{F_1P} = \sqrt{(x-ae)^2+y^2}$$

$$\overline{F_2P} - \overline{F_1P} = \pm 2a$$

$$\overline{F_2P} + \overline{F_1P} = \frac{F_2P^2 - F_1P^2}{\overline{F_2P} - \overline{F_1P}} = \pm \frac{4aex}{2a} = \pm 2ex$$

(6) $\quad \overline{F_2P} = \pm(a+ex), \quad \overline{F_1P} = \pm(ex-a)$

$$(a+ex)^2 = (x+ae)^2+y^2$$

$a\sqrt{e^2-1} = b$ とおけば

$$\frac{x^2}{a^2} - \frac{y^2}{b^2} = 1$$

を得る. 方程式が $x = \dfrac{a}{e}$, $x = -\dfrac{a}{e}$ である直線をそれぞれ d_1, d_2 とするとき, P と d_1 との距離 $\overline{MP}$ は $\left|x-\dfrac{a}{e}\right|$ である. そこで (6) によつて $\overline{F_1P}$ と $\overline{MP}$ の比は一定であつて e に等しい. また P と d_2 との距離 $\overline{NP}$ は $\left|x+\dfrac{a}{e}\right|$ である. そこで (6) によつて $\overline{F_2P}$ と $\overline{NP}$ の比は一定であつて e に等しい. 以上によつて軌跡は双曲線である.

F_1, F_2 をこの双曲線の**焦點**といい, d_1, d_2 を**準線**という. 標準形の方程式 (7) によれば, x 軸との交點は $A(a, 0)$, $B(-a, 0)$ である. 線分 AB を双曲線の**主軸**という. その長さは $2a$ である. 主軸の中點 O を双曲線の中心という. また中心を通り主軸に垂直な直線を**共役軸**という.

a, b が任意の正数であるとき, 方程式

(7) $\quad\quad \dfrac{x^2}{a^2} - \dfrac{y^2}{b^2} = 1$

は双曲線の方程式である. そして離心率は $\dfrac{\sqrt{a^2+b^2}}{a}$ に等しい.

(7) によれば双曲線は主軸, 共役軸について線對稱であり, また中心について點對稱である.

双曲線の漸近線. 双曲線 (7) について直線 $y = \dfrac{b}{a}x$ と直線 $y = -\dfrac{b}{a}x$ を考える. 双曲線上の任意の點 $P(x_1, y_1)$ と直線 $y = \dfrac{b}{a}x$ との距離 $\overline{PS}$ について

$$\overline{PS} = \frac{\left|y_1 - \dfrac{b}{a}x_1\right|}{\sqrt{1 + \dfrac{b^2}{a^2}}} = \frac{|bx_1 - ay_1|}{ae}$$

$\dfrac{x_1^2}{a^2} - \dfrac{y_1^2}{b^2} = 1$ であるから

$$bx_1 - ay_1 = \frac{a^2 b^2}{bx_1 + ay_1}$$

これを上式に代入して

$$\overline{PS} = \frac{ab^2}{e} \cdot \frac{1}{|bx_1 + ay_1|}$$

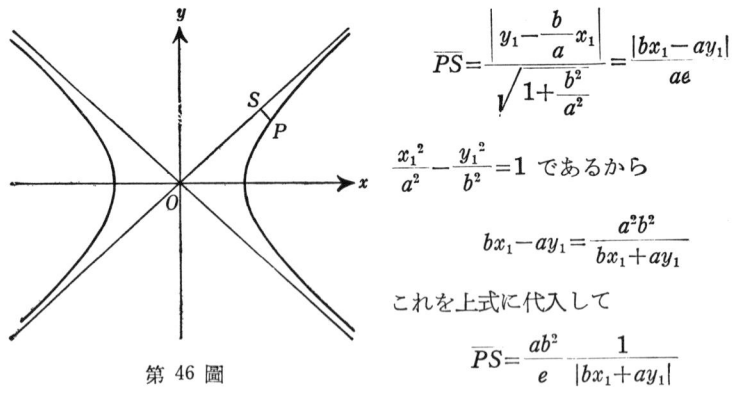

第 46 圖

となる．x_1 と y_1 同符號であつて絶對値が大きくなれば，すなわち點 P が第一象限または第三象限の双曲線の部分に沿つて中心から遠ざかると $\overline{PS} \to 0$ となる．つまり P は直線 $y = \dfrac{b}{a}x$ に次第に接近して行く．この意味に於て直線 $y = \dfrac{b}{a}x$ を上の双曲線の**漸近線**という．直線 $y = -\dfrac{b}{a}x$ も同樣の性質を有するので漸近線といわれる．

例題 3． 二定圓に接する圓の中心の軌跡は長圓であるか双曲線であることを證せよ．

證． 二つの定圓の中心をそれぞれ O_1, O_2 とし半徑を r_1, r_2 とする．中心が O であつて半徑 r の圓がこの二圓と接する點をそれぞれ M_1, M_2 とするとき，

$$O_1 O = O_1 M_1 - O M_1 = r_1 \pm r$$
$$O_2 O = O_2 M_2 - O M_2 = r_2 \pm r \quad \text{あるいは} \quad r_2 \mp r$$

そこで $O_1 O + O_2 O = r_1 + r_2$ あるいは $O_1 O$ と $O_2 O$ の差が r_1 と r_2 の差に等しい．そこで點 O の軌跡は O_1, O_2 を焦點とする長圓であるか双曲線である．特に二定圓が同心圓のときは軌跡は圓である．

例題 4． 漸近線と主軸とのなす角を α とするとき，離心率 e は $\sec \alpha$ に等しいことを證せよ．ただし $\dfrac{\pi}{2} > \alpha > -\dfrac{\pi}{2}$ とする．

證． 双曲線の方程式を $\dfrac{x^2}{a^2} - \dfrac{y^2}{b^2} = 1$ とすれば漸近線の方程式は $y = \pm \dfrac{b}{a}x$ である．從つて $\tan \alpha = \pm \dfrac{b}{a}$ である．そこで $\sec \alpha = \dfrac{\sqrt{a^2 + b^2}}{a} = e$ である．

§2. 二次曲線の方程式

直角雙曲線. 二つの漸近線が互に垂直である雙曲線を**直角雙曲線**という. 例題4によつて $\alpha = \pm \dfrac{\pi}{4}$ であるから離心率が $\sqrt{2}$ である. 方程式 (7) に於て $b=a$ となり

$$x^2 - y^2 = a^2$$

となる. さて座標軸を $-\dfrac{\pi}{4}$ だけ廻轉して二つの漸近線を新座標軸にとれば

$$x = X\cos\left(-\frac{\pi}{4}\right) - Y\sin\left(-\frac{\pi}{4}\right) = \frac{1}{\sqrt{2}}(X+Y)$$

$$y = X\sin\left(-\frac{\pi}{4}\right) + Y\cos\left(-\frac{\pi}{4}\right) = \frac{1}{\sqrt{2}}(-X+Y)$$

である. これを上式に代入して

$$\frac{1}{2}(X+Y)^2 - \frac{1}{2}(-X+Y)^2 = a^2$$

$$XY = \frac{a^2}{2}$$

を得る. このことによつて一般に直交軸について $xy = k$ (k は 0 でない定數) である方程式をもつた曲線は直角雙曲線であることがわかる.

放物線の簡單な性質. 放物線の焦點 F を通り, 準線 d に垂直な直線を放物線の**主軸**という. 主軸と放物線の交點 O を放物線の**頂點**という. 頂點を原點, 主軸を x 軸にとつたとき放物線の方程式は前述の通り

(8) $$y^2 = 4px$$

であつて, 焦點の座標は $(p, 0)$, 準線の方程式は $x = -p$ である. (8) から直ちにわかることは, 放物線が主軸について線對稱であることである. 放物線は中心を有しないこと, すなわちどの點についても點對稱とならないことは §4 で證明されるであろう.

長圓と雙曲線は中心を有し點對稱となるので**有心二次曲線**といわれる. 放物線は中心を有しないので**無心二次曲線**といわれる. 長圓, 雙曲線, 放物線を總稱して**二次曲線**という. 二次曲線の方程式は x, y について2次の式である. また第5章で述べるように, 二次曲線は二次曲面 (特に圓錐) を平面で切つたときの截口として生ずるので**圓錐曲線**ともいわれる.

問. 方程式 $y^2=ax$ あるいは $x^2=ay$ をもつ曲線は放物線であることを説明せよ. ただし a は 0 でない任意の實數とする.

例題 5. 定線分 AB を底邊として高さ一定である三角形の垂心の軌跡を求めよ.

解. A, B を通る直線を x 軸, A を原點として直交軸をとる. B の座標を $(b, 0)$ として, 一定の高さを k とするとき, 頂點 C の座標を (c, k) とする.

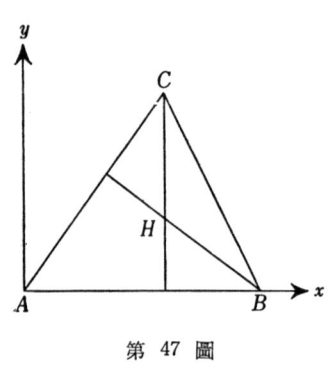

A, C を通る直線の方程式は
$$cy-kx=0$$
である. B を通り邊 AC に垂直な直線 h の方程式は
$$(9) \quad ky+c(x-b)=0$$
である. C を通り邊 AB に垂直な直線 $x=c$ と h との交點 H の座標は (9) によつて
$$x=c, \quad y=\frac{c}{k}(b-c)$$

第 47 圖

である. ここで c を消去すれば
$$y=\frac{x}{k}(b-x)$$
$$\left(x-\frac{b}{2}\right)^2=-k\left(y-\frac{b^2}{4k}\right)$$
點 $\left(\dfrac{b}{2}, \dfrac{b^2}{4k}\right)$ を新原點にとつて, 座標軸の平行移動を行えば
$$X^2=-kY$$
となつて, 軌跡は放物線であることがわかる. 頂點の舊座標は $\left(\dfrac{b}{2}, \dfrac{b^2}{4k}\right)$ であるから, 主軸は邊 AB の垂直二等分線になつている.

二次曲線の極方程式. 焦點 F, 準線 d, 離心率 e の二次曲線を考える. F を極として, d に垂直な半直線のうち d と交わらない方を原線にとる. 二次曲線上の任意の點 P の極座標を (ρ, θ) とする. P を通り d に垂直な直線と d との交點を M とすれば, $FP=\rho$ であるから
$$MP=\frac{\rho}{e}$$

§2. 二次曲線の方程式

となる．焦點 F を通り，準線 d に平行な弦 BA をこの二次曲線の**通徑**という（二次曲線上の二點を結ぶ線分を一般に**弦**という）．この長さを $2l$ とするとき，通徑の一端 A の極座標は $\left(l, \dfrac{\pi}{2}\right)$ である．準線と A との距離 SA について

$$SA=\frac{l}{e}, \quad MP=SA+FL,$$
$$FL=\rho\cos\theta$$

そこで $\rho=l+e\rho\cos\theta$ となるから

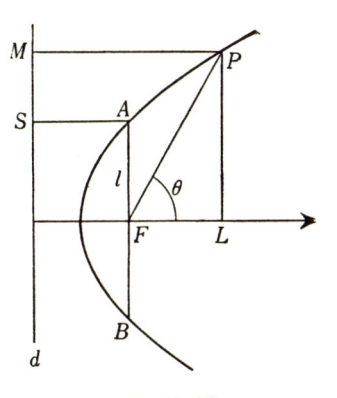

第 48 圖

$$\rho=\frac{l}{1-e\cos\theta}$$

これが二次曲線の極座標の場合の方程式である．

例題 6. 離心率 e，通徑の長さ $2l$ である長圓の長軸，短軸の長さを求めよ．

解． 長軸，短軸の長さをそれぞれ $2a, 2b$ とすれば

$$b=a\sqrt{1-e^2}, \quad l=e\left(\frac{a}{e}-ae\right)=a(1-e^2)$$

であるから

$$2a=\frac{2l}{1-e^2}, \quad 2b=\frac{2l}{\sqrt{1-e^2}}$$

例題 7. 二次曲線の一つの焦線 F を通る互に垂直な二つの弦の長さを r_1, r_2 とするとき

$$\frac{1}{r_1}+\frac{1}{r_2}$$

は一定であることを證せよ．

證． 二次曲線の方程式を

$$\rho=\frac{l}{1-e\cos\theta}$$

第 49 圖

とする．原線となす角が α である弦の長さ

を r_1, 原線となす角が $\alpha+\dfrac{\pi}{2}$ である弦の長さを r_2 とすれば

$$r_1 = \frac{l}{1-e\cos\alpha} + \frac{l}{1-e\cos(\alpha+\pi)} = \frac{2l}{1-e^2\cos^2\alpha}$$

$$r_2 = \frac{l}{1-e\cos\left(\alpha+\dfrac{\pi}{2}\right)} + \frac{l}{1-e\cos\left(\alpha+\dfrac{3}{2}\pi\right)} = \frac{2l}{1-e^2\sin^2\alpha}$$

$$\frac{1}{r_1} + \frac{1}{r_2} = \frac{2-e^2}{2l}$$

問　題

1. 圓 $2x^2+2y^2-3x+3y-5=0$ の中心の座標と半徑を求めよ.
2. 三點 $(3, 2)$, $(1, 0)$, $(-1, 3)$ を通る圓の方程式を求めよ.
3. 與えられた三點からの距離の平方の和が一定である點の軌跡を求めよ.
4. 長圓の焦點の座標が $(\pm c, 0)$, 準線の方程式が $x=\pm d$ であるとき長軸, 短軸の長さと離心率を求めよ. ただし $d>c>0$ とする.
5. 定點からの距離の平方と, 定直線からの距離との比が一定である點の軌跡は何か.
6. 定點を頂點とする面積一定の三角形の底邊が定直線に沿つて動くとき外心の軌跡を求めよ.
7. 双曲線の焦點の座標が $(\pm c, 0)$, 準線の方程式が $x=\pm d$ であるとき離心率, 主軸の長さ, 漸近線を求めよ. ただし $c>d>0$ とする.
8. 二定直線 g, h の交點を O とする. 面積一定の三角形 OPQ の頂點 P, Q がそれぞれ g, h 上を動くとき線分 PQ の中點の軌跡は何か.
   註. g, h のなす角の二等分線を座標軸にとればよい.
9. 圓 $(x-2)^2+(y+1)^2=4$ と圓 $x^2+(y-1)^2=3$ との二交點を通る直線の方程式を求めよ.
10. 中心を異にする圓 $x^2+y^2+2gx+2fy+c=0$ と圓 $x^2+y^2+2g'x+2f'y+c'=0$ について直線 $2(g'-g)x+2(f'-f)y+c'-c=0$ をこの二圓の根軸という. どの二つも同心圓でない三つの圓があるとき, 生ずる三つの根軸は一點で交わるか, 平行であることを證せよ.

§3 極線と接線

長圓の極線と接線. 長圓の方程式を

(1) $$\frac{x^2}{a^2} + \frac{y^2}{b^2} = 1$$

§3. 極線と接線

とする．點 $P(x_0, y_0)$ を通る直線 y の媒介變數 r による方程式を
$$x = x_0 + r\cos\alpha, \quad y = y_0 + r\sin\alpha$$
とする．これを (1) に代入して
$$\frac{1}{a^2}(x_0 + r\cos\alpha)^2 + \frac{1}{b^2}(y_0 + \sin\alpha)^2 = 1$$

(2) $\quad \left(\dfrac{\cos^2\alpha}{a^2} + \dfrac{\sin^2\alpha}{b^2}\right)r^2 + 2\left(\dfrac{x_0\cos\alpha}{a^2} + \dfrac{y_0\sin\alpha}{b^2}\right)r$

$$+ \frac{x_0^2}{a^2} + \frac{y_0^2}{b^2} - 1 = 0$$

r^2 の係數は 0 とならないから r について二次方程式である．これを滿足する r の値すなわち根は P から g と長圓との交點までの距離を示す．(2) が相異なる二實根をもつときは g と長圓との交點が二つある．(2) が等根をもつときは g と長圓はただ一つの交點を有し g はこの點における**接線**となる．(2) が虛根をもつときは g と長圓は交わらない．

$\dfrac{x_0^2}{a^2} + \dfrac{y_0^2}{b^2} - 1 < 0$ のときは點 $P(x_0, y_0)$ を通る任意の直線は長圓と二點で交わる．このときは點 P が長圓の内部にある．$\dfrac{x_0^2}{a^2} + \dfrac{y_0^2}{b^2} - 1 > 0$ のときは點 P を通る直線のうち長圓と交わらないものがある．このとき點 P は長圓の外部にある．

證 $\dfrac{x_0^2}{a^2} + \dfrac{y_0^2}{b^2} - 1 < 0$ のときは(2)の判別式は正であるから相異なる二實根をもつ．$\dfrac{x_0^2}{a^2} + \dfrac{y_0^2}{b^2} - 1 > 0$ のときは

$$\frac{x_0\cos\alpha}{a^2} + \frac{y_0\sin\alpha}{b^2} = 0$$

となるような方向餘弦 $\cos\alpha$, $\sin\alpha$ をもつ直線（點 P を通る）については (2) は虛根をもつから交わらない．

長圓上にない點 $P(x_0, y_0)$ を通る任意の直線と長圓との二つの交點 A, B について P に共役な點 Q の軌跡は方程式

$$\frac{x_0 x}{a^2} + \frac{y_0 y}{b^2} = 1$$

である直線である．これを點 P の極線という．

證． $PA=r_1$, $PB=r_2$, $PQ=\rho$ とすれば r_1, r_2 は (2) の二根である．そこで

$$\frac{r_1+r_2}{r_1 r_2}=-\frac{2\left(\dfrac{x_0\cos\alpha}{a^2}+\dfrac{y_0\sin\alpha}{b^2}\right)}{\dfrac{x_0{}^2}{a^2}+\dfrac{y_0{}^2}{b^2}-1}$$

Q は A, B について P に共役であるから

$$\frac{2}{\rho}=\frac{1}{r_1}+\frac{1}{r_2}=\frac{r_1+r_2}{r_1 r_2}$$

(3) $$\frac{x_0\rho\cos\alpha}{a^2}+\frac{y_0\rho\sin\alpha}{b^2}+\frac{x_0{}^2}{a^2}+\frac{y_0{}^2}{b^2}-1=0.$$

Q 點の座標を (x,y) とすれば

$$x-x_0=\rho\cos\alpha, \quad y-y_0=\rho\sin\alpha$$

これを (3) に代入して

$$\frac{x_0 x}{a^2}+\frac{y_0 y}{b^2}=1$$

を得る．ただし P が長圓の中心であるときは P は常に AB の中點であるから A, B について共役な點はない．

點 $P(x_0, y_0)$ が長圓上にあるときは P における接線の方向餘弦を $\cos\alpha, \sin\alpha$ とすれば (2) は等根をもつから

(4) $$\frac{x_0\cos\alpha}{a^2}+\frac{y_0\sin\alpha}{b^2}=0, \quad \frac{x_0{}^2}{a^2}+\frac{y_0{}^2}{y^2}-1=0$$

となる．接線の媒介變數 r による方程式は

$$x-x_0=r\cos\alpha, \quad y-y_0=r\sin\alpha$$

であるが (4) によつて

$$\frac{x_0(x-x_0)}{a^2}+\frac{y_0(y-y_0)}{b^2}=0$$

$$\frac{x_0 x}{a^2}+\frac{y_0 y}{b^2}=1.$$

これが P に於ける**接線**の方程式となる．

注意． 接線の方程式は微分學を用いても得られる．長圓上の點 P の極線は P

§3. 極線と接線

における接線であると考えてよい.

長圓 $\dfrac{x^2}{a^2}+\dfrac{y^2}{b^2}=1$ の中心を通らない任意の直線はある點の極線である.

證. 直線の方程式を $Ax+By+C=0$ とすれば中心を通らないから $C\neq 0$ である. 座標が
$$x_0=-\frac{A}{C}a^2, \quad y_0=-\frac{B}{C}b^2$$
である點の極線の方程式は
$$\frac{x_0 x}{a^2}+\frac{y_0 y}{b^2}=1$$
であつて, これは $Ax+By+C=0$ と同一の直線である.

直線 g が點 P の極線であるとき P を直線 g の極という. 點 P が長圓の中心でないとき P を通る任意の直線の極は P の極線上にある. また P の極線上の任意の點は P を通るある直線の極となる.

證. 點 $P(x_0,y_0)$ を通る直線 g の極を $Q(x',y')$ とするとき, g の方程式は
$$\frac{x'x}{a^2}+\frac{y'y}{b^2}=1$$
これは P を通るから

(5) $$\frac{x'x_0}{a^2}+\frac{y'y_0}{b^2}=1$$

そこで P の極線
$$\frac{xx_0}{a^2}+\frac{yy_0}{b^2}=1$$
の上に點 Q がある. 逆に P の極線上の任意の點 $Q(x',y')$ について (5) が成り立つから Q の極線は P を通る.

點 $P(x_0,y_0)$ が長圓の外部にあるとき P の極線は長圓と二點 C, D で交わる. C における接線と D における接線の交點は P である. P を通る接線はこの二つしかない.

證. C, D の座標をそれぞれ $(x_1,y_1), (x_2,y_2)$ とすれば C, D における接線の方程式はそれぞれ次の通りである.

$$\frac{x_1 x}{a^2}+\frac{y_1 y}{b^2}=1, \quad \frac{x_2 x}{a^2}+\frac{y_2 y}{b^2}=1$$

P の極線

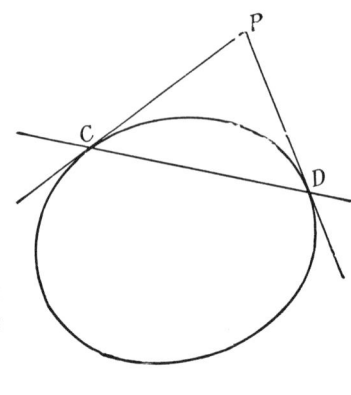

$$\frac{x_0 x}{a^2}+\frac{y_0 y}{b^2}=1$$

の上に C, D があるから

$$\frac{x_0 x_1}{a^2}+\frac{y_0 y_1}{b^2}=1$$

$$\frac{x_0 x_2}{a^2}+\frac{y_0 y_2}{b^2}=1$$

従つて C における接線も D における接線も P を通る. 次に P を通る接線の接點を $Q(x', y')$ とすれば接線の方程式は

第 50 圖

$$\frac{xx'}{a^2}+\frac{yy'}{b^2}=1$$

點 P を通るから

$$\frac{x_0 x'}{a^2}+\frac{y_0 y'}{b^2}=1$$

そこで點 Q は P の極線と長圓の交點であるから C あるいは D と一致する.

P が長圓の内部にあつて中心でないときは P の極線は長圓と交わらない. P を通る任意の弦の兩端における接線の交點は P の極線上にある. また P の極線上の任意の點から引いた二つの接線の接點を結ぶ弦は P を通る.

證. P が長圓の内部にあれば P の極線上の點はすべて長圓の外部にある. P を通る任意の直線の極は P の極線上にあり,逆に P の極線上の任意の點の極線は P を通るから前の事柄によつて成り立つ.

例題 1. 長圓の準線上の任意の點から長圓に引いた二つの接線の接點を結ぶ弦は焦點を通る. 言いかえれば焦點の極線は準線である.

證. 長圓の方程式を $\dfrac{x^2}{a^2}+\dfrac{y^2}{b^2}=1$ として焦點の座標を $(\pm ae, 0)$ とすれば極

§3. 極線と接線

線の方程式は

$$\pm \frac{aex}{a^2} = 1, \quad x = \pm \frac{a}{e}$$

例題 2. 圓において中心 O でない點 $P(x_0, y_0)$ の極線は O, P を通る直線に垂直であることを證せよ．

證． 圓の方程式を $x^2 + y^2 = r^2$ とすれば點 P の極線の方程式は

$$xx_0 + yy_0 = r^2$$

である．O, P を通る直線の方程式は

$$y_0 x - x_0 y = 0$$

であつて $x_0 y_0 + y_0(-x_0) = 0$ であるから極線に垂直である．

双曲線の極線と接線． 双曲線の方程式を

(6) $$\frac{x^2}{a^2} - \frac{y^2}{b^2} = 1$$

として，點 $P(x_0, y_0)$ を通る直線 g の方程式を

$$x = x_0 + r \cos \alpha, \quad y = y_0 + r \sin \alpha$$

とする．これを (6) に代入して

(7) $$\left(\frac{\cos^2 \alpha}{a^2} - \frac{\sin^2 \alpha}{b^2} \right) r^2 + 2 \left(\frac{x_0 \cos \alpha}{a^2} - \frac{y_0 \sin \alpha}{b^2} \right) r$$
$$+ \frac{x_0^2}{a^2} - \frac{y_0^2}{b^2} - 1 = 0$$

r^2 の係数が 0 となるのは $\tan \alpha = \pm \dfrac{b}{a}$ のときである．すなわち g が漸近線と同方向のときである．このとき r の係数が 0 となるのは $y_0 = \pm \dfrac{b}{a} x_0$ のときである．すなわち P が漸近線上にあるときであつて (7) の左邊は 0 とならない．そこで漸近線は双曲線と交わらない．g が漸近線に平行であるときは一點で交る．g が漸近線と同方向でないときは (7) が r について二次方程式である．判別式を計算すれば

$$\left(\frac{x_0 \cos \alpha}{a^2} - \frac{y_0 \sin \alpha}{b^2} \right)^2 - \left(\frac{\cos^2 \alpha}{a^2} - \frac{\sin^2 \alpha}{b^2} \right) \left(\frac{x_0^2}{a^2} - \frac{y_0^2}{b^2} - 1 \right)$$
$$= \frac{1}{a^2 b^2 (y_0^2 + b^2)} \{ (y_0^2 + b^2) \cos \alpha - x_0 y_0 \sin \alpha \}^2$$

$$+\frac{1}{y_0^2+b^2}\left(\frac{x_0^2}{a^2}-\frac{y_0^2}{b^2}-1\right)\sin^2\alpha$$

そこで

(8) $$\frac{x_0^2}{a^2}-\frac{y_0^2}{b^2}-1>0$$

ならば判別式は正であるから(7)は相異なる二實根を有する．このときは P を通る任意の直線は双曲線と二點で交わる．

(9) $$\frac{x_0^2}{a^2}-\frac{y_0^2}{b^2}-1<0$$

のときは P を通る直線のうち双曲線と交わらないものがある．實際 $\tan\alpha=\dfrac{y_0^2+b^2}{x_0y_0}$ である直線（P を通る）は双曲線と交わらない．(8), (9) を滿足する點 P の領域を圖示すると第 51 圖のようになる．點 P が双曲線上にないとき g が双曲線と交わる二點 A, B について P に共役な點の軌跡は P の極線であつてその方程式は次の通りである．

$$\frac{x_0x}{a^2}-\frac{y_0y}{b^2}=1$$

P が双曲線上にあるときこれは P における接線の方程式である．あとは長圓の場合と同樣であるから說明を略する．

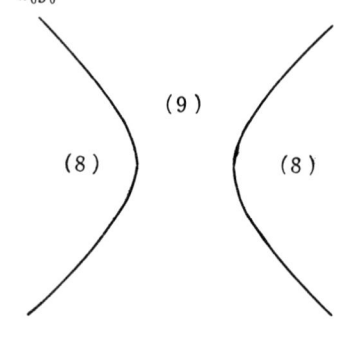

第 51 圖

放物線の極線と接線． 放物線の方程式を

(10) $$y^2=4px$$

とする．點 $P(x_0, y_0)$ を通る直線 g の方程式を

$$x=x_0+r\cos\alpha, \quad y=y_0+r\sin\alpha$$

とするとき，これを (10) に代入して

$$(y_0+r\sin\alpha)^2=4p(x_0+r\cos\alpha)$$

(11) $$r^2\sin\alpha+2r(y_0\sin\alpha-2p\cos\alpha)+y_0^2-4px_0=0$$

r^2 の係數が 0 となるのは $\sin\alpha=0$ すなわち g が主軸に同方向のときであつて

§3. 極線と接線

r の値は (11) により一通りに定まる．そこで主軸と同方向の直線は放物線と一點で交わる．g が主軸と同方向でないときは (11) は r について二次方程式である．

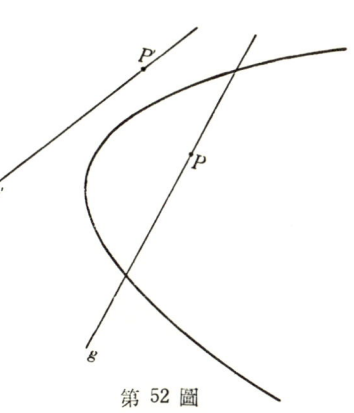

$$y_0^2-4px_0<0$$

ならば (11) の判別式は正であるから P を通る主軸に平行でない任意の直線は放物線と二點で交わる．$y_0^2-4px_0>0$ ならば P を通る直線のうちに放物線と交わらないものがある．(第 52 圖參照).

さて (11) の二實根を r_1, r_2 とすれば，これらは P から g と放物線との二交點 A, B に至る距離を示す．點 P が放物線上にないとき P の A, B について共役な點を Q として，$PQ=\rho$ とおけば

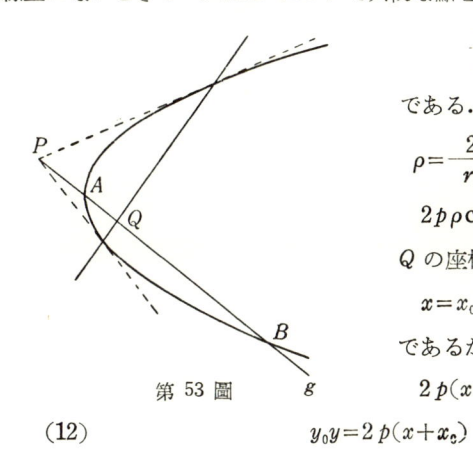

$$\frac{2}{\rho}=\frac{1}{r_1}+\frac{1}{r_2}$$

である．(11) から

$$\rho=\frac{2r_1r_2}{r_1+r_2}=\frac{y_0^2-4px_0}{2p\cos\alpha-y_0\sin\alpha}$$

$$2p\rho\cos\alpha-y_0\rho\sin\alpha=y_0^2-4px_0$$

Q の座標を (x,y) とすれば

$$x=x_0+\rho\cos\alpha,\quad y=y_0+\rho\sin\alpha$$

であるから，これを代入して

$$2p(x-x_0)-y_0(y-y_0)=y_0^2-4px_0$$

(12) $$y_0y=2p(x+x_0)$$

これは點 Q の軌跡である P の極線の方程式である．次に點 P が放物線上にあるとき

$$y_0\sin\alpha-2p\cos\alpha=0$$

ならば (11) は等根をもち，g は P に於て放物線に接する．g 上の任意の點の座標 $x=x_0+r\cos\alpha,\ y=y_0+r\sin\alpha$ について

$$y_0(y-y_0)-2p(x-x_0)=0$$
$$y_0y=2p(x+x_0)$$

そこで $P(x_0, y_0)$ が放物線上にあるとき (12) は P に於ける接線の方程式である．(12) によれば任意の點の極線，接線は主軸と同方向でない．

問． 放物線の主軸と同方向でない直線はある點の極線であることを證せよ．

例題 3. 放物線の焦點の極線は準線であることを證せよ．

證． 放物線 $y^2=4px$ の焦點の座標は $(p, 0)$ であるから極線の方程式は (12) によつて $x+p=0$ となつて準線と一致する．

接線と法線． 二次曲線上の點 $P(x_0, y_0)$ を通り P における接線に垂直な直線を P における**法線**という．

問 1. 長圓 $\dfrac{x^2}{a^2}+\dfrac{y^2}{b^2}=1$ の上の點 $P(x_0, y_0)$ における法線の方程式は
$$\frac{x_0}{a^2}(y-y_0)=\frac{y_0}{b^2}(x-x_0)$$
であることを證せよ．

問 2. 雙曲線 $\dfrac{x^2}{a^2}-\dfrac{y^2}{b^2}=1$ と放物線 $y^2=4px$ についてその上にある點 $P(x_0, y_0)$ における法線の方程式を求めよ．

點 F_1 と點 F_2 を焦點とする長圓上の任意の點 P における法線は角 F_2PF_1 を二等分する．

證． F_1, F_2 の座標はそれぞれ $(ae, 0)$，$(-ae, 0)$ である．P の座標を (x_0, y_0) とするとき P における接線 $\dfrac{x_0x}{a^2}+\dfrac{y_0y}{b^2}-1=0$ の原點のある側を正とする．F_1 と F_2 を通り接線に垂直な直線が接線と交わる點をそれぞれ M_1, M_2 とする．

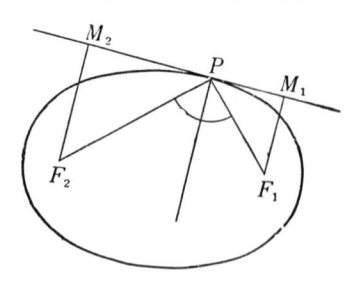

第 54 圖

$$F_1M_1=-\frac{1-\dfrac{ex_0}{a}}{\sqrt{\dfrac{x_0^2}{a^4}+\dfrac{y_0^2}{b^4}}}$$

$$F_2M_2=\frac{1+\dfrac{ex_0}{a}}{\sqrt{\dfrac{x_0^2}{a^4}+\dfrac{y_0^2}{b^4}}}$$

第 3 章 §2 (4) によつて
$$\overline{F_1P}=a-ex_0, \qquad \overline{F_2P}=a+ex_0$$

§3. 極線と接線

であるから三角形 F_1M_1P と三角形 F_2M_2P は相似である．そこで角 F_1PM_1 と角 M_2PF_2 は相等しい．

問 3. ベクトル $\left(\dfrac{-x_0}{a^2}, \dfrac{-y_0}{b^2}\right)$ が法線と同方向であることを用いて上の事柄を證明せよ．

問 4. 二點 F_1, F_2 を焦點とする双曲線上の任意の點 P における接線は角 F_2PF_1 を二等分することを證せよ．

點 F を焦點とする放物線上の任意の點 $P(x_0, y_0)$ を通る主軸と同方向の直線と P における接線とのなす角 γ_1 は P における接線と F, P を通る直線とのなす角 γ_2 に等しい．

證. P における接線

$$2p(x+x_0)-y_0y=0$$

は成分 $(y_0, 2p)$ であるベクトルと同方向である．

$$\cos\gamma_1 = \frac{y_0}{\sqrt{y_0^2+4p^2}},$$
$$\sin\gamma_1 = \frac{2p}{\sqrt{y_0^2+4p^2}}$$

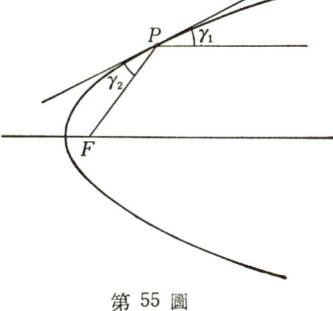

第 55 圖

ベクトル $\overrightarrow{FP}$ の成分は (x_0-p, y_0) である．そして $y_0^2 = 4px_0$ であるから

$$\cos\gamma_2 = \frac{y_0(x_0-p)+2py_0}{\sqrt{y_0^2+4p^2}\sqrt{(x_0-p)^2+y_0^2}} = \frac{y_0}{\sqrt{y_0^2+4p^2}}$$
$$\sin\gamma_2 = \frac{y_0^2-2p(x_0-p)}{\sqrt{y_0^2+4p^2}\sqrt{(x_0-p)^2+y_0^2}} = \frac{2p}{\sqrt{y_0^2+4p^2}}$$

故に γ_2 は γ_1 に等しい．

例題 4. 双曲線の任意の接線と漸近線によつてつくられる三角形の面積は一定であることを證せよ．

證. 接點の座標を (x_0, y_0) とする．$y = -\dfrac{b}{a}x$ と接線 $\dfrac{x_0x}{a^2} - \dfrac{y_0y}{b^2} = 1$ との交點の座標は

$$x_1 = \frac{a^2b}{bx_0+ay_0}, \quad y_1 = -\frac{ab^2}{bx_0+ay_0}$$

$y = \dfrac{b}{a}x$ と接線との交點の座標は

$$x_2 = \frac{a^2b}{bx_0 - ay_0}, \quad y_2 = \frac{ab^2}{bx_0 - ay_0}$$

$$\frac{1}{2}\begin{vmatrix} 0 & 0 & 1 \\ x_1 & y_1 & 1 \\ x_2 & y_2 & 1 \end{vmatrix} = \frac{1}{2}\begin{vmatrix} x_1 & y_1 \\ x_2 & y_2 \end{vmatrix} = \frac{a^3b^3}{b^2x_0^2 - a^2y_0^2} = ab$$

同焦點二次曲線. 二定點 F_1, F_2 を焦點とする長圓と双曲線を考える. F_1, F_2 を通る直線を x 軸, 線分 F_2F_1 の中點 O を原點として直交軸をとれば F_1, F_2 を焦點とする二次曲線の方程式は

(13) $$\frac{x^2}{\alpha} + \frac{y^2}{\beta} = 1$$

の形となる. $\alpha > \beta > 0$ ならば長圓, $\alpha > 0, \beta < 0$ ならば双曲線である. 離心率を e とすれば

$$e = \frac{\sqrt{\alpha - \beta}}{\sqrt{\alpha}}$$

F_1 の座標を $(c, 0)$ とすれば $c = \sqrt{\alpha} e$, $\alpha - \beta = c^2$ であつて c は正の定數である. そこで (13) を

$$\frac{x^2}{\alpha} + \frac{y^2}{\alpha - c^2} = 1$$

とすることができる. $\alpha > 0$ の範圍で α の値を變えると F_1, F_2 を焦點とする二次曲線の方程式がすべて得られる. これらの二次曲線を**同焦點二次曲線**という.

F_1, F_2 を焦點とする二次曲線のうち座標軸上にない點 $P(x_0, y_0)$ を通るものは長圓と双曲線が一つずつある.

證. P を通るから次式が成り立つ.

$$\frac{x_0^2}{\alpha} + \frac{y_0^2}{\alpha - c^2} = 1.$$

(14) $$\alpha(\alpha - c^2) - (\alpha - c^2)x_0^2 - \alpha y_0^2 = 0$$

$f(\alpha) = \alpha(\alpha - c^2) - (\alpha - c^2)x_0^2 - \alpha y_0^2$ とおけば $x_0 \neq 0, y_0 \neq 0$ であるから

$$f(0) = c^2 x_0^2 > 0, \quad f(c^2) = -c^2 y_0^2 < 0, \quad f(+\infty) = +\infty$$

α についての二次方程式 (14) は $0 < \alpha_1 < c^2, c^2 < \alpha_2$ である二根 α_1, α_2 をもつ. 方程式

§3. 極線と接線

$$\frac{x^2}{\alpha_1}+\frac{y^2}{\alpha_1-c^2}=1$$

は P を通り F_1, F_2 を焦點とする双曲線である．また

$$\frac{x^2}{\alpha_2}+\frac{y^2}{\alpha_2-c^2}=1$$

は P を通り F_1, F_2 を焦點とする長圓の方程式である．$x_0=0$ のときは (14) により $\alpha=y_0^2+c^2$ であつて長圓一つだけしかない．また $y_0=0$ ならば $\alpha=x_0^2$ であつて

$$\frac{x^2}{x_0^2}+\frac{y^2}{x_0^2-c^2}=1$$

$y_0=0$, $|x_0|>c$ ならば長圓一つだけであり，$y_0=0$, $0\neq|x_0|<c$ ならば双曲線一つだけである．

同焦點の長圓と双曲線の交點における接線は互に垂直である．

證． 長圓と双曲線の方程式を

$$\frac{x^2}{\alpha_1}+\frac{y^2}{\beta_1}=1, \quad \frac{x^2}{\alpha_2}+\frac{y^2}{\beta_2}=1$$

とする．同焦點であるから $\alpha_1-\beta_1=\alpha_2-\beta_2$ である．交點の座標を (x_0, y_0) とすれば

$$\frac{x_0^2}{\alpha_1}+\frac{y_0^2}{\beta_1}=1, \quad \frac{x_0^2}{\alpha_2}+\frac{y_0^2}{\beta_2}=1$$

$$\frac{\alpha_2-\alpha_1}{\alpha_1\alpha_2}x_0^2+\frac{\beta_2-\beta_1}{\beta_1\beta_2}y_0^2=0$$

$\alpha_2-\alpha_1=\beta_2-\beta_1\neq 0$ であるから

(15) $$\frac{x_0^2}{\alpha_1\alpha_2}+\frac{y_0^2}{\beta_1\beta_2}=0$$

接線の方程式は

$$\frac{x_0 x}{\alpha_1}+\frac{y_0 y}{\beta_1}=1, \quad \frac{x_0 x}{\alpha_2}+\frac{y_0 y}{\beta_2}=1$$

であるが，(15) によつて互に垂直である．

問　題

1. 長圓 $\dfrac{x^2}{a^2}+\dfrac{y^2}{b^2}=1$ の方向係數が m である接線の方程式は
$$y=mx\pm\sqrt{m^2a^2+b^2}$$

であることを證せよ．
2. 双曲線 $\dfrac{x^2}{a^2}-\dfrac{y^2}{b^2}=1$ の方向係數が m である接線の方程式を求めよ．
3. 抛物線 $y^2=4px$ の方向係數が m である接線の方程式は $y=mx+\dfrac{p}{m}$ であることを證せよ．
4. 長圓に外接する長方形の頂點の軌跡は圓であることを證せよ．
 註．問題 1 を用いよ．
5. 長圓の二つの焦點から接線に至る距離の積は一定であることを證せよ．
6. 長圓の焦點から接線に引いた垂線の足の軌跡は長軸を直徑とする圓であることを證せよ．
7. 長圓 $\dfrac{x^2}{a^2}+\dfrac{y^2}{b^2}=1$ について圓 $x^2+y^2=r^2$ の周上の點の極線は長圓 $\dfrac{r^2x^2}{a^4}+\dfrac{r^2y^2}{b^4}=1$ に接することを證せよ．
8. 双曲線の二つの接線が漸近線と交わる四點は臺形をつくることを證せよ．
9. 双曲線の接線が二つの漸近線と交わる二點を一焦點と結びつける二直線のなす角は一定であることを證せよ．
 註．問題 2 を用い，$\tan$ を求めよ．
10. 一定直線の同焦點二次曲線に關する極の軌跡はこの定直線に垂直な直線であることを證せよ．
11. 抛物線の焦點から接線に引いた垂線の足は頂點における接線上にある．
12. 抛物線 $y^2=4px$ の方向係數 m である接線の接點の座標は $\left(\dfrac{p}{m^2},\ \dfrac{2p}{m}\right)$ である．
13. 抛物線上の二點 A, B における接線の交點を P，焦點を F とするとき
$$PF^2=AF\cdot BF$$
 註．問題 3 と前問を用いよ．
14. 點 P を通り抛物線の主軸に平行に引いた直線が抛物線および P の極線と交わる點をそれぞれ M, Q とすれば，M は線分 PQ の中點であることを證せよ．
15. 双曲線の二つの漸近線が一つの接線と交わる二點と二つの焦點は同一圓周上にあることを證せよ．
16. 焦點を通る直線はその極と焦點を結びつける直線に垂直であることを證せよ．
17. 抛物線の接線と通徑の延長との交點および準線との交點は焦點から等距離にあることを證せよ．

§4 共役直徑と離心角

有心二次曲線の弦のうちで中心を通るものを**直徑**という，

長圓の直徑． 方向餘弦が $\cos\alpha$, $\sin\alpha$ である直線 g と長圓との交點を A, B とする．弦 AB の中點 $P(x_0, y_0)$ については $PA=-PB$ であるから前節 (2) の

二根の和は 0 であつて r の係數が 0 であるから

$$\frac{x_0\cos\alpha}{a^2}+\frac{y_0\sin\alpha}{b^2}=0$$

となる．そこで次の結果を得る．

x 軸の正方向となす角が α である任意の弦の中點は中心を通る直線

（1） $$\frac{x\cos\alpha}{a^2}+\frac{y\sin\alpha}{b^2}=0$$

上にある．從つて同方向の弦の中點の軌跡は一つの直徑である．

與えられた直徑と同方向の弦の中點の軌跡である直徑を與えられた直徑に**共役な直徑**という．與えられた直徑の方向餘弦を $\cos\alpha,\ \sin\alpha$ とするとき，(1) によつて成分 $\left(\dfrac{-\sin\alpha}{b^2},\ \dfrac{\cos\alpha}{a^2}\right)$ であるベクトルは共役な直徑と同方向である．そこで共役直徑の方向餘弦を $\cos\beta,\ \sin\beta$ とすれば

$$-\frac{\sin\alpha}{b^2}=k\cos\beta,\qquad \frac{\cos\alpha}{a^2}=k\sin\beta$$

となる數 k がある．從つて

（2） $$\frac{1}{a^2}\cos\alpha\cos\beta+\frac{1}{b^2}\sin\alpha\sin\beta=0$$

となる．共役直徑の方向は (2) によつて定まるわけである．(2) の式は α と β を入れかえても變らない．そこで方向餘弦が $\cos\beta,\ \sin\beta$ である直徑に共役な直徑の方向餘弦は $\cos\alpha,\ \sin\alpha$ となる．從つて

與えられた直徑に共役な直徑に共役な直徑はもとの直徑である．そこでこれら二つの直徑を互に共役であるという．

長軸と短軸は互に共役な直徑である．長軸でも短軸でもない直徑の方向係數が m であるとき共役直徑の方向係數は $-\dfrac{b^2}{a^2m}$ である．

與えられた直徑に共役な直徑の兩端における接線はもとの直徑に平行である．

何となれば共役直徑の端の點を通りもとの直徑に平行な直線はその端以外の點で長圓と交らないからである．

問． 双曲線 $\dfrac{x^2}{a^2}-\dfrac{y^2}{b^2}=1$ について方向餘弦が $\cos\alpha,\ \sin\alpha$ である弦の中點の軌跡は直

線でありその方程式は
$$\frac{x\cos\alpha}{a^2} - \frac{y\sin\alpha}{b^2} = 0$$
であることを證せよ．

放物線の直徑． 主軸に平行でない方向餘弦が $\cos\alpha$, $\sin\alpha$ である弦の中點 $p(x_0, y_0)$ とすれば前節 (11) によつて
$$y_0 \sin\alpha = 2p\cos\alpha, \quad \sin\alpha \neq 0$$
主軸となす角が α である弦の中點の軌跡は
$$y = 2p\cot\alpha$$
そこで主軸と同方向の直線である．これを放物線の**直徑**という．さて點 (x_0, y_0) を中點とする弦の方向は $y_0 = 2p\cot\alpha$ によつて定まるから放物線には中心がない．無心二次曲線といわれるのはこの理由による．

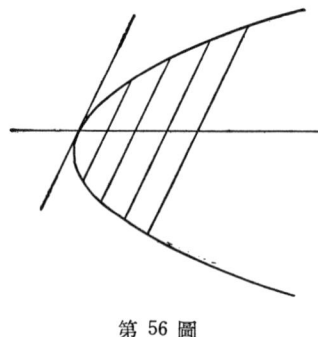

第 56 圖

問． 與えられた弦に平行な弦の中點の軌跡である直徑と放物線との交點における接線はこれらの弦と同方向であることを證せよ．

例題 1. $y_0^2 - 4px_0 < 0$ である點 $P(x_0, y_0)$ について P を通る弦と放物線 $y^2 = 4px$ によつてかこまれる部分の面積が最小であるようにせよ．

解． $y_0^2 - 4px_0 < 0$ であるから P を通る直線は放物線と二點で交わる．P を中點とする弦 AB をとれば，このとき面積が最小となる．何となれば P を通る他の弦 CD を選んだとき弦 AB をとつたときよりも面積は大となる（第 57 圖參照）．

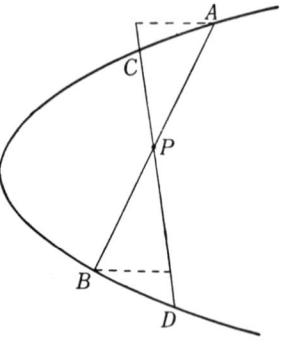

第 57 圖

補助圓と離心角． 長圓の長軸を直徑とする圓を**補助圓**という．長圓の方程式を $\dfrac{x^2}{a^2} + \dfrac{y^2}{b^2} = 1$ とするとき補助圓の方程式は $x^2 + y^2 = a^2$ である．長圓上の點 $P(x_1, y_1)$ を通る短軸と同方向の弦 PQ の長さは

§4. 共役直徑と離心角

$$2|y_1|=\frac{2b}{a}\sqrt{a^2-x_1^2}$$

この弦によって截りとられる補助圓の弦 MN の長さは $2\sqrt{a^2-x_1^2}$ であるからこの二つの弦の長さの比は $b:a$ である. x 軸の正の向きと線分 OM とのなす角を φ とすれば $x_1=a\cos\varphi$ である. また M の y 座標は $a\sin\varphi$ であるから $y_1=b\sin\varphi$ となる. 角 φ を點 P の**離心角**という. 長圓上の任意の點の座標は離心角 φ を媒介變數として

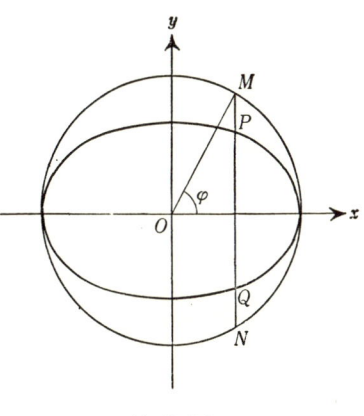

第 58 圖

$$x=a\cos\varphi, \quad y=b\sin\varphi$$

とあらわされる.

双曲線の截軸を直徑とする圓を**補助圓**という. 双曲線 $\dfrac{x^2}{a^2}-\dfrac{y^2}{b^2}=1$ の補助圓の方程式は $x^2+y^2=a^2$ である. 補助圓上の任意の點 M をとり x 軸の正の向きと線分 OM となす角を φ とすると, M の座標は $(a\cos\varphi,\ a\sin\varphi)$ である. M における補助圓の接線の方程式は

$$x\cos\varphi+y\sin\varphi=a$$

である. $\cos\varphi\neq0$ のとき x 軸との交點 S の座標は $(a\sec\varphi,\ 0)$ である. S を通り y 軸に平行な直線と双曲線との交點 y の座標は

$$\pm\frac{b}{a}\sqrt{a^2\sec^2\varphi-a^2}=\pm b\tan\varphi$$

そこで φ の値の範圍を $0\leq\varphi<2\pi$ にとつて φ を媒介變數とするとき双曲線上の任意の點 P の座標は

$$x=a\sec\varphi, \quad y=b\tan\varphi$$

としてあらわせる. このとき角 φ を双曲線上の點 P の**離心角**という.

第 59 圖

離心角と直徑.

長圓の直徑の一端の離心角を φ とするとき他の端の離心角は $\varphi+\pi$ である. また共役な直徑の兩端の離心角は $\varphi+\dfrac{\pi}{2}$, $\varphi+\dfrac{3}{2}\pi$ である.

證. 直徑の一端の座標を

$$x_1 = a\cos\varphi, \quad y_1 = b\sin\varphi$$

とすれば

$$-x_1 = a\cos(\varphi+\pi), \quad -y_1 = b\sin(\varphi+\pi)$$

である. 直徑の方向餘弦を $\cos\alpha$, $\sin\alpha$ とすれば中心から直徑の端までの距離を k として,

$$a\cos\varphi = k\cos\alpha, \quad b\sin\varphi = k\sin\alpha$$

となる. 共役な直徑の方程式は (1) によつて

$$\frac{x\cos\varphi}{a} + \frac{y\sin\varphi}{b} = 0$$

である.

$$x = a\cos\left(\varphi+\frac{\pi}{2}\right), \quad y = b\sin\left(\varphi+\frac{\pi}{2}\right)$$

はこれを滿足する. そこで離心角が $\varphi+\dfrac{\pi}{2}$ である點はこの共役直徑の上にある.

例題 2. 互に共役な直徑の端における四つの接線のつくる平行四邊形の面積は一定であることを證せよ.

證. 直徑の一端 A の座標を $(a\cos\varphi, b\sin\varphi)$ とすると, これに共役な直徑の一端 C の座標は $\left(a\cos\left(\varphi+\dfrac{\pi}{2}\right), b\sin\left(\varphi+\dfrac{\pi}{2}\right)\right)$ である. 平行四邊形の面積は三角形 OAC の面積の 8 倍であるから

$$4\begin{vmatrix} 0 & 0 & 1 \\ a\cos\varphi & b\sin\varphi & 1 \\ -a\sin\varphi & b\cos\varphi & 1 \end{vmatrix} = 4ab$$

問 題

1. 直角雙曲線の互に共役な二直徑の主軸となす角は餘角をなすことを證せよ.
2. 放物線 $y^2 = 4px$ の直徑 $y = 2p$ はどんな方向の弦の中點の軌跡であるか.

3. 長圓の共役な二直徑の長さの平方の和は一定であることを證せよ．
　　註．離心角を用いよ．
4. 一直線が双曲線と A, B で交わり，その漸近線と P, Q で交わるとき $\overline{AP}=\overline{BQ}$ であることを證せよ．
　　註．弦 AB の中點をとつて媒介變數による AB の方程式を考えよ．
5. 長圓に外接する平行四邊形の二つの對角線は共役直徑であることを證せよ．
　　註．離心角を用いよ．
6. 直角双曲線において共役な二直徑にそれぞれ平行な一焦點を通る二つの弦の長さは相等しい．
　　註．極座標を用いよ．
7. 放物線の焦點 F を通る弦 PFQ の端 P を放物線の頂點に結びつける直線が準線と交わる點を M とすれば直線 MQ は放物線の直徑である．
8. k を與えられた正數とする．平面上の任意の點 (x, y) に點 (kx, y) を對應させることによつて直線 $ax+by+c=0$ は直線 $\dfrac{a}{k}x+by+c=0$ に對應する．平行な二直線には平行な二直線が對應する．またこの對應によつて平行なベクトルの比は變らない．また圓 $x^2+y^2=a^2$ には長圓 $\dfrac{x^2}{a^2k^2}+\dfrac{y^2}{a^2}=1$ が對應する．以上の事柄を說明せよ．
9. 問題 8 において圓の互に垂直な二つの直徑は長圓の共役な二直徑に對應することを證せよ．

§5. 二次曲線の分類

直交軸を任意にとるとき二次曲線の方程式は標準形になるとは限らない．一般の場合の方程式は次の形となる．

(1) $$ax^2+2hxy+by^2+2gx+2fy+c=0$$

ここで xy, x, y の項の係數に 2 を附してあるのは便宜上のためである．a, h, b がすべて 0 のときは左邊が 2 次でないから $a, h, b,$ のうち 0 でないものがある場合を以後考察することにする．この節で說明する事柄は (1) がどんな圖形の方程式であるかを係數によつて判定することと，直交軸の變換を行つて標準形の方程式を求めることである．さて (1) は必ずしも長圓，双曲線，放物線の方程式であるとは限らない．簡單な例として方程式

(2) $$x^2-y^2=0$$

を考える．

$$x^2-y^2=(x-y)(x+y)=0$$

であるから直線 $x-y=0$ と直線 $x+y=0$ 上の任意の點の座標は (2) を滿足する．逆に (2) を滿足する座標を有する點はこの二つの直線のどちらかの上にある．そこで (2) は相交わる二直線 $x-y=0$, $x+y=0$ の方程式である．

次に例として方程式

$$x^2-2=0$$

を考えると，これは平行である二直線 $x-\sqrt{2}=0$, $x+\sqrt{2}=0$ の方程式である．また方程式

$$x^2-2x+1=0$$

については $(x-1)^2=0$ であるから一つの直線 $x-1=0$ を二重に數えた方程式に他ならない．また方程式

(3) $$x^2+1=0$$

については，これを滿足する座標を有する點は實在しない．複素數 i を用いれば，$x-i=0$ と $x+i=0$ を得るがこれは實在する直線の方程式でない．そこで (3) は**虛の二直線の方程式**であるという．

一般二次曲線の方程式の不變式． 方程式が (1) の形である圖形を**一般二次曲線**という．長圓 (圓を含む)，雙曲線，放物線を特に**固有二次曲線**という．さて (1) の左邊を行列を用いて書くと次の通りである．

(4) $$(x\ y\ 1)\begin{pmatrix}ax+hy+g\\hx+by+f\\gx+fy+c\end{pmatrix}=(x\ y\ 1)\begin{pmatrix}a&h&g\\h&b&f\\g&f&c\end{pmatrix}\begin{pmatrix}x\\y\\1\end{pmatrix}$$

(1) の左邊の x, y の二次式に對して行列

$$\begin{pmatrix}a&h&g\\h&b&f\\g&f&c\end{pmatrix}$$

が一通りに定まり，逆にこの行列によつて (1) は一通りに定まる．座標軸の平行移動と囘轉を行うとき舊座標と新座標の關係は新原點の舊座標を (x_0, y_0) とするとき

(5) $$x=X\cos\theta-Y\sin\theta+x_0,\quad y=X\sin\theta+Y\cos\theta+y_0$$

§5. 二次曲線の分類

である．この關係を行列で示せば

$$(x\ y\ 1) = (X\ Y\ 1) \begin{pmatrix} \cos\theta & \sin\theta & 0 \\ -\sin\theta & \cos\theta & 0 \\ x_0 & y_0 & 1 \end{pmatrix}$$

(6) $$\begin{pmatrix} x \\ y \\ 1 \end{pmatrix} = \begin{pmatrix} \cos\theta & -\sin\theta & x_0 \\ \sin\theta & \cos\theta & y_0 \\ 0 & 0 & 1 \end{pmatrix} \begin{pmatrix} X \\ Y \\ 1 \end{pmatrix}$$

さて (5) を (1) の左邊に代入した結果を

(7) $$AX^2 + 2HXY + BY^2 + 2GX + 2FY + C = 0$$

とすればこの式の左邊は

$$(X\ Y\ 1) \begin{pmatrix} A & H & G \\ H & B & F \\ G & F & C \end{pmatrix} \begin{pmatrix} X \\ Y \\ 1 \end{pmatrix}$$

となる．これは (6) を (4) に代入した結果に他ならないから

(8) $$\begin{pmatrix} \cos\theta & \sin\theta & 0 \\ -\sin\theta & \cos\theta & 0 \\ x_0 & y_0 & 1 \end{pmatrix} \begin{pmatrix} a & h & g \\ h & b & f \\ g & f & c \end{pmatrix} \begin{pmatrix} \cos\theta & -\sin\theta & x_0 \\ \sin\theta & \cos\theta & y_0 \\ 0 & 0 & 1 \end{pmatrix} = \begin{pmatrix} A & H & G \\ H & B & F \\ G & F & C \end{pmatrix}$$

この式の兩邊の行列式を考えると

$$\begin{vmatrix} \cos\theta & \sin\theta & 0 \\ -\sin\theta & \cos\theta & 0 \\ x_0 & y_0 & 1 \end{vmatrix} = 1$$

であるから

$$\begin{vmatrix} A & H & G \\ H & B & F \\ G & F & C \end{vmatrix} = \begin{vmatrix} a & h & g \\ h & b & f \\ g & f & c \end{vmatrix}$$

この行列式の値を記號 D で示す．D は直交軸をどのように變えても變らない値である．D を方程式 (1) の**判別式**という．次に (8) から次の關係を得る．

(9) $$\begin{cases} A = a\cos^2\theta + 2h\cos\theta\sin\theta + b\sin^2\theta \\ H = (b-a)\cos\theta\sin\theta + h(\cos^2\theta - \sin^2\theta) \\ B = b\cos^2\theta - 2h\cos\theta\sin\theta + a\sin^2\theta \end{cases}$$

$$\begin{cases} G=(ax_0+hy_0+g)\cos\theta+(hx_0+by_0+f)\sin\theta \\ F=(hx_0+by_0+f)\cos\theta-(ax_0+hy_0+g)\sin\theta \\ C=(ax_0+hy_0+g)x_0+(hx_0+by_0+f)y_0+gx_0+fy_0+c \end{cases}$$

$$\begin{pmatrix} \cos\theta & \sin\theta \\ -\sin\theta & \cos\theta \end{pmatrix} \begin{pmatrix} a & h \\ h & b \end{pmatrix} \begin{pmatrix} \cos\theta & -\sin\theta \\ \sin\theta & \cos\theta \end{pmatrix} = \begin{pmatrix} A & H \\ H & B \end{pmatrix}$$

兩邊の行列式をとれば

(10) $$\begin{vmatrix} A & H \\ H & B \end{vmatrix} = \begin{vmatrix} a & h \\ h & b \end{vmatrix}$$

この行列式の値を記號 $\varDelta$ で示す．$\varDelta$ は直交軸の選び方に無關係な値である．また (9) から

(11) $$A+B=a+b$$

が成り立つ．$a+b$ も直交軸の選び方に關係しない値である．$D, \varDelta, a+b$ のように座標の變換によつて不變なものを基にして二次曲線の分類ができることを次に示そう．

二次曲線の分類． まず $\varDelta \neq 0$ の場合を考える．新原點 (x_0, y_0) を次のように定める．

(12) $$\begin{cases} ax_0+hy_0+g=0 \\ hx_0+by_0+f=0 \end{cases}$$

ここで $\varDelta=ab-h^2\neq 0$ であるから上式を滿足する x_0, y_0 の値は一通りに定まる．(x_0, y_0) を新原點として平行移動を行つた後に廻轉の角 θ を次のように定める．

(13) $$\tan 2\theta = \frac{2h}{a-b}, \quad -\frac{\pi}{4} \leq \theta \leq \frac{\pi}{4}$$

そうすると (12)，(9) によつて

$$G=0, \quad F=0, \quad C=gx_0+fy_0+c.$$

また (13)，(9) によつて

$$H=h\cos 2\theta - \frac{a-b}{2}\sin 2\theta = 0$$

となるから新座標軸についての方程式は

(14) $$AX^2+BY^2+C=0$$

§5. 二次曲線の分類

となる．$H=0$ であるから

$$\varDelta = AB - H^2 = AB \neq 0$$

また $G=F=0$ であるから

$$D = \begin{vmatrix} A & 0 & 0 \\ 0 & B & 0 \\ 0 & 0 & C \end{vmatrix} = ABC$$

$\varDelta > 0$, $D(a+b) < 0$ のときは $AB > 0$, $C(A+B) < 0$ であるから A と B は同符號，C と A, B は異符號である．從つて $-\dfrac{A}{C}$, $-\dfrac{B}{C}$ は正數であるから (14) は

$$\left(-\frac{A}{C}\right)X^2 + \left(-\frac{B}{C}\right)Y^2 = 1$$

となつて長圓の方程式となる．

$\varDelta > 0$, $D(a+b) > 0$ のときは $AB > 0$, $C(A+B) > 0$ であるから A, B, C は同符號である．從つて (14) を滿足する x, y の値は無い．すなわち (14) を方程式にもつ圖形は實在しない．この場合は便宜上**虚長圓**（**虚楕圓**）という言葉を用いる．

$\varDelta > 0$, $D=0$ のときは $AB > 0$, $C=0$ であつて A と B は同符號である．(12) は

$$AX^2 + BY^2 = 0$$

となる．これを滿足する x, y の値は $x=y=0$ だけであつて，一點 $(0, 0)$ だけが實在する．このときは**點長圓**といわれる．$\varDelta > 0$ のときは $a+b=A+B \neq 0$ であるから $\varDelta > 0$ の場合の分類はこれで終る．

$\varDelta < 0$, $D \neq 0$ のときは $AB < 0$, $C \neq 0$ である．そこで $-\dfrac{A}{C}$ と $-\dfrac{B}{C}$ は異符號である．(14) は

$$\left(-\frac{A}{C}\right)X^2 + \left(-\frac{B}{C}\right)Y^2 = 1$$

となつて双曲線の方程式となる．次に $\varDelta < 0$, $D=0$ のときは $AB < 0$, $C=0$ となつて A, B は異符號であり，(12) は

$$AX^2 + BY^2 = 0$$

である．これは相交わる二直線の方程式である．以上で $\varDelta \neq 0$ の場合の分類はすべて終つた．

例題 1. $3x^2+4xy+3y^2-2x+2y-5=0$ はどんな二次曲線の方程式であるか.

解.
$$D=\begin{vmatrix} 3 & 2 & -1 \\ 2 & 3 & 1 \\ -1 & 1 & -5 \end{vmatrix}=-35<0, \quad a+b=6>0$$

$$\varDelta=\begin{vmatrix} 3 & 2 \\ 2 & 3 \end{vmatrix}=5>0, \quad D(a+b)<0$$

そこで長圓の方程式であることがわかる.

次に(14)における係数 A, B, C の求め方を説明しよう. $AB=\varDelta$, $A+B=a+b$ であるから A, B は二次方程式

$$z^2-(a+b)z+\varDelta=0$$

の二根である. また $C=\dfrac{D}{AB}=\dfrac{D}{\varDelta}$ である. この二根のうちどちらを A とし他を B とするかは次の規則による.

$h=0$ ならば回轉をしないでよいから $A=a, B=b$ である. $h\neq 0$ ならば (11) によつて $\sin 2\theta \neq 0$ である. $\dfrac{h}{\sin 2\theta}>0$ ならば $A>B$ であり, $\dfrac{h}{\sin 2\theta}<0$ ならば $A<B$ である.

證. (9) によつて

$$A-B=(a-b)\cos 2\theta+2h\sin 2\theta$$

(13) によつて $(a-b)\sin 2\theta=2h\cos 2\theta$ であるから $(A-B)\sin 2\theta=2h$ となる.

例として例題1の長圓の標準形の方程式を求めてみよう. $\tan 2\theta=\infty$, $\theta=\dfrac{\pi}{4}$ として $\sin 2\theta=1$ である. A, B は $z^2-6z+5=0$ の根であるが $\dfrac{h}{\sin 2\theta}=2$ であるから $A>B$ であつて $A=5, B=1$ となる. $C=\dfrac{D}{\varDelta}=-7$ であるから

$$5X^2+Y^2=7, \quad \dfrac{X^2}{\left(\sqrt{\dfrac{7}{5}}\right)^2}+\dfrac{Y^2}{(\sqrt{7})^2}=1$$

長圓のグラフを描くには新原點の座標 (x_0, y_0) を求めなければならない.

§5. 二次曲線の分類

$$3x_0+2y_0-1=0, \quad 2x_0+3y+1=0$$

から $x_0=1$, $y_0=-1$, を得る（第60圖）.

次に $\varDelta=0$ の場合を考える．$\varDelta=AB$ $=0$ であるから A, B どちらか 0 である. $A=B=0$ とすると $a+b=0$, $ab-h^2=$ $-a^2-h^2=0$ であるから $a=h=b=0$ となつて最初の約束に反する.

$A\not=0$, $B=0$ のときは (13) によつて定まる角 θ の回轉で $H=0$ となり (5) は次の通りになる.

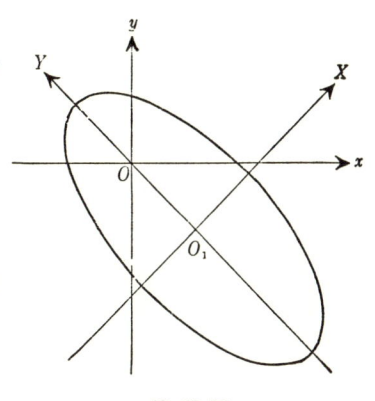

(15) $\quad AX^2+2GX+2FY+C=0$

第 60 圖

$$D=\begin{vmatrix} A & 0 & G \\ 0 & 0 & F \\ G & F & C \end{vmatrix}=-AF^2$$

また $A=0$, $B\not=0$ のときは $H=0$ として (7) は

(16) $\quad BY^2+2GX+2FY+C=0$

$$D=\begin{vmatrix} 0 & 0 & G \\ 0 & B & F \\ G & F & C \end{vmatrix}=-BG^2$$

$\varDelta=0$, $D\not=0$ の場合は $A\not=0$, $B=0$, $F\not=0$ であるか，$A=0$, $B\not=0$, $G\not=0$ である．このとき (15), (16) はそれぞれ

$$\left(X+\frac{G}{A}\right)^2=-\frac{2F}{A}\left(Y+\frac{C}{2F}-\frac{G^2}{2FA}\right)$$

$$\left(Y+\frac{F}{B}\right)^2=-\frac{2G}{B}\left(X+\frac{C}{2G}-\frac{F^2}{2GB}\right)$$

そこで放物線の方程式である．$\varDelta=0$, $D=0$ ならば $A\not=0$, $B=0$, $F=0$ であるか，$A=0$, $B\not=0$, $G=0$ である．そこで (15), (16) は

$$AX^2+2GX+C=0, \quad BY^2+2FY+C=0$$

となる．これは平行である二直線か，二重に數えた一つの直線あるいは虚の二直線の方程式である．

例題 2. $x^2+2xy+y^2-4x=0$ はどんな二次曲線を示すか. その標準形の方程式を求めよ.

$$\varDelta = \begin{vmatrix} 1 & 1 \\ 1 & 1 \end{vmatrix} = 0, \quad D = \begin{vmatrix} 1 & 1 & -2 \\ 1 & 1 & 0 \\ -2 & 0 & 0 \end{vmatrix} = -4 < 0$$

そこで放物線である. $\tan 2\theta = \infty$, $\theta = \dfrac{\pi}{4}$ として

$$x = \frac{1}{\sqrt{2}}(X-Y), \quad y = \frac{1}{\sqrt{2}}(X+Y)$$

これを代入して

$$\frac{1}{2}(X-Y)^2 + (X^2-Y^2) + \frac{1}{2}(X+Y)^2 - 2\sqrt{2}(X-Y) = 0$$

$$X^2 - \sqrt{2}X + \sqrt{2}Y = 0$$

$$\left(X - \frac{1}{\sqrt{2}}\right)^2 = -\sqrt{2}\left(Y - \frac{1}{2\sqrt{2}}\right)$$

$$X = \widetilde{X} + \frac{1}{\sqrt{2}}, \quad Y = \widetilde{Y} + \frac{1}{2\sqrt{2}}$$

と平行移動を行えば

$$\widetilde{X}^2 = -\sqrt{2}\widetilde{Y}$$

$\theta = \dfrac{\pi}{4}$ の代りに $\theta = -\dfrac{\pi}{4}$ をとれば $x = \dfrac{1}{\sqrt{2}}(X+Y)$, $y = \dfrac{1}{\sqrt{2}}(-X+Y)$ となって $\left(Y - \dfrac{1}{\sqrt{2}}\right)^2 = \sqrt{2}\left(X + \dfrac{1}{2\sqrt{2}}\right)$ となる. これから $\widetilde{Y}^2 = \sqrt{2}\widetilde{X}$ を得る.

例題 3. $\quad x^2 - 2\sqrt{3}xy + 3y^2 + 3x - 3\sqrt{3}y + 2 = 0$

はどんな二次曲線であるか.

$$\varDelta = \begin{vmatrix} 1 & -\sqrt{3} \\ -\sqrt{3} & 3 \end{vmatrix} = 0, \quad D = \begin{vmatrix} 1 & -\sqrt{3} & \dfrac{3}{2} \\ -\sqrt{3} & 3 & -\dfrac{3}{2}\sqrt{3} \\ \dfrac{3}{2} & -\dfrac{3}{2}\sqrt{3} & 2 \end{vmatrix} = 0$$

$$\tan 2\theta = \frac{-2\sqrt{3}}{1-3} = \sqrt{3}. \quad \theta = \frac{\pi}{6}$$

§5. 二次曲線の分類

$$x = \frac{\sqrt{3}}{2}Y - \frac{1}{2}Y, \quad y = \frac{1}{2}X + \frac{\sqrt{3}}{2}Y$$

これを與えられた式に代入して

$$4Y^2 - 6Y + 2 = 0, \quad (2Y-1)(Y-1) = 0$$

$$X = \frac{\sqrt{3}}{2}x + \frac{1}{2}y, \quad Y = -\frac{1}{2}x + \frac{\sqrt{3}}{2}y$$

を $2Y-1=0, Y-1=0$ に代入して二直線の方程式

$$x - \sqrt{3}y + 1 = 0, \quad x - \sqrt{3}y + 2 = 0$$

を得る．實際與えられた式の左邊は

$$(x - \sqrt{3}y + 1)(x - \sqrt{3}y + 2)$$

である．

例題3を次のようにして解いてもよい．$\varDelta = 0, D = 0$ であるから平行な二直線であるか一直線であるか虚の直線である．いずれにしても與えられた方程式の左邊は因數分解ができるはずである．y について整頓をして

$$3y^2 - (2\sqrt{3}x + 3\sqrt{3})y + x^2 + 3x + 2 = 0$$

$$(\sqrt{3}y)^2 - (2x+3)\sqrt{3}y + (x+1)(x+2) = 0$$

$$(\sqrt{3}y - x - 1)(\sqrt{3}y - x - 2) = 0$$

これから $x - \sqrt{3}y + 1 = 0, x - \sqrt{3}y + 2 = 0$ を得る．

$\varDelta = 0$ のとき座標軸の變換を行つて標準形の方程式を求めるのに次のような別の方法もある．$\varDelta = ab - h^2 = 0$ であるから a, b のうち0でないものがある．$b \neq 0$ の場合は b を乘じて (1) は次の通りになる．

$$(by + hx)^2 + 2bgx + 2bfy + bc = 0$$

數 λ を用いて

$$(by + hx + \lambda)^2 + 2(bg - \lambda h)x + 2(bf - \lambda b)y + (bc - \lambda^2) = 0$$

と書ける．

$$\begin{vmatrix} g & h \\ f & b \end{vmatrix} \neq 0, \quad b \neq 0$$

の場合は

$$bg - \lambda h = 0, \quad bf - \lambda b = 0$$

となる數 λ はない.そこで次の方程式を有する二直線を考えることができる.

(17) $$by+hx+\lambda=0$$

(18) $$(bg-\lambda h)x+(bf-\lambda b)y+\frac{bc-\lambda^2}{2}=0$$

この二直線が互に垂直であるための條件は
$$h(gb-\lambda h)+b(bf-\lambda b)=0$$
$$\lambda=\frac{b(gh+bf)}{h^2+b^2}$$

このように λ を定めたとき (17) を新 X 軸,(18) を新 Y 軸にとる.任意の點の Y 座標は直線 (17) との距離であるから
$$Y=\pm\frac{hx+by+\lambda}{\sqrt{b^2+h^2}}$$

また X 座標は直線 (18) との距離であるから
$$X=-\frac{(bg-\lambda h)x+(bf-\lambda b)y+\frac{bc-\lambda^2}{2}}{\sqrt{(bg-\lambda h)^2+(bf-\lambda b)^2}}$$

$$(b^2+h^2)Y^2=2\sqrt{(bg-\lambda h)^2+(bf-\lambda b)^2}\,X$$

ここで符號は X, Y 軸が正の座標系となるようにすればよい.また
$$\begin{vmatrix} g & h \\ f & b \end{vmatrix}=0, \quad b\neq 0$$

のときは $\lambda=f$ とおけば
$$(hx+by+f)^2+(bc-f^2)=0$$

$f^2 > bc$ のときは方程式が
$$hx+by+f+\sqrt{f^2-bc}=0, \quad hx+by+f-\sqrt{f^2-bc}=0$$

である平行二直線であり $f^2=bc$ の時は二重に數えた直線 $hx+by+f=0$ である.$f^2 < bc$ のときは虛の直線である.例題 2 をこの方法で解けば次の通りである.

$$(x+y+\lambda)^2-2(\lambda+2)x-2\lambda y-\lambda^2=0, \quad \begin{vmatrix} -2 & 1 \\ 0 & 1 \end{vmatrix}=-2\neq 0$$

直線 $x+y+\lambda=0$ と直線 $(\lambda+2)x+\lambda y+\frac{\lambda^2}{2}=0$ が垂直であるためには
$$(\lambda+2)+\lambda=0, \quad \lambda=-1$$

§5. 二次曲線の分類

そこで $x+y-1=0$ を X 軸, $x-y+\dfrac{1}{2}=0$ を Y 軸にとる.

$$X=\frac{2x-2y+1}{2\sqrt{2}}, \qquad Y=\pm\frac{x+y-1}{\sqrt{2}}$$

正の座標系であるためにはすなわち x, y 軸から平行移動と回轉によつて X, Y 軸が得られるならば符號は次のように選ぶべきである.

$$\left|\begin{array}{cc} \dfrac{1}{\sqrt{2}} & -\dfrac{1}{\sqrt{2}} \\ \pm\dfrac{1}{\sqrt{2}} & \pm\dfrac{1}{\sqrt{2}} \end{array}\right|=1$$

そこで＋の方をとらねばならない．新座標軸についての方程式は $Y^2=\sqrt{2}X$ である.

問． 例題 3 をこの方法によつて解け.

一般二次曲線の中心. 方程式 (1) について (10) によつて求めた點 (x_0, y_0) は長圓，双曲線のとき中心であり，相交わる二直線のときは交點であり，點長圓のときはその點である．この點を一般の**二次曲線の中心**という．

直線であるための條件. $\varDelta$ の値が何であつても $D=0$ ならば二直線あるいは一致した一つの直線あるいは虚の直線であつた．ただし點長圓は虚の二直線と考える．$D\neq 0$ ならば長圓，虚長圓，双曲線，放物線であつた．そこで $D=0$ は實在あるいは虚の直線であるための條件である.

二次式の最大値，最小値. x, y の二次式

(19) $\qquad ax^2+2hxy+by^2+2gx+2fy+c$

について θ, x_0, y_0 を適當にえらんで

$$x=X\cos\theta-Y\sin\theta+x_0, \qquad y=X\sin\theta+Y\cos\theta+y_0$$

とすると，$\varDelta \neq 0$ のとき (19) は AX^2+BY^2+C の形となることを既に述べた. $\varDelta>0$ のときは A, B 同符號である. A, B 正ならば $X=Y=0$ のとき (19) は最小値 C をとる．また A, B 負ならば $X=Y=0$ のとき最大値 C をとる．結局 $\varDelta>0$ の場合には $x=x_0, y=y_0$ のとき (19) の最小値または最大値が $C=\dfrac{D}{\varDelta}$ となるのである．ここで x_0, y_0 は

$$ax_0+hy_0+g=0, \qquad hx_0+by_0+f=0$$

で定まる．$\varDelta<0$ のときは A, B 異符號であるから (19) は最大値，最小値を有しない．$\varDelta=0, D\neq 0$ のときも (19) は BY^2+2GX または AX^2+2FY の形となつて最小値，最大値を有しない．$\varDelta=D=0$ の場合は (19) が AX^2+C または BY^2+C の形となるから $X=0$ または $Y=0$ のときに最小値あるいは最大値をとる．

例題 4. 三直線 $x-y=0$, $x+y=0$, $x+2y-4=0$ からの距離の平方の和が最小となる點の座標を求めよ．

解． 任意の點 (x, y) について三直線からの距離の平方の和は

$$\left(\frac{x-y}{\sqrt{2}}\right)^2+\left(\frac{x+y}{\sqrt{2}}\right)^2+\left(\frac{x+2y-4}{\sqrt{5}}\right)^2$$

$$=\frac{6}{5}x^2+\frac{4}{5}xy+\frac{9}{5}y^2-\frac{8}{5}x-\frac{16}{5}y+\frac{16}{5}$$

$\varDelta=2$, $D=\frac{16}{5}$ であるから最小値は $\frac{8}{5}$ である．

$$\frac{6}{5}x_0+\frac{2}{5}y_0-\frac{4}{5}=0$$

$$\frac{2}{5}x_0+\frac{9}{5}y_0-\frac{8}{5}=0$$

を解いて $x_0=\frac{2}{5}$, $y_0=\frac{4}{5}$ である．

例題 5. x, y の二次式

$$(a_{11}x+a_{12}y+a_{13})^2+(a_{21}x+a_{22}y+a_{23})^2+(a_{31}x+a_{32}y+a_{33})^2$$

の最小値は行列 $\begin{pmatrix} a_{11} & a_{21} & a_{31} \\ a_{12} & a_{22} & a_{32} \end{pmatrix}$ の階數が 2 であるとき

$$\frac{\begin{vmatrix} a_{11} & a_{12} & a_{13} \\ a_{21} & a_{22} & a_{23} \\ a_{31} & a_{32} & a_{33} \end{vmatrix}^2}{\begin{vmatrix} a_{11} & a_{12} \\ a_{21} & a_{22} \end{vmatrix}^2+\begin{vmatrix} a_{21} & a_{22} \\ a_{31} & a_{32} \end{vmatrix}^2+\begin{vmatrix} a_{31} & a_{32} \\ a_{11} & a_{12} \end{vmatrix}^2}$$

であることを證せよ．

證． 二次式を行列で示すと

$$(x, y, 1)\begin{pmatrix} a_{11} & a_{21} & a_{31} \\ a_{12} & a_{22} & a_{32} \\ a_{13} & a_{23} & a_{33} \end{pmatrix}\begin{pmatrix} a_{11} & a_{12} & a_{13} \\ a_{21} & a_{22} & a_{23} \\ a_{31} & a_{32} & a_{33} \end{pmatrix}\begin{pmatrix} x \\ y \\ 1 \end{pmatrix}$$

§5. 二次曲線の分類

そこで

$$D = \begin{vmatrix} a_{11} & a_{12} & a_{13} \\ a_{21} & a_{22} & a_{23} \\ a_{31} & a_{32} & a_{33} \end{vmatrix}^2$$

$$\varDelta = (a_{11}{}^2 + a_{21}{}^2 + a_{31}{}^2)(a_{12}{}^2 + a_{22}{}^2 + a_{32}{}^2) - (a_{11}a_{12} + a_{21}a_{22} + a_{31}a_{32})^2$$

$$= \begin{vmatrix} a_{11} & a_{12} \\ a_{21} & a_{22} \end{vmatrix}^2 + \begin{vmatrix} a_{21} & a_{22} \\ a_{31} & a_{32} \end{vmatrix}^2 + \begin{vmatrix} a_{31} & a_{32} \\ a_{11} & a_{12} \end{vmatrix}^2$$

$\varDelta > 0$ であるから最小値 $\dfrac{D}{\varDelta}$ は上記の通りである．

問　題

1. 次の二次曲線を分類せよ．
   (1) $7x^2 + 6xy - y^2 + 4x - 12y - 12 = 0$
   (2) $9x^2 - 24xy + 16y^2 + 2x - y + 1 = 0$
   (3) $5x^2 + 4xy + 2y^2 + 2x - 4y + 2 = 0$
   (4) $x^2 + 4xy + 4y^2 - 2x - 4y - 3 = 0$
   (5) $4x^2 - 20xy + 25y^2 + 9x - 8y - 1 = 0$
   (6) $x^2 - 2xy - y^2 - 4\sqrt{2}x + 2(2 - \sqrt{2}) = 0$
   (7) $2x^2 - 5xy - 3y^2 + x + 4y - 1 = 0$
2. 問題1の二次曲線の標準形の方程式を求めて圖示せよ．
3. 本節 (1) の方程式は $a + b = 0$ であるとき直角双曲線または互に垂直な二直線の方程式であることを證せよ．
4. 同焦點二次曲線に一定方向の接線を引くとき接點の軌跡は焦點を通る直角双曲線であることを證せよ．
*5. どの三點も一直線上にない四定點を通る二次曲線の中心の軌跡を求めよ．
6. 本節 (1) の二次曲線が長圓であるときその面積 S は次の式で表わされることを證せよ．

$$S = \dfrac{\pi |D|}{\sqrt{\varDelta^3}}$$

　註．　長圓の面積は長軸，短軸の長さの半分の積に π を乗じたものである．

7. $P = \begin{pmatrix} a & h \\ h & b \end{pmatrix}, \quad Q = \begin{pmatrix} a & h & g \\ h & b & f \\ g & f & c \end{pmatrix}$

の階数 r_1, r_2 は第1章§7 定理 12 によつて直交軸の變換により變らない．この事を利用して二次曲線は次のように分類されることを示せ．

$$r_1=2\begin{cases}r_2=3 & 長圓, 双曲線, 虛長圓 \\ r_2=2 & 點長圓, 相交わる二直線\end{cases}$$

$$r_1=1\begin{cases}r_2=3 & 放物線 \\ r_2=2 & 平行二直線（虛の場合も含む）\\ r_2=1 & 二重に數えた一直線\end{cases}$$

8. 例題5の二次式を最小にする x, y の値は次の通りである．
$$x=\frac{A_{11}A_{13}+A_{21}A_{23}+A_{31}A_{33}}{A_{13}{}^2+A_{23}{}^2+A_{33}{}^2}, \quad y=\frac{A_{12}A_{13}+A_{22}A_{23}+A_{32}A_{33}}{A_{13}{}^2+A_{23}{}^2+A_{33}{}^2}$$
ただし A_{ik} は行列式 $|a_{ik}|$ に於て a_{ik} の餘因數を示す．

9. 三直線 $x-2y=0, x+y-1=0, 3x-y+1=0$ からの距離の平方の和が最小となる點の座標およびそのときの最小値を求めよ．

10. $x^2+y^2=1$ であるとき次式の最大値または最小値を求めよ．
$$ax^2+2hxy+by^2.$$

第4章 空間における直線と平面

§1. 空間における點の座標

平行座標. 點 O を通る同一平面上にない三つの直線を x 軸, y 軸, z 軸とする. そして x 軸と y 軸の正の向きを定めておく. また x 軸の正の向きから y 軸の正の向きにはかる角に對してネジの進む向きを z 軸の正の向きと定めるのが普通である. このとき上記の三直線を**座標軸**といい點 O を**原點**という. x 軸と y 軸を通る平面を xy 面, y 軸と z 軸を通る平面を yz 面, z 軸と x 軸とを通る平面を zx 面といい, これらを總稱して**座標面**という. 空間の任意の點 P を通り z 軸と同方向の直線が xy 面と交わる點を S とする. S を通り y 軸と同方向の直線は xy 面上にあるが, これが x 軸と交わる點を L とする. L が O と一致するか, $\overrightarrow{OL}$ の向きが x 軸の正の向きと同じであるか逆であるかに従つて OL は零, 正, 負の實數を示す. これを點 P の x 座標という. 次に $L=S$ であるか $\overrightarrow{LS}$ の向きが y 軸の正の向きと同じであるか逆であるかに従つて LS は零, 正, 負の實數を示す. これを P 點の y 座標という. 次に $S=P$ であるか $\overrightarrow{SP}$ の向きが z 軸の正の向きと同じであるか逆であるかに従つて SP は零, 正, 負の實數を示す. これを P 點の **z 座標**という.

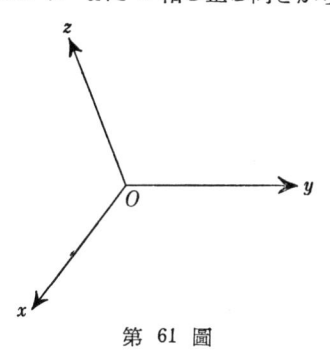

第 61 圖

第 62 圖

點 P が yz 面上にあれば x 座標は 0 である. P が yz 面上にないときは P を通り yz 面に平行な平面と x 軸との交點が L あつて, OL が P の x 座標である. P が zx 面上にあれば y 座標は 0 であり, P が zx 面上に

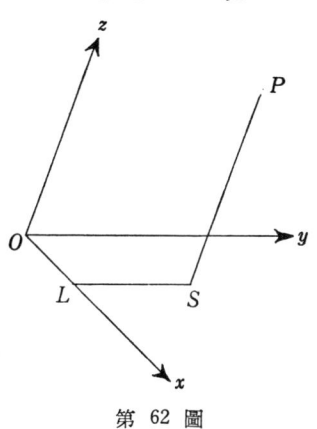

ないときは P を通り zx 面に平行な平面と y 軸との交點を M とすると OM は P の y 座標である。何となれば $OM=LS$ であるからである。また P が xy 面上にあれば z 座標は 0 であり，P が xy 面上にないときは P を通り xy 面に平行な平面と z 軸との交點を N とすれば ON が P の z 座標である。何となれば $ON=SP$ であるからである。任意の點 P の位置はこのようにして三つの數で定まるが，逆に任意の三つの實數 a, b, c に對して x 座標が a，y 座標が b，z 座標が c である點が一通りに定まる。これを點 (a, b, c) と記す。このように定めた座標を**平行座標**という。また z 軸の正の向きを最初に述べたようにネジの進む向きにとつたとき**正の座標系**といい，反對にとつたとき**負の座標系**というが，普通は正の座標系が用いられる。また三つの座標軸のうちのどの二つも互に垂直であるとき，これを**直交軸**という。このときの座標を直角座標または**直交座標**という。直交軸のときの正の座標系を**正の直交座標系**という。

問。 點 $P(1\ 2, 3)$ について次の諸點の座標を求めよ。ただし直交軸の場合とする。
 （1） xy 面について P に對稱な點。
 （2） yz 面について P に對稱な點。
 （3） zx 面について P に對稱な點。
 （4） 原點 O について P に對稱な點。

直交軸の場合に P を通り xy 面に垂直な直線と xy 面との交點が S であり，S を通り x 軸に垂直である xy 面上の直線と x 軸との交點が L である。L は P を通り x 軸に垂直な平面と x 軸との交點であるから，線分 LP は x 軸に垂直である。同様に線分 MP は x 軸に垂直，線分 NP は z 軸に垂直である。$\overrightarrow{OP}$ の長さを r として x 軸の正の向きと $\overrightarrow{OP}$ とのなす角を α とすれば

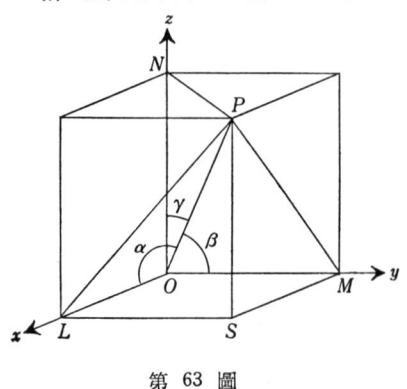

$$x=OL=r\cos\alpha$$

同様に y 軸の正の向きと $\overrightarrow{OP}$ とのなす角を β，z 軸の正の向きと $\overrightarrow{OP}$ とのなす角を γ とすれば

$$y=OM=r\cos\beta,\quad z=ON=r\cos\gamma$$

第 63 圖

§1. 空間における點の座標

となる．また $OP^2=OS^2+SP^2$, $OS^2=OL^2+LS^2$ であるから $r^2=x^2+y^2+z^2$ となる．そこで次の關係が成り立つ．

(1) $$\begin{cases} \overline{OP}=r=\sqrt{x^2+y^2+z^2} \\ \cos^2\alpha+\cos^2\beta+\cos^2\gamma=1 \end{cases}$$

例題 1. 點 $P(1, 2, 3)$ について座標軸の正方向と $\overrightarrow{OP}$ とのなす角の餘弦を求めよ．

$$r=\sqrt{1^2+2^2+3^2}=\sqrt{14}$$

$$\cos\alpha=\frac{1}{\sqrt{14}}, \quad \cos\beta=\frac{2}{\sqrt{14}}, \quad \cos\gamma=\frac{1}{\sqrt{14}}$$

極座標． 直交軸の場合に任意の點 P を通り xy 面に垂直な直線と xy 面との交點を S とする．x 軸の正の向きと OS とのなす角を φ とする．z 軸の正の向きと $\overrightarrow{OP}$ とのなす角を θ とする．$\overrightarrow{OP}$ の長さを ρ とするとき，點 P の位置は ρ, φ, θ の値で定まる．ρ, θ, φ をそれぞれ點 P の**動徑**，**天頂角（天頂距離）**，**方位角**という．(ρ, θ, φ) を點 P の**極座標**という．また點 O は**極**といわれる．P が z 軸上にあるとき φ の値は定まらない．特に P が O のとき θ の値は定まらない．ρ, θ, φ の範圍は通常次の通りである．

$$0 \leq \rho, \quad 0 \leq \theta < \pi, \quad 0 \leq \varphi < 2\pi$$

直角座標と極座標の關係は次の通りである．

$x=\rho\sin\theta\cos\varphi$
$y=\rho\sin\theta\sin\varphi$
$z=\rho\cos\theta$
$\rho^2=x^2+y^2+z^2$

$\tan\varphi=\dfrac{y}{x}, \quad \tan\theta=\dfrac{\sqrt{x^2+y^2}}{z}$

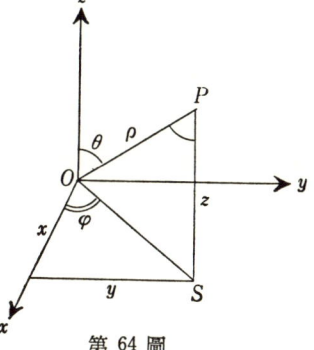

第 64 圖

例題 2. 直角座標が $\left(\dfrac{\sqrt{3}}{2}, -\dfrac{3}{2}, -1\right)$ である點の極座標を求めよ．

$$\rho^2=\left(\frac{\sqrt{3}}{2}\right)^2+\left(-\frac{3}{2}\right)^2+(-1)^2=4, \quad \rho=2, \quad \tan\theta=-\sqrt{3}$$

$$\theta=\frac{2}{3}\pi, \quad \cos\varphi=\frac{1}{2}, \quad \sin\varphi=-\frac{\sqrt{3}}{2}, \quad \varphi=\frac{5}{3}\pi.$$

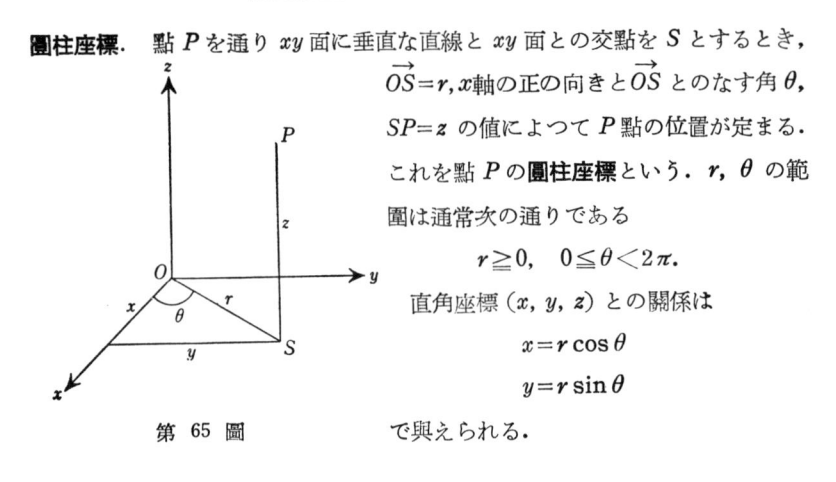

圓柱座標. 點 P を通り xy 面に垂直な直線と xy 面との交點を S とするとき，$\overrightarrow{OS}=r$, x 軸の正の向きと $\overrightarrow{OS}$ とのなす角 θ, $SP=z$ の値によつて P 點の位置が定まる．これを點 P の**圓柱座標**という．r, θ の範圍は通常次の通りである

$$r \geqq 0, \quad 0 \leqq \theta < 2\pi.$$

直角座標 (x, y, z) との關係は

$$x = r\cos\theta$$
$$y = r\sin\theta$$

で與えられる．

第 65 圖

問　題

1. 點 $P(x_0, y_0, z_0)$ の x, y, z 軸に關してそれぞれ對稱な點の座標を求めよ．ただし座標軸は直交軸とする．
2. 次の直角座標をもつ二點 P, Q の極座標および圓柱座標を求めよ．
$$P(\sqrt{6}, \sqrt{2}, 2\sqrt{2}), \quad Q(-3, 3, \sqrt{6})$$
3. 點 P の圓柱座標を (r, θ, z) とするとき三座標軸，三座標面に關してそれぞれ P と對稱な點の圓柱座標を求めよ．
4. 極座標 (ρ, θ, φ) を有する點について三座標軸，三座標面についてそれぞれ P と對稱な點の極座標を求めよ．
5. 點 P の圓柱座標を (r, θ, z) とする．r, θ, z のうち二つを固定して他の一つを變えるとき點 P の畫く線は何か．また一つだけを固定して他の二つを變えるとき點 P はどんな面を畫くか．
6. 極座標について前問と同樣のことを考えよ．

§2.　空間のベクトル

空間における有向線分について長さも向きも同じであれば同一とみなしてこれを**ベクトル**という．詳しく言えば3次元ベクトルである．ベクトルの加法，減法，數を乘ずることなどは平面上のベクトルの場合と全く同樣である．ベクトル A, B について m, n を任意の實數とするとき，ベクトル $mA+nB$ を A と B の**一次結合**であるという．A を示す有向線分 $\overrightarrow{PQ}$ と B を示す有向線分 $\overrightarrow{PR}$ をと

§2. 空間のベクトル

るとき $mA+nB$ は P, Q, R を通る平面上の有向線分 $\overrightarrow{PS}$ で示される. 零ベクトルでない二つのベクトル A, B について向きが同じでも逆でもないとき, 換言すれば一方が他方に數を乘じたものでないとき A と B は**一次獨立**であるという. このことは A を示す有向線分 $\overrightarrow{PQ}$, B を示す有向線分 $\overrightarrow{PR}$ をとるとき, P, Q, R が一直線上にないことを意味する. そこで P, Q, R を通る平面が定まる.

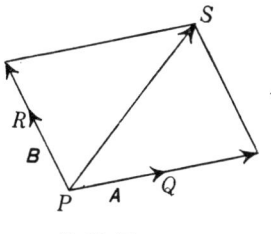

第 66 圖

A と B が一次獨立であるとき A を示す $\overrightarrow{PQ}$, B を示す $\overrightarrow{PR}$ をとれば, A と B の一次結合であるベクトルは P, Q, R を通る平面上にある. 逆にこの平面上の有向線分で示されるベクトルは A と B の一次結合となる.

三つの零ベクトルでないベクトル A, B, C について, どれをとつても殘りの二つのベクトルの一次結合にならないとき A, B, C は**一次獨立**であるという. このことは A, B, C を示す有向線分 $\overrightarrow{PQ}$, $\overrightarrow{PR}$, $\overrightarrow{PS}$ をとつたとき四點 P, Q, R, S が一平面上にないことを意味する.

A と B が一次獨立ならば $mA+nB=0$ となるのは $m=n=0$ のときに限る. A, B, C が一次獨立ならば $lA+mB+nC=0$ となるのは $l=m=n=0$ のときに限る.

證. $mA+nB=0$ のとき $m\neq 0$ ならば $A=\left(-\dfrac{n}{m}\right)B$ となつて A, B は一次獨立でないことになる. $lA+mB+nC=0$ のとき $l\neq 0$ とすれば $A=\left(-\dfrac{m}{l}\right)B+\left(-\dfrac{n}{l}\right)C$ となつて A は B, C の一次結合となつて假定に反する.

A, B, C が一次獨立であるとき任意のベクトルは實數 a, b, c によつて
$$aA+bB+cC$$
と一通りに表わされる.

證. A, B, C を示す有向線分 $\overrightarrow{PQ}$, $\overrightarrow{PR}$, $\overrightarrow{PS}$ をとる. 任意のベクトル X を示す有向線分 $\overrightarrow{PT}$ をとるとき, T を通り線分 PS と同方向の直線と P, Q, R を通る平面との交點を U とすると
$$\overrightarrow{PT}=\overrightarrow{PU}+\overrightarrow{UT}$$

$\overrightarrow{UT}$ は $\overrightarrow{PS}$ と同じ向きであるか逆の向きであるから
$$\overrightarrow{UT} = c\boldsymbol{C}$$
となる數 c がある. また $\overrightarrow{PU}$ は P, Q, R を通る平面上にあるから
$$\overrightarrow{PU} = a\boldsymbol{A} + b\boldsymbol{B}$$
となる數 a, b がある. 從つて $\overrightarrow{PT}$ すなわち X は $a\boldsymbol{A} + b\boldsymbol{B} + c\boldsymbol{C}$ となる. 一通りに表わされることの證は次の通りである. a', b', c' を實數として

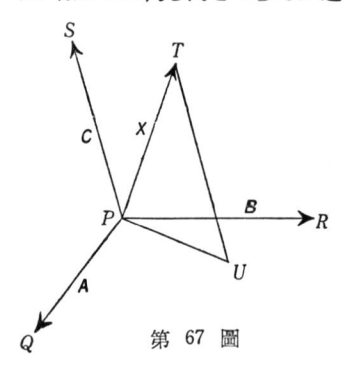

第 67 圖

$$a\boldsymbol{A} + b\boldsymbol{B} + c\boldsymbol{C} = a'\boldsymbol{A} + b'\boldsymbol{B} + c'\boldsymbol{C}$$
とすると
$$(a-a')\boldsymbol{A} + (b-b')\boldsymbol{B} + (c-c')\boldsymbol{C} = 0$$
$\boldsymbol{A}, \boldsymbol{B}, \boldsymbol{C}$ は一次獨立であるから $a'=a, \ b'=b, \ c'=c$ となる.

ベクトルの成分. 直線 g と同方向の單位ベクトルを $\boldsymbol{E}$ とする. $\boldsymbol{E}$ の向きを g の正の向きとするとき, g 上の線分 AB について $\overrightarrow{AB}$ が $\boldsymbol{E}$ と同じ向きならば AB は正であつて $AB = r$ とするとき $\overrightarrow{AB} = r\boldsymbol{E}$ となる. また $\overrightarrow{AB}$ が $\boldsymbol{E}$ と逆の向きならば $AB = r$ は負であつて $\overrightarrow{AB} = r\boldsymbol{E}$ となる. この事柄は次に用いられる. x 軸, y 軸, z 軸の正の向きと同じ向きをもつ單位ベクトルをそれぞれ $\boldsymbol{E}_x, \boldsymbol{E}_y, \boldsymbol{E}_z$ とする. $\boldsymbol{E}_x, \boldsymbol{E}_y, \boldsymbol{E}_z$ は一次獨立である.

任意のベクトル $\boldsymbol{A}$ について
$$\boldsymbol{A} = a_x\boldsymbol{E}_x + a_y\boldsymbol{E}_y + a_z\boldsymbol{E}_z$$
となる實數 a_x, a_y, a_z が一通りに定まる. この三つの實數をベクトル $\boldsymbol{A}$ の成分といい (a_x, a_y, a_z) で示す. 原點 O を始點としてベクトル $\boldsymbol{A}$ を示す有向線分 $\overrightarrow{OP}$ をとるとき P の座標は $\boldsymbol{A}$ の成分と一致する.

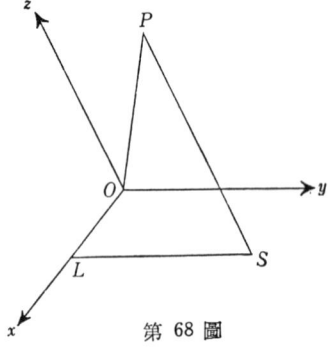

第 68 圖

證. 第 68 圖に於て
$$\overrightarrow{OP} = \overrightarrow{OL} + \overrightarrow{LS} + \overrightarrow{SP}$$

§2. 空間のベクトル

P の座標を (x, y, z) とすれば
$$\vec{OL}=xE_x, \quad \vec{LS}=yE_y, \quad \vec{SP}=zE_z$$
であるから
$$A=xE_x+yE_y+zE_z$$
となる．

ベクトル A を示す有向線分 $\vec{PQ}$ をとるとき P, Q の座標を (x_1, y_1, z_1), (x_2, y_2, z_2) とすれば A の成分は $(x_2-x_1, y_2-y_1, z_2-z_1)$ である． 證明は $\vec{PQ}=\vec{OQ}-\vec{OP}$ を用いればよい．一般に次の事柄が成り立つ．

A, B の成分を $(a_x, a_y, a_z), (b_x, b_y, b_z)$ とするとき $A+B, A-B$ の成分は $(a_x+b_x, a_y+b_y, a_z+b_z), (a_x-b_x, a_y-b_y, a_z-b_z)$ である． m を實數とすれば mA の成分は (ma_x, ma_y, ma_z) である．

(證明は讀者自ら試みられたい)．

例題 1. $aA+bB+cC=0$ となるのが實數 a, b, c が全部 0 のときに限るならば A, B, C は一次獨立であることを證せよ．

證. もし一次獨立でないとすると，三つのベクトルのうちの一つが殘りの二つのベクトルの一次結合になる．例えば A が B, C の一次結合となつて $A=kB+lC$ となる實數 k, l がある． $1 \cdot A+(-k)B+(-l)C=0$ となるから假定に反する．

例題 2. 三つのベクトル $A(1,2,-1)$, $B(-2,0,3)$, $C(0,1,2)$ は一次獨立であることを證せよ．

證. $aA+bB+cC=0$ とすると，成分を考えて
$$a-2b=0, \quad 2a+c=0, \quad -a+3b+2c=0$$
$$\begin{vmatrix} 1 & -2 & 0 \\ 2 & 0 & 1 \\ -1 & 3 & 2 \end{vmatrix} = 7 \neq 0$$
從つて $a=b=c=0$ であるから，例題 1 によつて一次獨立である．

ベクトルの計量． ベクトルの長さ，ベクトルのなす角を考える場合には，直交軸をとつて成分を考えるとよい．

ベクトル A の長さを $|A|$ で示し成分を (a_x, a_y, a_z) とするとき

(1) $\qquad |A|=\sqrt{a_x^2+a_y^2+a_z^2}$

證. A を示す有向線分 $\overrightarrow{OP}$ をとれば P の座標は (a_x, a_y, a_z) である. $|A|=\overline{OP}$ であるから前節 (1) によつて成り立つ. また x 軸, y 軸, z 軸の正の向きと A とのなす角をそれぞれ α, β, γ とすれば

(2) $\qquad a_x=|A|\cos\alpha, \quad a_y=|A|\cos\beta, \quad a_z=|A|\cos\gamma$

である.

直交軸に於て點 $P(x_1, y_1, z_1)$ と點 $Q(x_2, y_2, z_2)$ との距離は
$$\sqrt{(x_2-x_1)^2+(y_2-y_1)^2+(z_2-z_1)^2}$$
である.

證. ベクトル $\overrightarrow{PQ}$ の成分は $(x_2-x_1, y_2-y_1, z_2-z_1)$ であるから, その長さは上の通りである.

例題 3. a, b, c を相異なる數とする. 三點 $A(a, b, c)$, $B(b, c, a)$, $C(c, a, b)$ のつくる三角形は正三角形であることを證せよ.

證.
$$\overline{AB}^2=(b-a)^2+(c-b)^2+(a-c)^2$$
$$\overline{BC}^2=(c-b)^2+(a-c)^2+(b-a)^2$$
$$\overline{CA}^2=(a-c)^2+(b-a)^2+(c-b)^2$$

二つのベクトル A と B とのなす角 θ は A, B を示す有向線分 $\overrightarrow{OP}, \overrightarrow{OQ}$ のなす角であつて $0 \leq \theta \leq \pi$ の範圍にとる. 平面上のベクトルの場合と相違して正負を考えることはない.

A, B の成分をそれぞれ $(a_x, a_y, a_z), (b_x, b_y, b_z)$ とすれば

(3) $\qquad \cos\theta = \dfrac{a_x b_x + a_y b_y + a_z b_z}{\sqrt{a_x^2+a_y^2+a_z^2}\sqrt{b_x^2+b_y^2+b_z^2}}$

(4) $\qquad \sin\theta = \dfrac{\sqrt{\begin{vmatrix} a_y & b_y \\ a_z & b_z \end{vmatrix}^2 + \begin{vmatrix} a_z & b_z \\ a_x & b_x \end{vmatrix}^2 + \begin{vmatrix} a_x & b_x \\ a_y & b_y \end{vmatrix}^2}}{\sqrt{a_x^2+a_y^2+a_z^2}\sqrt{b_x^2+b_y^2+b_z^2}}$

證. $\overrightarrow{OP}, \overrightarrow{OQ}$ が A, B を示すならば $\overrightarrow{PQ}$ は $B-A$ を示す. そこで
$$\overline{OP}^2=|A|^2=a_x^2+a_y^2+a_z^2$$
$$\overline{OQ}^2=|B|^2=b_x^2+b_y^2+b_z^2$$

§2. 空間のベクトル

$$\overline{PQ}^2 = |B-A|^2 = (b_x-a_x)^2 + (b_y-a_y)^2 + (b_z-a_z)^2$$
$$\overline{PQ}^2 = \overline{OP}^2 + \overline{OQ}^2 - 2\overline{OP}\cdot\overline{OQ}\cos\theta$$

これから $\cos\theta$ が上記のようになる．また

$$\sin^2\theta = 1-\cos^2\theta$$
$$= \frac{(a_x^2+a_y^2+a_z^2)(b_x^2+b_y^2+b_z^2)-(a_xb_x+a_yb_y+a_zb_z)^2}{(a_x^2+a_y^2+a_z^2)(b_x^2+b_y^2+b_z^2)}$$
$$= \frac{(a_yb_z-a_zb_y)^2+(a_zb_x-a_xb_z)^2+(a_xb_y-a_yb_x)^2}{(a_x^2+a_y^2+a_z^2)(b_x^2+b_y^2+b_z^2)}$$

$0 \leq \theta \leq \pi$ であるから $\sin\theta \geq 0$ であつて，上記の通りになる．

二つのベクトル $A(a_x, a_y, a_z)$ と $B(b_x, b_y, b_z)$ が垂直であるための條件は次の通りである．

$$a_xb_x + a_yb_y + a_zb_z = 0$$

例題 4. 三點 $A(2,-1,3)$，$B(3,1,2)$，$C(1,0,4)$ のつくる三角形は直角三角形であることを證せよ．

證. $\overrightarrow{AB}$ の成分は $(1, 2, -1)$，$\overrightarrow{AC}$ の成分は $(-1, 1, 1)$ である．$1\cdot(-1)+2\cdot1+(-1)\cdot1=0$ であるから $\overrightarrow{AB}$ と $\overrightarrow{AC}$ は垂直である．

ベクトルの內積． 二つのベクトル A, B の成分を (a_x, a_y, a_z), (b_x, b_y, b_z) とするとき數 $a_xb_x+a_yb_y+a_zb_z$ を A と B の**內積**あるいは**スカラー積**といい，記號 $A\cdot B$ で示す．

$$A\cdot B = a_xb_x + a_yb_y + a_zb_z$$

內積について次の事柄が成り立つことは容易に證明される．

$$A\cdot B = B\cdot A$$
$$A\cdot(B\pm C) = A\cdot B \pm A\cdot C$$
$$(mA)\cdot B = A\cdot(mB) = m(A\cdot B)$$
$$A\cdot A = |A|^2 = a_x^2 + a_y^2 + a_z^2$$

A と B のなす角 θ について (3) は

$$\cos\theta = \frac{A\cdot B}{|A|\cdot|B|}$$

と書ける．A, B が垂直である條件は $A\cdot B = 0$ である．

例題 5. 三角形の三頂點から對邊に下した垂線は一點で交わることを證せよ.

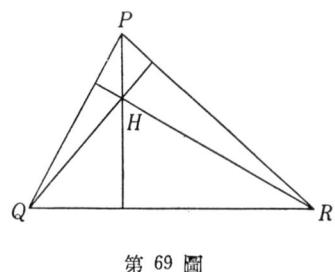

證. 三角形 PQR の P を通る垂線と Q を通る垂線との交點を H とする. $\overrightarrow{HP}, \overrightarrow{HQ}, \overrightarrow{HR}$ で示されるベクトルをそれぞれ A, B, C とすると, $\overrightarrow{QR}, \overrightarrow{RP}$ は $C-B, A-C$ を示す. $\overrightarrow{HP}$ は $\overrightarrow{QR}$ に垂直, $\overrightarrow{HQ}$ は $\overrightarrow{RP}$ に垂直であるから

$$A\cdot(C-B)=0, \quad B\cdot(A-C)=0$$

第 69 圖

この二式を加えると $(A-B)\cdot C=0$ である. そこで $A-B$ を示す $\overrightarrow{QP}$ は $\overrightarrow{HR}$ に垂直である.

問題

1. 次の三つのベクトルのおのおのを他の二つの一次結合として表わせ.
$$(2, 9, 4), \quad (7, 5, 3), \quad (-8, 17, 6)$$
2. 次の三つのベクトルは一次獨立であることを證せよ.
$$(2, 1, 0), \quad (-1, 2, -1), \quad (3, 0, 1)$$
3. A, B, C を一次獨立な三つのベクトルとするとき, 三つの一次結合
$$a_{11}A+a_{12}B+a_{13}C, \quad a_{21}A+a_{22}B+a_{23}C, \quad a_{31}A+a_{32}B+a_{33}C$$
が一次獨立であるための條件は係數 a_{ij} からつくつた行列式が 0 でないことである.

以下の問題は直交軸に關するものである.

4. 一次獨立な二つのベクトル $(a_x, a_y, a_z), (b_x, b_y, b_z)$ に垂直な單位ベクトルの成分を求めよ.
5. ベクトル A, B の內積 $A\cdot B$ は直交軸の選び方に關係しない値であることを說明せよ.
6. 平面 π 上にない一點 P から π に下した垂線の足を Q とし, Q から π 上の Q を通らない直線 g に下した垂線の足を R とすれば, 直線 PR は g に垂直である. (三垂線の定理). この事柄をベクトルの內積によって示せ.
7. 四面體 $ABCD$ の稜 AB は CD と垂直, AC は BD と垂直であれば, AD は BC と垂直である.
   註. ベクトルの內積を用いよ.
8. 極座標について二點 $(\rho_1, \theta_1, \varphi_1), (\rho_2, \theta_2, \varphi_2)$ の距離は次の通りである.
$$\sqrt{\rho_1^2+\rho_2^2-2\rho_1\rho_2\{\cos\theta_1\cos\theta_2+\sin\theta_1\sin\theta_2\cos(\varphi_1-\varphi_2)\}}$$

§3. 直線の方程式

線分をある比に分つ點の座標.

直線 g 上の線分 PQ を $m:n$ の比に分つ點を R とする. P, Q, R の座標をそれぞれ (x_1, y_1, z_1), (x_2, y_2, z_2), (x, y, z) とするとき

$$x=\frac{mx_2+nx_1}{m+n}, \qquad y=\frac{my_2+ny_1}{m+n}, \qquad z=\frac{mz_2+nz_1}{m+n}$$

證. $\overrightarrow{PR}:\overrightarrow{RQ}=m:n$ であるから $m\overrightarrow{RQ}=n\overrightarrow{PR}$ である. 成分を考えると

$$m(x_2-x)=n(x-x_1), \quad m(y_2-y)=n(y-y_1), \quad m(z_2-z)=n(z-z_1)$$

これから上の公式を得る.

$P(x_1, y_1, z_1)$ と $Q(x_2, y_2, z_2)$ を結ぶ線分の中點の座標は

$$x=\frac{x_1+x_2}{2}, \qquad y=\frac{y_1+y_2}{2}, \qquad z=\frac{z_1+z_2}{2}$$

である.

問. 頂點の座標が (x_1, y_1, z_1), (x_2, y_2, z_2), (x_3, y_3, z_3) である三角形の重心の座標は $\left(\dfrac{x_1+x_2+x_3}{3},\ \dfrac{y_1+y_2+y_3}{3},\ \dfrac{z_1+z_2+z_3}{3}\right)$ であることを證せよ.

例題 1. 四面體の相對する稜の中點を結ぶ三つの線分は一點で交わることを證せよ.

證. 四頂點 P_1, P_2, P_3, P_4 の座標をそれぞれ (x_1, y_1, z_1), (x_2, y_2, z_2), (x_3, y_3, z_3), (x_4, y_4, z_4) とすれば, 稜 P_1P_2 の中點 M_{12}, 稜 P_3P_4 の中點 M_{34} の座標はそれぞれ

$$\left(\frac{x_1+x_2}{2}, \frac{y_1+y_2}{2}, \frac{z_1+z_2}{2}\right), \quad \left(\frac{x_3+x_4}{2}, \frac{y_3+y_4}{2}, \frac{z_3+z_4}{2}\right)$$

である. 線分 $M_{12}M_{34}$ の中點 G の座標は

$$\left(\frac{x_1+x_2+x_3+x_4}{4}, \frac{y_1+y_2+y_3+y_4}{4}, \frac{z_1+z_2+z_3+z_4}{4}\right)$$

である. 同様に稜 P_2P_3 の中點と稜 P_4P_1 の中點を結ぶ線分の中點の座標も上と同じになるから G に一致する. また稜 P_3P_1 の中點と稜 P_2P_4 の中點を結ぶ線分の中點の座標も上の通りになるから G に一致する.

直線の方程式. 直線 g と同方向の一つのベクトル A の成分を (L, M, N) と

する．g 上の與えられた點を $P_0(x_0, y_0, z_0)$ として，g 上の任意の點 $P(x, y, z)$ をとれば $\overrightarrow{P_0P}$ は A と同じ向きであるか逆の向きであるから

$$\overrightarrow{P_0P} = sA$$

となる數 s がある．兩邊の成分をくらべて

$$x-x_0 = sL, \quad y-y_0 = sM, \quad z-z_0 = sN$$

であるから

(1) $$\frac{x-x_0}{L} = \frac{y-y_0}{M} = \frac{z-z_0}{N}$$

逆に(1)を滿足する座標を有する點は g 上にあるから(1)は g の方程式である．

例 1. 點 $(a, b, 0)$ を通り z 軸に平行な直線の方程式は

$$\frac{x-a}{0} = \frac{y-b}{0} = \frac{z}{1}$$

である．何となればベクトル $(0, 0, 1)$ は z 軸と同方向である．この方程式は $x=a, y=b$ であつて z は任意の値でよいことを示す．

例 2. 點 (a, b, c) を通り xy 面に平行な直線の方程式は

$$\frac{x-a}{L} = \frac{y-b}{M} = \frac{z-c}{0}$$

の形となる．何となれば xy 面に平行なベクトルの z 成分は 0 であるから成分は $(L, M, 0)$ と書ける．この方程式は $z=c$ であつて $\frac{x-a}{L} = \frac{y-b}{M}$ であることを示す．

二點 $(x_1, y_1, z_1), (x_2, y_2, z_2)$ を通る直線の方程式は

$$\frac{x-x_1}{x_2-x_1} = \frac{y-y_1}{y_2-y_1} = \frac{z-z_1}{z_2-z_1}$$

證． 成分 $(x_2-x_1, y_2-y_1, z_2-z_1)$ であるベクトルは直線と同方向である．

三點が一直線上にあるための條件．

三點 $P_1(x_1, y_1, z_1), P_2(x_2, y_2, z_2), P_3(x_3, y_3, z_3)$ が一直線上にあるための條件は

$$\begin{vmatrix} x_1 & y_1 & 1 \\ x_2 & y_2 & 1 \\ x_3 & y_3 & 1 \end{vmatrix} = \begin{vmatrix} y_1 & z_1 & 1 \\ y_2 & z_2 & 1 \\ y_3 & z_3 & 1 \end{vmatrix} = \begin{vmatrix} z_1 & x_1 & 1 \\ z_2 & x_2 & 1 \\ z_3 & x_3 & 1 \end{vmatrix} = 0$$

である．

§3. 直線の方程式

證. 二點 P_1, P_2 を通る直線の方程式は

$$\frac{x-x_1}{x_2-x_1} = \frac{y-y_1}{y_2-y_1} = \frac{z-z_1}{z_2-z_1}$$

點 P_3 を通るための條件は

$$\frac{x_3-x_1}{x_2-x_1} = \frac{y_3-y_1}{y_2-y_1} = \frac{z_3-z_1}{z_2-z_1}$$

これが成り立つことは

$$\begin{vmatrix} x_2-x_1 & y_2-y_1 \\ x_3-x_1 & y_3-y_1 \end{vmatrix} = 0, \quad \begin{vmatrix} y_2-y_1 & z_2-z_1 \\ y_3-y_1 & z_3-z_1 \end{vmatrix} = 0, \quad \begin{vmatrix} z_2-z_1 & x_2-x_1 \\ z_3-z_1 & x_3-x_1 \end{vmatrix} = 0$$

が成り立つことと同じである。これらの行列式は上記の行列式と同じ値をもつ。

二直線の關係. 直線 g_1 と直線 g_2 の方程式をそれぞれ

$$\frac{x-a_1}{L_1} = \frac{y-b_1}{M_1} = \frac{z-c_1}{N_1}$$

$$\frac{x-a_2}{L_2} = \frac{y-b_2}{M_2} = \frac{z-c_2}{N_2}$$

とする.

g_1 と g_2 が平行であるか一致するための條件は

$$\frac{L_2}{L_1} = \frac{M_2}{M_1} = \frac{N_2}{N_1}$$

である.

證. 成分 (L_1, M_1, N_1) のベクトルは g_1 と同方向であり,成分 (L_2, M_2, N_2) のベクトルは g_2 と同方向である. そこで g_1 と g_2 が同方向であるためにはこの二つのベクトルの向きは同じであるか逆であるから

$$L_2 = kL_1, \quad M_2 = kM_1, \quad N_2 = kN_1$$

となる數 k がある.

g_1 と g_2 が一致するための條件は行列

$$\begin{pmatrix} a_1-a_2 & b_1-b_2 & c_1-c_2 \\ L_1 & M_1 & N_1 \\ L_2 & M_2 & N_2 \end{pmatrix}$$

の階數が1であることである.

證. 點 $P_1(a_1, b_1, c_1)$ と點 $P_2(a_2, b_2, c_2)$ を結ぶ有向線分 $\overrightarrow{P_2P_1}$ の示すベクト

ルの成分は $(a_1-a_2,\ b_1-b_2,\ c_1-c_2)$ である．これとベクトル $(L_1,\ M_1,\ N_1)$，ベクトル $(L_2,\ M_2,\ N_2)$ とが同じ向きあるいは逆の向きであることが g_1 と g_2 の一致する條件である．従つて行列の階數が1であることが條件となる．

g_1 と g_2 が一點で交わるための條件は行列

$$\begin{pmatrix} L_1 & M_1 & N_1 \\ L_2 & M_2 & N_2 \end{pmatrix}$$

の階數が2であつて

(2) $\qquad \begin{vmatrix} a_1-a_2 & b_1-b_2 & c_1-c_2 \\ L_1 & M_1 & N_1 \\ L_2 & M_2 & N_2 \end{vmatrix} = 0$

となることである．

證． g_1 と g_2 は平行でなく一致もしないから行列の階數は2である．g_1 と g_2 の交點の座標を $(x_0,\ y_0,\ z_0)$ とすれば

$$x_0 = a_1 + L_1 s = a_2 + L_2 t$$
$$y_0 = b_1 + M_1 s = b_2 + M_2 t$$
$$z_0 = c_1 + N_1 s = c_2 + N_2 t$$

となる數 $s,\ t$ がある．そこで

$$(a_1-a_2) + L_1 s + L_2(-t) = 0$$
$$(b_1-b_2) + M_1 s + M_2(-t) = 0$$
$$(c_1-c_2) + N_1 s + N_2(-t) = 0$$

であるから行列式 (2) は0となる．逆にこの行列式が0であると行列の階數が2であるから，上式を滿足する $s,\ t$ は一通りに定まつて g_1 と g_2 は一點で交わる．

g_1 と g_2 がねじれの位置にあるための條件は行列式 (2) が0でないことである．

例題 2. 直線 $x=y=z$ と直線 $x-1=\dfrac{y}{2}=\dfrac{z}{3}$ はねじれの位置にあることを證せよ．

證． $\begin{vmatrix} 1-0 & 0-0 & 0-0 \\ 1 & 1 & 1 \\ 1 & 2 & 3 \end{vmatrix} = \begin{vmatrix} 1 & 1 \\ 2 & 3 \end{vmatrix} = 1$

§3. 直線の方程式

直線の方向比と方向餘弦. 直線 g と同方向の單位ベクトル E の成分を (l, m, n) とする． E の代りに $-E$ をとつても g と同方向である． $-E$ の成分は $(-l, -m, -n)$ である． g と同方向の單位ベクトルの成分を g の**方向比**という． g 上の與えられた點 P_0 の座標を (x_0, y_0, z_0) として g 上の任意の點を $P(x, y, z)$ とすれば

$$\overrightarrow{P_0P} = rE$$

となる數 r が定まる． r は距離 P_0P を示している．成分をとると

$$x-x_0 = lr, \quad y-y_0 = mr, \quad z-z_0 = nr$$
$$x = x_0 + lr, \quad y = y_0 + mr, \quad z = z_0 + nr$$

これは媒介變數 r を用いたときの g の方程式である．

特に直交軸の場合には前節 (2) によって

$$l = \cos\alpha, \quad m = \cos\beta, \quad n = \cos\gamma$$

となる．ただし α, β, γ は x 軸， y 軸， z 軸の正の向きが E となす角である．直交軸のときには方向比のことを**方向餘弦**という習慣である．方向餘弦については前節により

(3) $$l^2 + m^2 + n^2 = 1$$

という關係がある． **媒介變數 r を用いたときの g の方程式**は

$$x = x_0 + r\cos\alpha, \quad y = y_0 + r\cos\beta, \quad z = z_0 + r\cos\gamma$$

となる．

例題 3. 座標軸の正の向きとなす角が相等しいような原點を通る直線の方程式を求めよ．ただし直交軸とする．

解. $\alpha = \beta = \gamma$ であるから $l = m = n$ である． (3) によって $l = m = n = \dfrac{\pm 1}{\sqrt{3}}$ となる． r を媒介變數として方程式は

$$x = y = z = \frac{1}{\sqrt{3}} r$$

となる．

例題 4. 直線

$$\frac{x-1}{2} = \frac{y}{-2} = \frac{z+1}{1}$$

の方向餘弦を求めよ．(直交軸)

解． $\dfrac{l}{2} = \dfrac{m}{-2} = \dfrac{n}{1}, \quad l^2 + m^2 + n^2 = 1$

であるから $l = 2k, \ m = -2k, \ n = k$ として $k = \pm\dfrac{1}{3}$ となる．そこで方向餘弦は $\dfrac{2}{3}, \ -\dfrac{2}{3}, \ \dfrac{1}{3}$ あるいは $-\dfrac{2}{3}, \ \dfrac{2}{3}, \ -\dfrac{1}{3}$ である．

問　題

1. 二點 $(3, -2, 0), \ (-1, 1, 2)$ を結ぶ線分を $2 : 3$ の比に内分および外分する點の座標を求めよ．
2. 同一平面上にない四點 A, B, C, D があるとき直線 AB, CD, AC, BD 上にそれぞれ點 P, Q, R, S をとつて
$$\dfrac{AP}{PB} = \dfrac{CQ}{QD}, \quad \dfrac{AR}{RC} = \dfrac{BS}{SD}$$
とすれば，二直線 PQ, RS は一點 T で交わり，次の式が成り立つことを證せよ．
$$\dfrac{PT}{TQ} = \dfrac{AR}{RC}, \quad \dfrac{RT}{TS} = \dfrac{AP}{PB}$$
3. 二點 $(2, -3, 0), \ (1, 2, -1)$ を通る直線の方程式を求めよ．
4. 三點 $(1, -2, 0), \ (-2, 0, -5), \ (4, -4, 5)$ は一直線上にあることを證せよ．
5. 問題3の直線に平行であつて原點を通る直線の方程式を求めよ．
6. 次の二直線は一點で交わることをたしかめよ．
$$\dfrac{x-2}{3} = \dfrac{y-1}{2} = \dfrac{z}{-2}, \quad \dfrac{x+2}{1} = \dfrac{y}{-1} = \dfrac{z-2}{0}$$
7. 三直線 $\dfrac{x}{1} = \dfrac{y}{2} = \dfrac{z}{3}, \ \dfrac{x}{2} = \dfrac{y-1}{-1} = z+1, \ \dfrac{x}{-7} = \dfrac{y}{6} = \dfrac{z-2}{-1}$ は同一平面に平行であることを證せよ．

以下の問題は直交軸に關するものである．

8. x 軸，y 軸の正の向きとそれぞれ $60°, 45°$ の角をなす有向直線が z 軸の正の向きとなす角を求めよ．
9. 點 $A(-2, 6, 8)$ を通りベクトル $(3, 4, 5)$ と同じ方向をもつ直線が xy 面，yz 面，zx 面と交わる點をそれぞれ P, Q, R とするとき，線分 AP, AQ, AR の長さはいくらか．
10. 點 (a, b, c) を通る二直線の方向餘弦を $l_1, m_1, n_1 ; l_2, m_2, n_2$ とするとき，この二直線のなす角の二等分線の方程式は
$$\dfrac{x-a}{l_1+l_2} = \dfrac{y-b}{m_1+m_2} = \dfrac{z-c}{n_1+n_2}, \quad \dfrac{x-a}{l_1-l_2} = \dfrac{y-b}{m_1-m_2} = \dfrac{z-c}{n_1-n_2}$$
であることを證せよ．

§4. 平面の方程式

特殊な平面の方程式.

例1. xy 面の方程式は $z=0$, yz 面の方程式は $x=0$, zx 面の方程式は $y=0$ である.

例2. xy 面に平行であつて, 點 (a, b, c) を通る平面の方程式は $z=c$ である.

例3. z 軸を通るか z 軸に平行な平面の方程式は $Ax+By+C=0$ の形である. ここで A, B のうち 0 でないものがある.

證. この平面と xy 面との交線 g 上の點の座標 $(x, y, 0)$ については g が直線であるから $Ax+By+C=0$ の關係が成り立つ. この平面上の任意の點 P を通り z 軸と同方向の直線と xy 面との交點 S は g 上にあるから P の座標 (x, y, z) について $Ax+By+C=0$ が成り立つ. 逆に x, y 座標についてこれが成り立ち, z 座標任意である點はこの平面上にある.

一般の平面の方程式. 平面 π 上にあるかあるいは π に平行な二直線 g, h をとり, g と h は平行でもないし一致もしないとする. g と同方向のベクトル $\boldsymbol{A}$ の成分を (L_1, M_1, N_1) として, h と同方向のベクトル $\boldsymbol{B}$ の成分を (L_2, M_2, N_2) とする. そうすると $\boldsymbol{A}$ と $\boldsymbol{B}$ は一次獨立である. π 上の與えられた點を $P_0(x_0, y_0, z_0)$ として π 上の任意の點を $P(x, y, z)$ とすれば $\overrightarrow{P_0P}$ は $\boldsymbol{A}$ と $\boldsymbol{B}$ の一次結合である. 何となれば $\boldsymbol{A}, \boldsymbol{B}$ を示す有向線分を $\overrightarrow{P_0Q}, \overrightarrow{P_0R}$ とすれば, これらは π 上にあるからである. そこで

$$\overrightarrow{P_0P} = r\boldsymbol{A} + s\boldsymbol{B}$$

となる數 r, s がある. 兩邊のベクトルの成分を考えると

(1) $\begin{cases} x-x_0 = L_1 r + L_2 s \\ y-y_0 = M_1 r + M_2 s \\ z-z_0 = N_1 r + N_2 s \end{cases}$

從つて

(2) $\begin{vmatrix} x-x_0 & y-y_0 & z-z_0 \\ L_1 & M_1 & N_1 \\ L_2 & M_2 & N_2 \end{vmatrix} = 0$

となる. $\boldsymbol{A}$ と $\boldsymbol{B}$ は一次獨立であるから

$$\begin{pmatrix} L_1 & M_1 & N_1 \\ L_2 & M_2 & N_2 \end{pmatrix}$$

の階数は 2 である．そこで (2) の左邊は x, y, z の一次式であつて x, y, z の係數のうちに 0 でないものがある．逆に (2) を滿足する座標をもつ點については (1) が成り立つような r, s が定まるからその點は π 上にある．そこで g, h を通るか平行であつて點 (x_0, y_0, z_0) を通る平面の方程式は (2) である．

例題 1. 直線 $\dfrac{x-1}{2} = \dfrac{y}{-1} = \dfrac{z+1}{3}$ と直線 $\dfrac{x+1}{1} = \dfrac{y-6}{2} = \dfrac{z+9}{-1}$ は一點で交わることを證し，これらを含む平面の方程式を求めよ．

解．
$$\begin{vmatrix} 1-(-1) & 0-6 & -1-(-9) \\ 2 & -1 & 3 \\ 1 & 2 & -1 \end{vmatrix} = 0$$

であるから一點で交わる．平面の方程式は

$$\begin{vmatrix} x-1 & y & z+1 \\ 2 & -1 & 3 \\ 1 & 2 & -1 \end{vmatrix} = 0$$

$$x - y - z - 2 = 0$$

上述の通り平面の方程式の左邊は x, y, z の一次式であつて，x, y, z の係數のうち 0 でないものがある．逆に

(3) $\qquad Ax + By + Cz + D = 0$

において A, B, C のうち 0 でないものがあれば平面の方程式であることを證しよう．$A = 0$ の場合は B, C のうち 0 でないものがある．$By + Cz + D = 0$ は x 軸を通るか x 軸に平行な平面の方程式である．$A \neq 0$ の場合は (3) は

$$\begin{vmatrix} x + \dfrac{D}{A} & y & z \\ -B & A & 0 \\ -\dfrac{C}{A} & 0 & 1 \end{vmatrix} = 0$$

と書ける．これは點 $\left(-\dfrac{D}{A}, 0, 0\right)$ を始點とする成分 $(-B, A, 0)$ の有向線分と成分 $\left(-\dfrac{C}{A}, 0, 1\right)$ の有向線分を含む平面の方程式である．

例題 2. 三點 $P_1(x_1, y_1, z_1)$, $P_2(x_2, y_2, z_2)$, $P_3(x_3, y_3, z_3)$ が一直線上にないとき，この三點を通る平面の方程式は

§4. 平面の方程式

$$\begin{vmatrix} x & y & z & 1 \\ x_1 & y_1 & z_1 & 1 \\ x_2 & y_2 & z_2 & 1 \\ x_3 & y_3 & z_3 & 1 \end{vmatrix} = 0$$

であることを證せよ．

證． 三點が一直線上にないから前節の條件によつて左邊の x, y, z の係數のうちに 0 でないものがある．そして一次式であるから平面の方程式である．行列式の性質によつて三點の座標が滿足するから，三點を通る平面の方程式である．

問． 原點を通らない平面が座標軸と交わる點を $A\,(a,\,0,\,0),\ B\,(0,\,b,\,0),\ C\,(0,\,0,\,c)$ とするとき方程式は

$$\frac{x}{a}+\frac{y}{b}+\frac{z}{c}=1$$

であることをたしかめよ．

二平面の關係． 平面 π_1 と平面 π_2 の方程式をそれぞれ

$$A_1x+B_1y+C_1z+D_1=0$$
$$A_2x+B_2y+C_2z+D_2=0$$

とする．

π_1 と π_2 が一直線で交わるための條件は行列

(4) $\qquad \begin{pmatrix} A_1 & B_1 & C_1 \\ A_2 & B_2 & C_2 \end{pmatrix}$

の階數が 2 であることである．π_1 と π_2 が平行であるための條件は行列 (4) の階數が 1 であつて，行列

(5) $\qquad \begin{pmatrix} A_1 & B_1 & C_1 & D_1 \\ A_2 & B_2 & C_2 & D_2 \end{pmatrix}$

の階數が 2 であることである．π_1 と π_2 が一致するための條件は

(6) $\qquad \dfrac{A_2}{A_1}=\dfrac{B_2}{B_1}=\dfrac{C_2}{C_1}=\dfrac{D_2}{D_1}$

である．

證． 行列 (4) の階數は 2 または 1 である．階數 2 のとき

$$\begin{vmatrix} A_1 & B_1 \\ A_2 & B_2 \end{vmatrix} \neq 0$$

ならば，二平面の方程式を連立方程式と考えて

$$\frac{x-\dfrac{B_1D_2-B_2D_1}{A_1B_2-A_2B_1}}{B_1C_2-B_2C_1}=\frac{y-\dfrac{D_1A_2-D_2A_1}{A_1B_2-A_2B_1}}{C_1A_2-C_2A_1}=\frac{z}{A_1B_2-A_2B_1}$$

となるから π_1 と π_2 は一直線で交わる．(4) の階數が 1 であるとき (5) の階數 2 ならば，二平面の方程式を連立方程式と考えて解がない（第 1 章定理 8）．そこで π_1 と π_2 は交わらないから平行である．次に (5) の階數が 1 のときは (6) が成り立つて π_1 と π_2 は一致する．

例題 3. 平面 $\dfrac{x}{a}+\dfrac{y}{b}+\dfrac{z}{c}=1$ に平行な任意の平面の方程式は

$$\frac{x}{a}+\frac{y}{b}+\frac{z}{c}=k$$

であることを證せよ．

證. 平行な平面の方程式を $Ax+By+Cz+D=0$ とすると，平行の條件から

$$aA=bB=cC \neq 0$$

となる．$aAk=-D$ となる數 k をとれば

$$\frac{1}{aA}(Ax+By+Cz+D)=\frac{x}{a}+\frac{y}{b}+\frac{z}{c}-k$$

例題 4. 一點 O を通る同一平面上にない三定直線と定平面に平行な平面との三つの交點のつくる三角形の重心の軌跡は，O を通る直線であることを證せよ．

證. 三直線を座標軸にとる．定平面に平行な平面の方程式は例題 3 によって

$$\frac{x}{a}+\frac{y}{b}+\frac{z}{c}=k$$

ここで k は任意の値をとる．この平面と座標軸との交點の座標は

$$(ak,\ 0,\ 0),\quad (0,\ bk,\ 0),\quad (0,\ 0,\ ck)$$

である．この三點のつくる三角形の重心の座標は§3 問によって

$$x=\frac{ak}{3},\ y=\frac{bk}{3},\ z=\frac{ck}{3}$$

そこで G の軌跡は方程式が

$$\frac{x}{a}=\frac{y}{b}=\frac{z}{c}$$

§4. 平面の方程式

である直線であつて O を通る．

例題 5. 平面 $2x+3y+z=0$ と，平面 $x+y-z-1=0$ との交線の方程式を求めよ．

解． 連立方程式を解けば
$$y+3z+2=0, \quad 3x+4y-1=0$$

$$\frac{x-\frac{1}{3}}{-4}=\frac{y}{3}=\frac{z+\frac{2}{3}}{-1}$$

直線は二平面の交線である．そこで直線の方程式はそれを通る任意の二平面の方程式で與えられる．例えば直線
$$\frac{x-a}{L}=\frac{y-b}{M}=\frac{z-c}{N}$$
は平面 $\frac{x-a}{L}=\frac{y-b}{M}$ と平面 $\frac{y-b}{M}=\frac{z-c}{N}$ の交線である．

三平面の關係． 三平面の方程式を
$$A_1x+B_1y+C_1z+D_1=0$$
$$A_2x+B_2y+C_2z+D_2=0$$
$$A_3x+B_3y+C_3z+D_3=0$$
とするとき

この三平面が一點で交わるための條件は
$$\begin{vmatrix} A_1 & B_1 & C_1 \\ A_2 & B_2 & C_2 \\ A_3 & B_3 & C_3 \end{vmatrix} \neq 0$$

證． 三平面が一點で交わることは，平面の方程式を連立方程式と考えたとき解がただ一つであることである．

三平面が一直線で交わるための條件は，次の二つの行列の階數がともに2であることである．

$$\begin{pmatrix} A_1 & B_1 & C_1 \\ A_2 & B_2 & C_2 \\ A_3 & B_3 & C_3 \end{pmatrix}, \quad \begin{pmatrix} A_1 & B_1 & C_1 & D_1 \\ A_2 & B_2 & C_2 & D_2 \\ A_3 & B_3 & C_3 & D_3 \end{pmatrix}$$

證． 左の行列の階數が1であるとすると，三平面のうちどの二つも一致する

か平行となつて一直線で交わらない．また階數が 3 ならば前述によつて三平面は一點で交わる．左の行列の階數が 2 であつて，右の行列の階數 3 がならば三平面に共通な點はない．兩行列の階數 2 ならば，例えば

$$\begin{vmatrix} A_1 & B_1 \\ A_2 & B_2 \end{vmatrix} \neq 0$$

とすると

$$A_3 = kA_1 + lA_2, \quad B_3 = kB_1 + lB_2, \quad C_3 = kC_1 + lC_2, \quad D_3 = kD_1 + lD_2$$

となる數 k, l がある．

$$A_3 x + B_3 y + C_3 z + D_3 = k(A_1 x + B_1 y + C_1 z + D_1) + l(A_2 x + B_2 y + C_2 z + D_2)$$

そこで平面 $A_1 x + B_1 y + C_1 z + D_1 = 0$ と平面 $A_2 x + B_2 y + C_2 z + D_2 = 0$ との交線は殘りの平面上にある．

例題 6. 平面 $x + y - 1 = 0$ と平面 $x - y + 2z = 0$ の交線を通り點 $(1, 1, -2)$ を通る平面の方程式を求む．

解． この二平面の交線を通る平面の方程式は

$$k(x + y - 1) + l(x - y + 2z) = 0$$
$$(k + l)x + (k - l)y + 2lz - k = 0$$

點 $(1, 1, -2)$ を通るから

$$(k + l) + (k - l) - 2(2l) - k = 0, \quad k = 4l$$

$k = 4, \; l = 1$ として求める平面の方程式は

$$4(x + y - 1) + (x - y + 2z) = 0, \quad 5x + 3y + 2z - 4 = 0$$

直線と平面の關係． 平面 π と直線 g の方程式をそれぞれ

$$Ax + By + Cz + D = 0, \quad \frac{x - x_0}{L} = \frac{y - y_0}{M} = \frac{z - z_0}{N}$$

とする．

直線 g が平面 π に平行であるか π 上にあるための條件は

$$AL + BM + CN = 0$$

證． $x = x_0 + Ls, \; y = y_0 + Ms, \; z = z_0 + Ns$ を平面の方程式に代入して

$$(AL + BM + CN)s + Ax_0 + By_0 + Cz_0 + D = 0$$

$AL + BM + CN \neq 0$ ならばこれを滿足する s の値はただ一つ定まるから g と

§4. 平面の方程式

π は一點で交わる. $AL+BM+CN=0$ のときは, $Ax_0+By_0+Cz_0+D=0$ ならば s の任意の値について滿足されるから g は π 上にある. また $Ax_0+By_0+Cz_0+D\neq 0$ ならば滿足する s の値はない. そこで g と π は平行である.

例題 7. ねじれの位置にある二直線 g と h があるとき, g 上の任意の點 A と h 上の任意の點 B を結ぶ線分の中點の軌跡は g と h に平行である平面であることを證せよ.

證. A の座標は r を媒介變數として
$$x_1=a_1+L_1 r, \quad y_1=b_1+M_1 r, \quad z_1=c_1+N_1 r$$
とする. また s を媒介變數として B の座標は
$$x_2=a_2+L_2 s, \quad y_2=b_2+M_2 s, \quad z_2=c_2+N_2 s$$
とする. AB の中點 M の座標は
$$x=\frac{x_1+x_2}{2}=\frac{a_1+a_2}{2}+L_1\frac{r}{2}+L_2\frac{s}{2}$$
$$y=\frac{y_1+y_2}{2}=\frac{b_1+b_2}{2}+M_1\frac{r}{2}+M_2\frac{s}{2}$$
$$z=\frac{z_1+z_2}{2}=\frac{c_1+c_2}{2}+N_1\frac{r}{2}+N_2\frac{s}{2}$$
そこで
$$\begin{vmatrix} x-\dfrac{a_1+a_2}{2} & y-\dfrac{b_1+b_2}{2} & z-\dfrac{c_1+c_2}{2} \\ L_1 & M_1 & N_1 \\ L_2 & M_2 & N_2 \end{vmatrix}=0$$
を得る. g と h はねじれの位置にあるから行列
$$\begin{pmatrix} L_1 & M_1 & N_1 \\ L_2 & M_2 & N_2 \end{pmatrix}$$
の階數は2である. そこで上式は平面の方程式である. また
$$\begin{vmatrix} a_1-a_2 & b_1-b_2 & c_1-c_2 \\ L_1 & M_1 & N_1 \\ L_2 & M_2 & N_2 \end{vmatrix} \neq 0$$
であるから, 點 (a_1, b_1, c_1) も點 (a_2, b_2, c_2) もこの平面上にない. 次に
$$L_1\begin{vmatrix} M_1 & N_1 \\ M_2 & N_2 \end{vmatrix}+M_1\begin{vmatrix} N_1 & L_1 \\ N_2 & L_2 \end{vmatrix}+N_1\begin{vmatrix} L_1 & M_1 \\ L_2 & M_2 \end{vmatrix}=0$$

$$L_2\begin{vmatrix}M_1 & N_1\\ M_2 & N_2\end{vmatrix}+M_2\begin{vmatrix}N_1 & L_1\\ N_2 & L_2\end{vmatrix}+N_2\begin{vmatrix}L_1 & M_1\\ L_2 & M_2\end{vmatrix}=0$$

であるから，この平面は g と h に平行である．

問　題

1. 次の平面または直線の方程式を求めよ．
   (1) z 軸に平行であつて點 $(2, 0, 0)$ と點 $(0, -3, 0)$ を通る平面．
   (2) 三點 $A(1, -2, 5)$, $B(3, -1, -1)$, $C(-2, 4, 4)$ を通る平面．
   (3) (2) の平面に平行であつて點 $D(2, -3, 6)$ を通る平面．
   (4) 點 $(3, 0, -5)$ を通り，二平面 $x+y+z=1$, $2x-y+z=3$ に平行な直線．
   (5) 點 $(5, 0, -2)$ と直線 $x=\dfrac{y-1}{3}=\dfrac{z-2}{4}$ を含む平面．
   (6) 次の平行二直線を含む平面．
   $$\frac{x-1}{3}=\frac{y+2}{-2}=\frac{z}{5}, \quad \frac{x-2}{3}=\frac{y-3}{-2}=\frac{z+4}{5}$$
   (7) 二平面 $2x-6y-z=3$, $3x+2y+8z=2$ の交線を含み，直線 $x=2y=-3z$ に平行な平面．
   (8) 平面 $9x-2y-2z+3=0$ に平行であつて，三直線 $y=z=1$, $z=x=2$, $x=y=3$ と交わる直線．

2. 直線 g を通る二定平面を π_1, π_2 とする．これらの平面上にない一定點 P を通る任意の直線が π_1, π_2 と交わる點をそれぞれ A, B とする．A, B について P に共役な點 Q の軌跡は g を通る平面であることを證せよ．

3. 四點 A, B, C, D が同一平面上にないときそれぞれ直線 AB, BC, CD, DA 上にとつた點 P, Q, R, S が同一平面上にあるための條件は次の通りである．
$$\frac{AP}{PB}\frac{BQ}{QC}\frac{CR}{RD}\frac{DS}{SA}=1$$
註．A を原點とし，B, C, D を座標軸上にとれ．

4. 四面體 $ABCD$ の各頂點と一點 O を通る直線が，頂點 A, B, C, D の對面と交わる點をそれぞれ E, F, G, H とすれば
$$\frac{AO}{AE}+\frac{BO}{BF}+\frac{CO}{CG}+\frac{DO}{DH}=3$$

5. ねじれの位置にある二直線 g, h 上に兩端をもつ線分を $m:n$ の比に分つ點の軌跡は g, h に平行な平面であることを證せよ．

6. どの二つもねじれの位置にある三直線 g_1, g_2, g_3 が與えられたとき，これらと交わりながら動く直線 h が三直線と交わる點をそれぞれ G_1, G_2, G_3 とすれば，$G_1G_2 : G_2G_3$ が一定であるための條件は，三直線が同一平面に平行なことである．

§5. 直線と平面に關する計量

計量に關する事柄を取り扱う場合は直交軸を用いることにする．

二直線のなす角． 二直線 g と h の方程式を

$$\frac{x-a_1}{L_1}=\frac{y-b_1}{M_1}=\frac{z-c_1}{N_1},$$

$$\frac{x-a_2}{L_2}=\frac{y-b_2}{M_2}=\frac{z-c_2}{N_2}$$

とするとき g と h のなす角 θ について

$$\cos\theta=\frac{L_1L_2+M_1M_2+N_1N_2}{\sqrt{L_1^2+M_1^2+N_1^2}\sqrt{L_2^2+M_2^2+N_2^2}}$$

となる．何となれば θ はベクトル (L_1, M_1, N_1) とベクトル (L_2, M_2, N_2) とのなす角であるからである．

g と h が垂直であるための條件は

$$L_1L_2+M_1M_2+N_1N_2=0$$

例題 1. 點 $(2, 3, 1)$ から直線 $\dfrac{x}{-2}=\dfrac{y-1}{1}=\dfrac{z+1}{-1}$ に下した垂線の方程式を求めよ．

解． 垂線の方程式を

$$\frac{x-2}{L}=\frac{y-3}{M}=\frac{z-1}{N}$$

とすれば $-2L+M-N=0$ であつて交わるから

$$\begin{vmatrix} 2 & 2 & 2 \\ -2 & 1 & -1 \\ L & M & N \end{vmatrix}=0, \quad -4L-2M+6N=0$$

$$\frac{L}{2}=\frac{M}{8}=\frac{N}{4}, \quad \frac{x-2}{1}=\frac{y-3}{4}=\frac{z-1}{2}$$

平面と直線とのなす角．

平面 π の方程式を

(1) $$Ax+By+Cz+D=0$$

とするとき，ベクトル (A, B, C) は π に垂直である．何となれば π 上の一點 $P_0(x_0, y_0, z_0)$ をとれば平面上の任意の點 $P(x, y, z)$ について

$$A(x-x_0)+B(y-y_0)+C(z-z_0)=0$$

従つて $\overrightarrow{P_0P}$ は常にベクトル (A, B, C) に垂直であるからである。

平面 π と直線 $\dfrac{x-a}{L}=\dfrac{y-b}{M}=\dfrac{z-c}{N}$ とのなす角 θ について

$$\sin\theta=\left|\frac{AL+BM+CN}{\sqrt{A^2+B^2+C^2}\sqrt{L^2+M^2+N^2}}\right|$$

π とこの直線が垂直であるための條件は

$$\frac{A}{L}=\frac{B}{M}=\frac{C}{N}$$

である。

證. ベクトル (A, B, C) とベクトル (L, M, N) のなす角は $\dfrac{\pi}{2}\pm\theta$ である。そこで $\cos\left(\dfrac{\pi}{2}\pm\theta\right)=\pm\sin\theta$ である。

例題 2. 點 $(1, 1, 0)$ を通り平面 $x-y+z=0$ に垂直な直線の方程式を求めよ。

解. $$\frac{x-1}{1}=\frac{y-1}{-1}=\frac{z}{1}$$

二平面のなす角. 二平面 π_1 と π_2 の方程式を

$$A_1x+B_1y+C_1z+D_1=0, \quad A_2x+B_2y+C_2z+D_2=0$$

とするとき π_1 と π_2 のなす角 θ について

$$\cos\theta=\pm\frac{A_1A_2+B_1B_2+C_1C_2}{\sqrt{A_1^2+B_1^2+C_1^2}\sqrt{A_2^2+B_2^2+C_2^2}}$$

何となれば、π_1 と π_2 のなす角 θ は π_1 に垂直なベクトル (A_1, B_1, C_1) と π_2 に垂直なベクトル (A_2, B_2, C_2) あるいは $(-A_2, -B_2, -C_2)$ とのなす角である。

例題 3. 直線 $\dfrac{x}{-1}=\dfrac{y}{1}=\dfrac{z-1}{1}$ を含み平面 $2x-y+3z=0$ に垂直な平面の方程式を求めよ。

解. 求める平面の方程式を $Ax+By+Cz+D=0$ とする。直線 $x=-r$, $y=r$, $z=1+r$ を含むためには

$$-A+B+C=0, \quad C+D=0$$

平面 $2x-y+3z=0$ に垂直であるためには

§5. 直線と平面に關する計量

$$2A-B+3C=0, \quad A=-4C, \quad B=-5C, \quad D=-C$$
$$-4x-5y+z-1=0$$

點と直線との距離. 點 $P(x_0, y_0, z_0)$ と直線
$$\frac{x-a}{L}=\frac{y-b}{M}=\frac{z-c}{N}$$
との距離 p は
$$p=\frac{\sqrt{\begin{vmatrix}y_0-b & z_0-c \\ M & N\end{vmatrix}^2+\begin{vmatrix}z_0-c & x_0-a \\ N & L\end{vmatrix}^2+\begin{vmatrix}x_0-a & y_0-b \\ L & M\end{vmatrix}^2}}{\sqrt{L^2+M^2+N^2}}$$
である.

證. 座標が (a, b, c) である點を A で示す. $\overrightarrow{AP}$ とベクトル (L, M, N) とのなす角を θ とするとき
$$p=\overline{AP}\sin\theta$$
$$\overline{AP}^2=(x_0-a)^2+(y_0-b)^2+(z_0-c)^2$$
$\sin\theta$ を本章 §2 の公式で求めれば上式を得る.

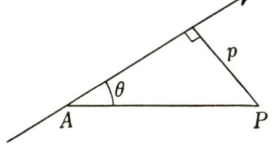

第 70 圖

點と平面の距離. 平面は空間を二つの部分にわける. 一方の側を**正の側**(**正領域**)として他の側を**負の側**(**負領域**)とする. 點が正の側にあるとき點と平面の距離を正として, 點が負の側にあるとき點と平面の距離を負とする.

點 $P(x_0, y_0, z_0)$ と平面 $Ax+By+Cz+D=0$ の距離は
$$\pm\frac{Ax_0+By_0+Cz_0+D}{\sqrt{A^2+B^2+C^2}}$$

ここで ± の符號はベクトル (A, B, C) が負の側から正の側に向う方向であるとき正, そうでないときに負とする.

證. P を通り平面に垂直な直線と平面との交點を $Q(x_1, y_1, z_1)$ とする. ベクトル $A(A, B, C)$ は平面に垂直である. この方向が負の側から正の側に向うときは, この方向の單位ベクトルを E として, E の成分は
$$\frac{A}{\sqrt{A^2+B^2+C^2}}, \quad \frac{B}{\sqrt{A^2+B^2+C^2}}, \quad \frac{C}{\sqrt{A^2+B^2+C^2}}$$
である. $\overrightarrow{QP}=dE$ とすれば d は點 P と平面との距離である. 成分を考えると

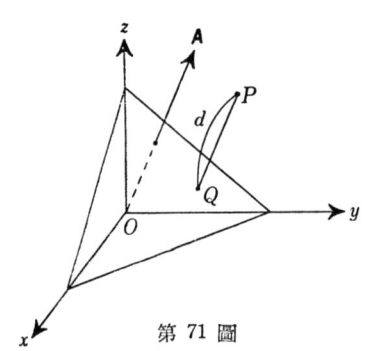

$$x_0-x_1=\frac{dA}{\sqrt{A^2+B^2+C^2}}$$

$$y_0-y_1=\frac{dB}{\sqrt{A^2+B^2+C^2}}$$

$$z_0-z_1=\frac{dC}{\sqrt{A^2+B^2+C^2}}$$

$Ax_1+By_1+Cz_1+D=0$ であるから，各式にそれぞれ A, B, C を乘じて加えると

$$d=\frac{Ax_0+By_0+Cz_0+D}{\sqrt{A^2+B^2+C^2}}$$

第 71 圖

を得る．ベクトル (A, B, C) が正の側から負の側に向うときはベクトル $(-A, -B, -C)$ をとつて同樣にすればよい．

例題 4. 平面に垂直であつて負の側から正の側に向う向きと座標軸とのなす角を α, β, γ として，原點と平面の距離を p とすれば平面の方程式は

$$x\cos\alpha+y\cos\beta+z\cos\gamma+p=0$$

である．點 (x_0, y_0, z_0) と平面との距離は

$$x_0\cos\alpha+y_0\cos\beta+z_0\cos\gamma+p$$

である．

證． ベクトル $(\cos\alpha, \cos\beta, \cos\gamma)$ が平面に垂直であつて，負の側から正の側に向うベクトルである．そこで平面の方程式は

$$x\cos\alpha+y\cos\beta+z\cos\gamma+p=0$$

である．§1 の (1) によつて $\cos^2\alpha+\cos^2\beta+\cos^2\gamma=1$ であるから p は原點と平面の距離である．

二直線の最短距離．

平行でない二直線 g と h の方程式を

$$\frac{x-a_1}{L_1}=\frac{y-b_1}{M_1}=\frac{z-c_1}{N_1}, \quad \frac{x-a_2}{L_2}=\frac{y-b_2}{M_2}=\frac{z-c_2}{N_2}$$

とするとき，g と h の最短距離は

§5. 直線と平面に關する計量

$$\frac{\begin{vmatrix} a_1-a_2 & b_1-b_2 & c_1-c_2 \\ L_1 & M_1 & N_1 \\ L_2 & M_2 & N_2 \end{vmatrix}}{\sqrt{\begin{vmatrix} L_1 & L_2 \\ M_1 & M_2 \end{vmatrix}^2 + \begin{vmatrix} M_1 & M_2 \\ N_1 & N_2 \end{vmatrix}^2 + \begin{vmatrix} N_1 & N_2 \\ L_1 & L_2 \end{vmatrix}^2}}$$

の絶對値に等しい.

證. g, h 上の任意の點 P, Q の座標をそれぞれ

(2) $\begin{cases} x_1 = a_1 + L_1 r, & y_1 = b_1 + M_1 r, & z_1 = c_1 + N_1 r \\ x_2 = a_2 - L_2 s, & y_2 = b_2 - M_2 s, & z_2 = c_2 - N_2 s \end{cases}$

とすれば

$\overline{PQ}^2 = (x_1-x_2)^2 + (y_1-y_2)^2 (z_1-z_2)^2$
$= (L_1 r + L_2 s + a_1 - a_2)^2 + (M_1 r + M_2 s + b_1 - b_2)^2 + (N_1 r + N_2 s + c_1 - c_2)^2$

そこで $\overline{PQ}$ の最小値は第3章 §5, 例題5によつて上記の通りになる. なお次の事柄が成り立つ.

g と h がねじれの位置にあるとき最短距離となる線分は g にも h にも垂直である.

證 $\overline{PQ}^2 = (L_1^2 + M_1^2 + N_1^2) r^2 + 2(L_1 L_2 + M_1 M_2 + N_1 N_2) rs$
$+ (L_2^2 + M_2^2 + N_2^2) s^2 + 2r\{L_1(a_1-a_2) + M_1(b_1-b_2) + N_1(c_1-c_2)\}$
$+ 2s\{L_2(a_1-a_2) + M_2(b_1-b_2) + N_2(c_1-c_2)\}$
$+ (a_1-a_2)^2 + (b_1-b_2)^2 + (c_1-c_2)^2$

そこで PQ を最小ならしめる r, s の値は

$(L_1^2 + M_1^2 + N_1^2) r + (L_1 L_2 + M_1 M_2 + N_1 N_2) s$
$\qquad + L_1(a_1-a_2) + M_1(b_1-b_2) + N_1(c_1-c_2) = 0$
$(L_1 L_2 + M_1 M_2 + N_1 N_2) r + (L_2^2 + M_2^2 + N_2^2) s$
$\qquad + L_2(a_1-a_2) + M_2(b_1-b_2) + N_2(c_1-c_2) = 0$

を満足する. このとき $x_1, y_1, z_1, x_2, y_2, z_2$ について (2) により

$L_1(x_1-x_2) + M_1(y_1-y_2) + N_1(z_1-z_2) = 0$
$L_2(x_1-x_2) + M_2(y_1-y_2) + N_2(z_1-z_2) = 0$

であるから $\overrightarrow{PQ}$ は g と h に垂直である.

例題 5. 直線 $x-1=y+1=z-1$ と直線 $\dfrac{x}{1}=\dfrac{y}{-1}=\dfrac{z}{0}$ との最短距離を求めよ．また最短距離となる線分の兩端の座標を求めよ．

解．
$$\begin{vmatrix} 1 & -1 & 1 \\ 1 & -1 & 0 \\ 1 & 1 & 1 \end{vmatrix} = 2$$

$$\sqrt{\begin{vmatrix} 1 & 1 \\ -1 & 1 \end{vmatrix}^2 + \begin{vmatrix} -1 & 1 \\ 0 & 1 \end{vmatrix}^2 + \begin{vmatrix} 0 & 1 \\ 1 & 1 \end{vmatrix}^2} = \sqrt{6}$$

そこで最短距離は $\dfrac{2}{\sqrt{6}} = \dfrac{\sqrt{6}}{3}$ である．また

$$x_1 = r+1,\ y_1 = r-1,\ z_1 = r+1,\ x_2 = -s,\ y_2 = s,\ z_2 = 0$$
$$\overline{PQ}^2 = (r+s+1)^2 + (r-s-1)^2 + (r+1)^2 = 3r^2 + 2s^2 + 4s + 2r + 3$$

$3r+1=0,\ 2s+2=0$ から $r=-\dfrac{1}{3},\ s=-1$ を得て，$x_1=\dfrac{2}{3},\ y_1=-\dfrac{4}{3},\ z_1=\dfrac{2}{3},\ x_2=1,\ y_2=-1,\ z_2=0$ を得る．

三角形の面積． 三點 $P(x_1, y_1, z_1),\ Q(x_2, y_2, z_2),\ R(x_3, y_3, z_3)$ のつくる三角形の面積は

$$\frac{1}{2}\sqrt{\begin{vmatrix} x_1 & y_1 & 1 \\ x_2 & y_2 & 1 \\ x_2 & y_3 & 1 \end{vmatrix}^2 + \begin{vmatrix} y_1 & z_1 & 1 \\ y_2 & z_2 & 1 \\ y_3 & z_3 & 1 \end{vmatrix}^2 + \begin{vmatrix} z_1 & x_1 & 1 \\ z_2 & x_2 & 1 \\ z_3 & x_3 & 1 \end{vmatrix}^2}$$

證． P, R を通る直線の方程式は

$$\frac{x-x_1}{x_3-x_1} = \frac{y-y_1}{y_3-y_1} = \frac{z-z_1}{z_3-z_1}$$

この直線と點 Q の距離は

$$\frac{\sqrt{\begin{vmatrix} x_2-x_1 & y_2-y_1 \\ x_3-x_1 & y_3-y_1 \end{vmatrix}^2 + \begin{vmatrix} y_2-y_1 & z_2-z_1 \\ y_3-y_1 & z_3-z_1 \end{vmatrix}^2 + \begin{vmatrix} z_2-z_1 & x_2-x_1 \\ z_3-z_1 & x_3-x_1 \end{vmatrix}^2}}{\sqrt{(x_3-x_1)^2 + (y_3-y_1)^2 + (z_3-z_1)^2}}$$

邊 PR の長さはこの式の分母に等しい．そこで三角形の面積はこの式の分子に $\dfrac{1}{2}$ を乘じたものである．

四面體の體積． 四點 $A(x_1, y_1, z_1),\ B(x_2, y_2, z_2),\ C(x_3, y_3, z_3),\ D(x_4, y_4, z_4)$ のつくる四面體の體積は

§5. 直線と平面に關する計量

$$\frac{1}{6}\begin{vmatrix} x_1 & y_1 & z_1 & 1 \\ x_2 & y_2 & z_2 & 1 \\ x_3 & y_3 & z_3 & 1 \\ x_4 & y_4 & z_4 & 1 \end{vmatrix}$$

の絶對値に等しい.

證. B, C, D を通る平面の方程式は

$$\begin{vmatrix} x & y & z & 1 \\ x_2 & y_2 & z_2 & 1 \\ x_3 & y_3 & z_3 & 1 \\ x_4 & y_4 & z_4 & 1 \end{vmatrix} = 0$$

である. 點 A とこの平面との距離は

$$\frac{\begin{vmatrix} x_1 & y_1 & z_1 & 1 \\ x_2 & y_2 & z_2 & 1 \\ x_3 & y_3 & z_3 & 1 \\ x_4 & y_4 & z_4 & 1 \end{vmatrix}}{\sqrt{\begin{vmatrix} x_2 & y_2 & 1 \\ x_3 & y_3 & 1 \\ x_4 & y_4 & 1 \end{vmatrix}^2 + \begin{vmatrix} y_2 & z_2 & 1 \\ y_3 & z_3 & 1 \\ y_4 & z_4 & 1 \end{vmatrix}^2 + \begin{vmatrix} z_2 & x_2 & 1 \\ z_3 & x_3 & 1 \\ z_4 & x_4 & 1 \end{vmatrix}^2}}$$

である. この式の分母は三角形 BCD の面積の 2 倍に等しいから, **分子は四面體 $ABCD$ の體積の 6 倍である.**

問 題

1. 點 $(3, 0, -2)$ を通り直線 $\dfrac{x-2}{3} = \dfrac{y+1}{-2} = \dfrac{z}{-1}$ と $45°$ の角で交わる二直線の方程式を求めよ.
2. 平面 $2x-y+z=0$ と垂直であつて, 二直線 $x=y=z$, $\dfrac{x}{3} = \dfrac{y-1}{-2} = z$ と交わる直線の方程式を求めよ.
3. 點 $(7, 2, -3)$ を通り, 二平面 $2x-3y+z+3=0$, $3x+2y-z+1=0$ に垂直な平面の方程式を求めよ.
4. 二點 $(-5, 1, 2)$, $(3, 0, 3)$ を通り, 平面 $4x-y+3z=0$ に垂直な平面の方程式を求めよ.
5. 二平面 $x-y+z+3=0$, $2x+y-2z+1=0$ からの距離がそれぞれ $\sqrt{3}$, 2 である點の軌跡を求めよ.
6. 直線 $x=y=z$ と直線 $1-x=y-1=z$ との最短距離および, その場合の線分の兩端の座標を求めよ.

7. 平面 $x+y+z=7$ 上の四點 $(2, 1, 4)$, $(4, 2, 1)$, $(3, 5, -1)$, $(1, 3, 3)$ を頂點とする凸四邊形の面積はいくらか.
8. 點 $(3, 3, 4)$ を頂點として前問の四邊形を底とする四角錐の體積を求めよ.
9. ねじれの位置にある二直線上にそれぞれ定長の線分をとるとき，二線分の四つの端を頂點とする四面體の體積は一定である.
10. 與えられた四平面 $A_ix+B_iy+C_iz+D_i=0$, $(i=1, 2, 3, 4)$ のかこむ四面體の體積を求めよ.
11. 點 (a, b, c) を通り, 方向餘弦が l, m, n である直線と點 (x, y, z) との距離 d は次式で定まる.
$$d^2 = (x-a)^2 + (y-b)^2 + (z-c)^2 - \{l(x-a) + m(y-b) + n(z-c)\}^2$$
12. 點 (a, b, c) を通り二平面 $A_1x+B_1y+C_1z+D_1=0$, $A_2x+B_2y+C_2z+D_2=0$ に垂直な平面の方程式を求めよ.
13. 二點 $(1, 1, 0)$, $(0, -1, -1)$ および直線 $2x=2y=z$ 上の一點を三頂點とする三角形の面積の最小値を求めよ.
14. 原點と平面との距離の公式を用いて第3章§5例題5を解け.
    註. $f_i = a_{i1}x + a_{i2}y + a_{i3}$, $i=1, 2, 3$ とおけば $A_{13}f_1 + A_{23}f_2 + A_{33}f_3 = |a_{ij}|$ となる.
*15. 點 A を通る三定直線と, 定點 O を通る動平面との交點を B, C, D とし, 四面體 $AOCD$, $AODB$, $AOBC$ の體積をそれぞれ v_1, v_2, v_3 とすれば次の値は一定である.
$$\sqrt{\frac{v_1}{v_2v_3}} + \sqrt{\frac{v_2}{v_3v_1}} + \sqrt{\frac{v_3}{v_1v_2}}$$
ただし O は三直線のつくる三角錐の内部にあるとする.

第5章 二次曲面

§1. 座標の變換

平行移動. 點 $O_1(a, b, c)$ を新原點として, O_1 を通り x 軸, y 軸, z 軸と同方向の三直線を新座標軸として, それぞれ X 軸, Y 軸, Z 軸とする. そして新座標軸の正の向きを舊座標軸の正の向きと一致させる. これを座標軸の**平行移動**という. ベクトルの成分は平行移動によつて變らない. 何となれば有向線分 $\overrightarrow{O_1P_1}$ と $\overrightarrow{OP}$ が同一のベクトルを示すならば, 圖に於て $OL=O_1L_1$, $LM=L_1M_1$, $MP=M_1P_1$ となるから P の舊座標と P_1 の新座標は相等しい.

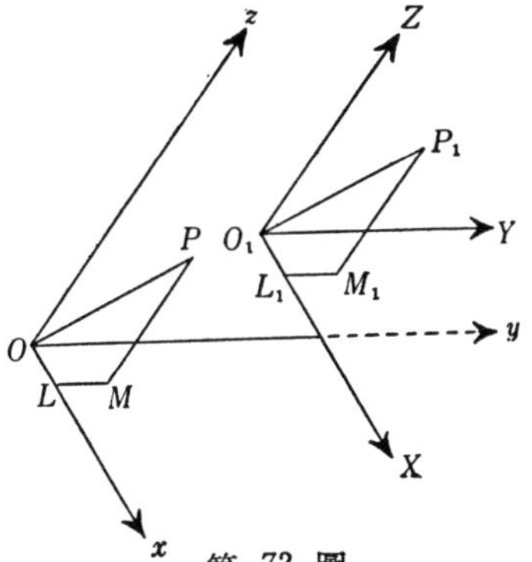

任意の點 P の舊座標を (x, y, z), 新座標を (X, Y, Z) とすれば

$$x=X+a, \quad y=Y+b, \quad z=Z+c$$

第 72 圖

證. $\overrightarrow{OP}=\overrightarrow{OO_1}+\overrightarrow{O_1P}$

$\overrightarrow{OO_1}$ の成分は (a, b, c) であつて, $\overrightarrow{OP}$ の成分は P の舊座標, $\overrightarrow{O_1P}$ の成分は P の新座標であるから, 上式の兩邊の成分をとれば證せられる.

直交軸の變換. 原點 O を通る互に垂直な三つの直線を新しい直交軸にとり, X 軸, Y 軸, Z 軸とする. X 軸, Y 軸, Z 軸の正の向きの舊座標についての**方向餘弦**をそれぞれ (l_1, m_1, n_1), (l_2, m_2, n_2), (l_3, m_3, n_3) とする.

$$l_1^2+m_1^2+n_1^2=1, \quad l_2^2+m_2^2+n_2^2=1, \quad l_3^2+m_3^2+n_3^2=1$$

$$l_1l_2+m_1m_2+n_1n_2=0, \quad l_2l_3+m_2m_3+n_2n_3=0, \quad l_3l_1+m_3m_1+n_3n_1=0$$

この關係を行列で示せば次の通りである.

(1) $\begin{pmatrix} l_1 & m_1 & n_1 \\ l_2 & m_2 & n_2 \\ l_3 & m_3 & n_3 \end{pmatrix} \begin{pmatrix} l_1 & l_2 & l_3 \\ m_1 & m_2 & m_3 \\ n_1 & n_2 & n_3 \end{pmatrix} = \begin{pmatrix} 1 & 0 & 0 \\ 0 & 1 & 0 \\ 0 & 0 & 1 \end{pmatrix}$

左邊の二つの行列は互に逆行列の關係にあるから, 第1章§6によつて

$$\begin{pmatrix} l_1 & l_2 & l_3 \\ m_1 & m_2 & m_3 \\ n_1 & n_2 & n_3 \end{pmatrix} \begin{pmatrix} l_1 & m_1 & n_1 \\ l_2 & m_2 & n_2 \\ l_3 & m_3 & n_3 \end{pmatrix} = \begin{pmatrix} 1 & 0 & 0 \\ 0 & 1 & 0 \\ 0 & 0 & 1 \end{pmatrix}$$

となつて, 次の關係が得られる.

$$l_1^2 + l_2^2 + l_3^2 = 1, \quad m_1^2 + m_2^2 + m_3^2 = 1, \quad n_1^2 + n_2^2 + n_3^2 = 1$$
$$l_1 m_1 + l_2 m_2 + l_3 m_3 = 0, \quad m_1 n_1 + m_2 n_2 + m_3 n_3 = 0, \quad n_1 l_1 + n_2 l_2 + n_3 l_3 = 0$$

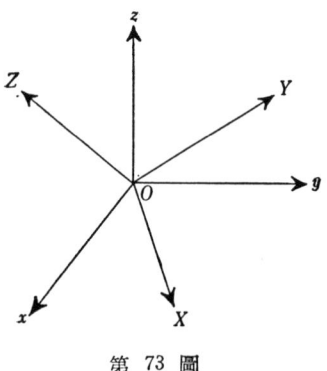

この關係の成り立つことは次のように考えてもわかる. l_1, l_2, l_3 は x 軸の正の向きが X 軸, Y 軸, Z 軸となす角の餘弦に等しい. 從つて x 軸の正の向きの新座標軸についての方向餘弦は l_1, l_2, l_3 となる. そこで $l_1^1 + l_2^2 + l_3^3 = 1$ となる. また y 軸の正の向きの新座標軸についての方向餘弦は m_1, m_2, m_3 である. x 軸と y 軸は垂直であるから, $l_1 m_1 + l_2 m_2 + l_3 m_3 = 0$ となる. 以下同樣である.

第 73 圖

任意の點 P の舊座標を (x, y, z), 新座標を (X, Y, Z) とすれば次の關係が成り立つ.

(2)
$$\begin{cases} x = l_1 X + l_2 Y + l_3 Z, & X = l_1 x + m_1 y + n_1 z \\ y = m_1 X + m_2 Y + m_3 Z, & Y = l_2 x + m_2 y + n_2 z \\ z = n_1 X + n_2 Y + n_3 Z, & Z = l_3 x + m_3 y + n_3 z \end{cases}$$

證. P を通り XY 面に垂直な直線と XY 面との交點を S とし, S を通り Y 軸と同方向の直線と X 軸との交點を L とする.

$$\overrightarrow{OP} = \overrightarrow{OL} + \overrightarrow{LS} + \overrightarrow{SP}$$

$OL = X, \quad LS = Y, \quad SP = Z$

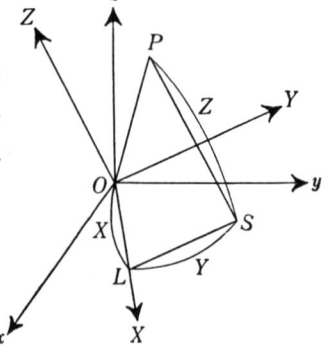

第 74 圖

X 軸の正の向きと同じ向きの單位ベクトルの成分は (l_1, m_1, n_1) であるから $\overrightarrow{OL}$ の (舊座標軸についての) 成分は $(l_1 X, m_1 X, n_1 X)$ である. 同樣に $\overrightarrow{LS}$ の成分は

§1. 座標の變換

(l_2Y, m_2Y, n_2Y), $\overrightarrow{SP}$ の成分は (l_3Z, m_3Z, n_3Z) である. $\overrightarrow{OP}$ の成分は (x, y, z) であるから, (2) の左の關係が成り立つ. これを行列で示せば

$$\begin{pmatrix} x \\ y \\ z \end{pmatrix} = \begin{pmatrix} l_1 & l_2 & l_3 \\ m_1 & m_2 & m_3 \\ n_1 & n_2 & n_3 \end{pmatrix} \begin{pmatrix} X \\ Y \\ Z \end{pmatrix}$$

(1) を用いれば

$$\begin{pmatrix} X \\ Y \\ Z \end{pmatrix} = \begin{pmatrix} l_1 & m_1 & n_1 \\ l_2 & m_2 & n_2 \\ l_3 & m_3 & n_3 \end{pmatrix} \begin{pmatrix} x \\ y \\ z \end{pmatrix}$$

そこで (2) の右の式が得られる. このようにして原點を固定する直交軸の變換は (2) の關係あるいはその係數の行列によつて定まる. (1) の兩邊の行列式をとれば

(3) $\qquad \begin{vmatrix} l_1 & m_1 & n_1 \\ l_2 & m_2 & n_2 \\ l_3 & m_3 & n_3 \end{vmatrix} = \pm 1$

となる. (3) の行列式の値が $+1$ であるとき, この直交軸の變換を**廻轉**といい, -1 であるとき**折り返し**という. 例として z 軸を固定したときの z 軸のまわりの廻轉を考える. z 軸は變らないから $l_3 = m_3 = 0$, $n_3 = 1$ である. x 軸の正の向きと X 軸の正の向きとのなす角を α とすると $l_1 = \cos\alpha$, $m_1 = \cos\left(\dfrac{\pi}{2} - \alpha\right) = \sin\alpha$, $n_1 = 0$ である. x 軸の正の向きと Y 軸の正の向きとなす角は $\dfrac{\pi}{2} + \alpha$ であるから $l_2 = -\sin\alpha$, $m_2 = \cos\alpha$, $n_2 = 0$ である.

$$\begin{pmatrix} x \\ y \\ z \end{pmatrix} = \begin{pmatrix} \cos\alpha & -\sin\alpha & 0 \\ \sin\alpha & \cos\alpha & 0 \\ 0 & 0 & 1 \end{pmatrix} \begin{pmatrix} X \\ Y \\ Z \end{pmatrix}$$

$$\begin{vmatrix} \cos\alpha & -\sin\alpha & 0 \\ \sin\alpha & \cos\alpha & 0 \\ 0 & 0 & 1 \end{vmatrix} = 1$$

次に一つの座標軸の正の向きを逆にして, 他の座標軸をそのままにしたものは折り返しである. 例えば x 軸の正の向きを逆にすると, $l_1 = \cos\pi = -1$, $m_1 = n_1 = 0$, $l_2 = 0$, $m_2 = 1$, $n_2 = 0$, $l_3 = m_3 = 0$, $n_3 = 1$ となる.

$$\begin{pmatrix} x \\ y \\ z \end{pmatrix} = \begin{pmatrix} -1 & 0 & 0 \\ 0 & 1 & 0 \\ 0 & 0 & 1 \end{pmatrix} \begin{pmatrix} X \\ Y \\ Z \end{pmatrix}$$

$$\begin{vmatrix} -1 & 0 & 0 \\ 0 & 1 & 0 \\ 0 & 0 & 1 \end{vmatrix} = -1$$

問． y 軸を固定したとき y 軸のまわりの角 θ の廻轉は行列

$$\begin{pmatrix} \cos\theta & 0 & \sin\theta \\ 0 & 1 & 0 \\ -\sin\theta & 0 & \cos\theta \end{pmatrix}$$

で示されることをたしかめよ．

例題 1. 廻轉のときには次の關係の成り立つことを證せよ．

$$l_1 = \begin{vmatrix} m_2 & m_3 \\ n_2 & n_3 \end{vmatrix}, \quad m_1 = \begin{vmatrix} n_2 & n_3 \\ l_2 & l_3 \end{vmatrix}, \quad n_1 = \begin{vmatrix} l_2 & l_3 \\ m_2 & m_3 \end{vmatrix},$$

$$l_2 = \begin{vmatrix} m_3 & m_1 \\ n_3 & n_1 \end{vmatrix}, \quad m_2 = \begin{vmatrix} n_3 & n_1 \\ l_3 & l_1 \end{vmatrix}, \quad n_2 = \begin{vmatrix} l_3 & l_1 \\ m_3 & m_1 \end{vmatrix},$$

$$l_3 = \begin{vmatrix} m_1 & m_2 \\ n_1 & n_2 \end{vmatrix}, \quad m_3 = \begin{vmatrix} n_1 & n_2 \\ l_1 & l_2 \end{vmatrix}, \quad n_3 = \begin{vmatrix} l_1 & l_2 \\ m_1 & m_2 \end{vmatrix}.$$

證． $l_1^2 + m_1^2 + n_1^2 = 1$, $l_1 l_2 + m_1 m_2 + n_1 n_2 = 0$, $l_1 l_3 + m_1 m_3 + n_1 n_3 = 0$ の關係から Cramer の公式によつて上の式を得る．他も同樣である．

直交軸を直交軸に變える變換を**直交變換**という．任意の直交變換は平行移動，廻轉，折り返しを順に行うことによつて得られることが次に明らかにされるであろう．

直交變換の合成． x, y, z 軸を X_1, Y_1, Z_1 軸に變える直交變換を

$$\begin{pmatrix} x \\ y \\ z \end{pmatrix} = \begin{pmatrix} l_1 & l_2 & l_3 \\ m_1 & m_2 & m_3 \\ n_1 & n_2 & n_3 \end{pmatrix} \begin{pmatrix} X_1 \\ Y_1 \\ Z_1 \end{pmatrix}$$

として X_1, Y_1, Z_1 軸を X_2, Y_2, Z_2 軸に變える直交變換を

$$\begin{pmatrix} X_1 \\ Y_1 \\ Z_1 \end{pmatrix} = \begin{pmatrix} L_1 & L_2 & L_3 \\ M_1 & M_2 & M_3 \\ N_1 & N_2 & N_3 \end{pmatrix} \begin{pmatrix} X_2 \\ Y_2 \\ Z_2 \end{pmatrix}$$

とするとき，x, y, z 軸を X_2, Y_2, Z_2 軸に變える直交變換は

§1. 座標の變換

$$\begin{pmatrix} x \\ y \\ z \end{pmatrix} = \begin{pmatrix} l_1 & l_2 & l_3 \\ m_1 & m_2 & m_3 \\ n_1 & n_2 & n_3 \end{pmatrix} \begin{pmatrix} L_1 & L_2 & L_3 \\ M_1 & M_2 & M_3 \\ N_1 & N_2 & N_3 \end{pmatrix} \begin{pmatrix} X_2 \\ Y_2 \\ Z_2 \end{pmatrix}$$

で與えられる．これを二つの直交變換を合成して生ずる直交變換といわれる．このときの行列はおのおのの直交變換の行列の積に等しい．行列の行列式の値を考えると次のことが知られる．

二つの廻轉を合成した結果は廻轉である．廻轉と折り返しを合成した結果は折り返しである．また二つの折り返しを合成した結果は廻轉である．

問 1. 任意の折り返しは一つの座標軸の正の向きを逆にするだけの折り返しと，ある廻轉を合成した結果であることを證せよ．

問 2. z 軸を固定して z 軸のまわりに角 $\dfrac{\pi}{4}$ の廻轉を行い次に新 x 軸のまわりに角 $\dfrac{\pi}{4}$ の廻轉を行うとき，舊座標と新座標の關係は

$$x = \frac{1}{\sqrt{2}}X - \frac{1}{2}Y + \frac{1}{2}Z, \quad y = \frac{1}{\sqrt{2}}X + \frac{1}{2}Y - \frac{1}{2}Z,$$

$$z = \frac{1}{\sqrt{2}}Y + \frac{1}{\sqrt{2}}Z.$$

であることを證せよ．

問 3. 正方行列 P について (1) のような關係すなわち $P^*P = E$ が成り立つとき P を**直交行列**という．直交行列の積はまた直交行列であることを示せ．

さて任意の廻轉は座標軸のまわりの廻轉をいくつか合成して得られることを次に示そう．座標が (l_1, m_1, n_1) である點の動徑は 1 であるがその方位角，天頂角を φ, θ とすれば

(4) $\begin{cases} l_1 = \sin\theta\cos\varphi, \\ m_1 = \sin\theta\sin\varphi, \\ n_1 = \cos\theta \end{cases}$

である．$\sin\theta \neq 0$ であるときは角 α を次のように定め得る．

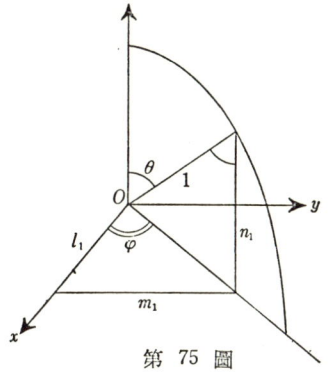

(5) $\qquad n_2 = \sin\theta\sin\alpha, \quad n_3 = \sin\theta\cos\alpha$

第 75 圖

例題 1 の式 $l_1 l_2 + m_1 m_2 + n_1 n_2 = 0$, $l_1 m_2 - m_1 l_2 = n_3$ に (4), (5) を代入して

$$l_2 \cos \varphi + m_2 \sin \varphi + \cos \theta \sin \alpha = 0,$$
$$l_2 \sin \varphi - m_2 \cos \varphi + \cos \alpha = 0$$
$$l_2 = -\cos \varphi \cos \theta \sin \alpha - \sin \varphi \cos \alpha$$
$$m_2 = \cos \varphi \cos \alpha - \sin \varphi \cos \theta \sin \alpha$$

例題1の式 $l_3 = m_1 n_2 - m_2 n_1$, $m_3 = n_1 l_2 - n_2 l_1$ に代入して

$$l_3 = \sin \varphi \sin \alpha - \cos \varphi \cos \theta \cos \alpha$$
$$m_3 = -\cos \varphi \sin \alpha - \sin \varphi \cos \theta \cos \alpha$$

$$\begin{pmatrix} l_1 & l_2 & l_3 \\ m_1 & m_2 & m_3 \\ n_1 & n_2 & n_3 \end{pmatrix} = \begin{pmatrix} \sin\varphi & -\sin\varphi & 0 \\ \sin\varphi & \cos\varphi & 0 \\ 0 & 0 & 1 \end{pmatrix} \begin{pmatrix} \sin\theta & 0 & -\cos\theta \\ 0 & 1 & 0 \\ \cos\theta & 0 & \sin\theta \end{pmatrix} \begin{pmatrix} 1 & 0 & 0 \\ 0 & \cos\alpha & -\sin\alpha \\ 0 & \sin\alpha & \cos\alpha \end{pmatrix}$$

そこで最初に z 軸のまわりの角 φ の廻轉を行い,次に新 Y_1 軸のまわりの角 $\theta - \dfrac{\pi}{2}$ の廻轉を行い,次に新 X_2 軸のまわりの角 α の廻轉を行えばその合成の結果は與えられた直交變換である.次に $\sin \theta = 0$ のときは $l_1 = m_1 = 0$ であるから $n_2 = n_3 = 0$ であつて $n_1 = \pm 1$ である.$n_1 = 1$ のときは $m_2^2 + m_3^2 = 1$ であるから $m_2 = \cos \beta$, $m_3 = -\sin \beta$ となる β が定まる.例題1によつて $l_3 = -\cos \beta$, $l_2 = -\sin \beta$ となる.そこで

$$\begin{pmatrix} l_1 & l_2 & l_3 \\ m_1 & m_2 & m_3 \\ n_1 & n_2 & n_3 \end{pmatrix} = \begin{pmatrix} 0 & 0 & -1 \\ 0 & 1 & 0 \\ 1 & 0 & 0 \end{pmatrix} \begin{pmatrix} 1 & 0 & 0 \\ 0 & \cos\beta & -\sin\beta \\ 0 & \sin\beta & \cos\beta \end{pmatrix}$$

となるから,y 軸のまわりに $-\dfrac{\pi}{2}$ だけの廻轉を行い,次に新 X_1 軸のまわりに角 β の廻轉を行つた結果となる.また $n_1 = -1$ のときは $m_2 = \cos \beta$, $m_3 = -\sin \beta$ として $l_2 = \sin \beta$, $l_3 = \cos \beta$ となる.

$$\begin{pmatrix} l_1 & l_2 & l_3 \\ m_1 & m_2 & m_3 \\ n_1 & n_2 & n_3 \end{pmatrix} = \begin{pmatrix} 0 & 0 & 1 \\ 0 & 1 & 0 \\ -1 & 0 & 0 \end{pmatrix} \begin{pmatrix} 1 & 0 & 0 \\ 0 & \cos\beta & -\sin\beta \\ 0 & \sin\beta & \cos\beta \end{pmatrix}$$

そこで y 軸のまわりに $\dfrac{\pi}{2}$ だけの廻轉を行い,次に新 X_1 軸のまわりに角 β の廻轉を行つたものとなる.

任意の直交變換は平行移動と廻轉あるいは折り返しを合成して得られる.正の直交座標系は平行移動と廻轉によつて正の直交座標系となる.正の直交座標系

§1. 座標の變換

から正の直交座標系にうつる變換は平行移動と廻轉によつて得られる.

何となれば,平行移動も一つの座標軸のまわりの廻轉も正の直交座標系を正の直交座標系に變えるからである. またもし正の直交座標系を正の直交座標系にうつす變換が折り返しによつて得られるとすると,一つの座標軸の正の向きだけを逆にする變換を合成することによつて,正の直交座標系が廻轉により負の直交座標系となることになつて不合理である.

例題 2. 三つのベクトル $A(a_x, a_y, a_z)$, $B(b_x, b_y, b_z)$, $C(c_x, c_y, c_z)$ について

$$\begin{vmatrix} a_x & a_y & a_z \\ b_x & b_y & b_z \\ c_x & c_y & c_z \end{vmatrix}$$

の値は廻轉によつて變らない.

證. A を示す有向線分 $\overrightarrow{OP}$ について點 P の座標は (a_x, a_y, a_z) である. P の新座標を (A_x, A_y, A_z) とすれば

$$A_x = l_1 a_x + m_1 a_x + n_1 a_z, \quad A_y = l_2 a_x + m_2 a_y + n_2 a_z,$$
$$A_z = l_3 a_x + m_3 a_y + n_3 a_z$$

これは新座標軸についての A の成分である. B, C の成分についても同樣であるから

$$\begin{pmatrix} A_x & A_y & A_z \\ B_x & B_y & B_z \\ C_x & C_y & C_z \end{pmatrix} = \begin{pmatrix} a_x & a_y & a_z \\ b_x & b_y & b_z \\ c_x & c_y & c_z \end{pmatrix} \begin{pmatrix} l_1 & l_2 & l_3 \\ m_1 & m_2 & m_3 \\ n_1 & n_2 & n_3 \end{pmatrix}$$

が成り立つ. 兩邊の行列式をとれば

$$\begin{vmatrix} A_x & A_y & A_z \\ B_x & B_y & B_z \\ C_x & C_y & C_z \end{vmatrix} = \begin{vmatrix} a_x & a_y & a_z \\ b_x & b_y & b_z \\ c_x & c_y & c_z \end{vmatrix}$$

ベクトルのベクトル積. 二つのベクトル A, B について次のように定めたベクトルを A と B のベクトル積といい記號 $A \times B$ で示す. A, B を示す有向線分 $\overrightarrow{OP}, \overrightarrow{OQ}$ をとるとき,三角形 OPQ の面積の2倍を $A \times B$ の長さとする. $A \times B$ の向きは A と B に垂直な向きのうち, A から B にかけて角をはかるときネジの進む向きとする.

A, B の成分をそれぞれ (a_x, a_y, a_z), (b_x, b_y, b_z) とするとき $A \times B$ の成分は

(6) $\quad c_x = \begin{vmatrix} a_y & b_y \\ a_z & b_z \end{vmatrix}, \quad c_y = \begin{vmatrix} a_z & b_z \\ a_x & b_x \end{vmatrix}, \quad c_z = \begin{vmatrix} a_x & b_x \\ a_y & b_y \end{vmatrix}$

である.

證. 成分 (c_x, c_y, c_z) であるベクトル C が $A \times B$ に等しいことを證すればよい. C の長さは

$$\sqrt{\begin{vmatrix} 0 & 0 & 1 \\ a_y & a_z & 1 \\ b_y & b_z & 1 \end{vmatrix}^2 + \begin{vmatrix} 0 & 0 & 1 \\ a_z & a_x & 1 \\ b_z & b_x & 1 \end{vmatrix}^2 + \begin{vmatrix} 0 & 0 & 1 \\ a_x & a_y & 1 \\ b_x & b_y & 1 \end{vmatrix}^2}$$

であるから,三角形 OPQ の面積の2倍に等しく $|C| = |A \times B|$ が示された. また

$$a_x c_x + a_y c_y + a_z c_z = 0, \quad b_x c_x + b_y c_y + b_z c_z = 0$$

であるから C は A と B に垂直である.

(7) $\quad \begin{vmatrix} a_x & a_y & a_z \\ b_x & b_y & b_z \\ c_x & c_y & c_z \end{vmatrix} = c_x^2 + c_y^2 + c_z^2 \geqq 0$

C が零ベクトルならば (6) によつて A と B は同じ向きか逆の向きであるから, $A \times B$ は定義により零ベクトルとなる. そこで C が零ベクトルでないときを考える. 行列式(7)は正となる. C を示す有向線分を $\overrightarrow{OR}$ とする. O, P を通る直線を X 軸, OP の向きを X 軸の正の向きとし, O, P, Q を含む平面を XY 面として Q の Y 座標 b が正となるように Y 軸の正の向きを定める. 新 Z 軸の正方向は $\overrightarrow{OP}$ から $\overrightarrow{OQ}$ にかけてはかつた角についてネジの進む向きすなわち $A \times B$ の向きとする. そうすると新座標軸は正の直交座標系である. そこで廻轉によつて得られる. P, Q, R の新座標をそれぞれ $(a, 0, 0)$, $(k, b, 0)$, $(0, 0, c)$ とするとき $a > 0$, $b > 0$ であつて, 例題 2 により

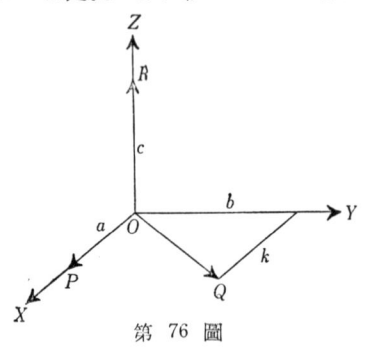

第 76 圖

§1. 座標の變換

$$\begin{vmatrix} a_x & a_y & a_z \\ b_x & b_y & b_z \\ c_x & c_y & c_z \end{vmatrix} = \begin{vmatrix} a & 0 & 0 \\ k & b & 0 \\ 0 & 0 & c \end{vmatrix} = abc > 0$$

そこで $c>0$ であるから $\overrightarrow{OR}$ は $A\times B$ の向きと一致する．以上で $A\times B=C$ が示された．

ベクトルの成分を考えると，ベクトル積について次式が成り立つことが證明される．

$$A\times B=-(B\times A), \quad A\times(B+C)=A\times B+A\times C,$$
$$(B+C)\times A=B\times A+C\times A, \quad mA\times B=m(A\times B).$$

證．
$$\begin{vmatrix} a_y & b_y \\ a_z & b_z \end{vmatrix} = -\begin{vmatrix} b_y & a_y \\ b_z & a_z \end{vmatrix}, \quad \begin{vmatrix} ma_x & b_y \\ ma_z & b_z \end{vmatrix} = m\begin{vmatrix} a_y & b_y \\ a_z & b_z \end{vmatrix},$$

$$\begin{vmatrix} a_y & b_y+c_y \\ a_z & b_z+c_z \end{vmatrix} = \begin{vmatrix} a_y & b_y \\ a_z & b_z \end{vmatrix} + \begin{vmatrix} a_y & c_y \\ a_z & c_z \end{vmatrix}$$

例題 3. ベクトル A, B, C を示す有向線分 $\overrightarrow{PA}, \overrightarrow{PB}, \overrightarrow{PC}$ のつくる四面體の體積は $\frac{1}{6}(A\times B)\cdot C$ に等しい．ただし $\overrightarrow{PA}$ から $\overrightarrow{PB}$ にかけてはかつた角に對し $\overrightarrow{PC}$ はネヂの進む側にあるとする．

證．$A\times B$ と C とのなす角 θ について

$$\frac{\pi}{2} \geq \theta \geq 0, \quad \cos\theta = \frac{(A\times B)\cdot C}{|A\times B|\cdot|C|}$$

である．三角形 PAB の面積は $|A\times B|$ の $\frac{1}{2}$ であり，點 C と P, A, B を通る平面との距離は $|C|\cos\theta$ であるから體積は上記の通りである．

問 1. 正の直交座標系について座標軸の正の向きの單位ベクトルをそれぞれ E_x, E_y, E_z とするとき次式を證せよ．

$$E_x\times E_y=E_z=-(E_y\times E_x), \quad E_y\times E_z=E_x=-(E_z\times E_y),$$
$$E_z\times E_x=E_y=-(E_x\times E_z).$$

問 2. 點 A を通る直線と同方向の單位ベクトルを E とするとき，この直線と點 P との距離は $\overrightarrow{AP}\times E$ の長さに等しいことを證せよ．

問 3. 四點 $A(x_1, y_1, z_1), B(x_2, y_2, z_2), C(x_3, y_3, z_3), D(x_4, y_4, z_4)$ について A, B, C の順に廻る向きに對して點 D がネヂの進む側にあれば，四面體 $ABCD$ の體積は

$$\frac{1}{6}\begin{vmatrix} x_1 & y_1 & z_1 & 1 \\ x_2 & y_2 & z_2 & 1 \\ x_3 & y_3 & z_3 & 1 \\ x_4 & y_4 & z_4 & 1 \end{vmatrix}$$

に等しいことを證せよ．

註． 例題3によつて體積は $\dfrac{1}{6}(\overrightarrow{AB}\times\overrightarrow{AC})\cdot\overrightarrow{AD}$ に等しい．

問　題

1. 次式を證せよ．
   (1) $A\times A=0$．
   (2) $A(B\times C)=B(C\times A)=C(A\times B)$．
   (3) $A\times(B\times C)=(AC)B-(AB)C$．
   (4) $(A\times B)(C\times D)=C(D\times(A\times B))$．
   (5) $A\times(B\times C)+B\times(C\times A)+C\times(A\times B)=0$．

2. 點 P を通りベクトル A と同方向の直線 g と點 Q を通りベクトル B と同方向の直線 h との最短距離は次式で與えられる．
$$\frac{\overrightarrow{PQ}(A\times B)}{|A\times B|}$$

3. 廻轉の行列について $l_1=1$ ならば x 軸のまわりの廻轉である．また $m_2=1$ または $n_3=1$ ならば y 軸または z 軸のまわりの廻轉である．

4. 直交變換の際に舊座標と新座標について $x^2+y^2+z^2=X^2+Y^2+Z^2$ であることを計算によつてたしかめよ．

5. $$\begin{pmatrix}x\\y\\z\end{pmatrix}=\begin{pmatrix}a_1 & a_2 & a_3\\b_1 & b_2 & b_3\\c_1 & c_2 & c_3\end{pmatrix}\begin{pmatrix}X\\Y\\Z\end{pmatrix}$$
とおくとき $x^2+y^2+z^2=X^2+Y^2+Z^2$ が常に成り立つならば，直交變換であることを示せ．

6. 廻轉のときの行列について
$$\begin{vmatrix}l_1-1 & l_2 & l_3\\m_1 & m_2-1 & m_3\\n_1 & n_2 & n_3-1\end{vmatrix}=0$$
であることを證せよ．

   註． 固有方程式を考え例題1の結果を用いよ．

7. 前問によつて次のような實數 α,β,γ が得られる．
   $l_1\alpha+l_2\beta+l_3\gamma=\alpha,\quad m_1\alpha+m_2\beta+m_3\gamma=\beta,\quad n_1\alpha+n_2\beta+n_3\gamma=\gamma,\quad \alpha^2+\beta^2+\gamma^2=1$．
   このとき同時に次の關係も成り立つことを證せよ．
   $l_1\alpha+m_1\beta+n_1\gamma=\alpha,\quad l_2\alpha+m_2\beta+n_2\gamma=\beta,\quad l_3\alpha+m_3\beta+n_3\gamma=\gamma$．

*8. 前問における α,β,γ を方向餘弦とする原點を通る有向直線を Z_0 軸とするとき，行列

$$\begin{pmatrix} l_1 & l_2 & l_3 \\ m_1 & m_2 & m_3 \\ n_1 & n_2 & n_3 \end{pmatrix}$$

は Z_0 軸のまわりの舊座標軸の廻轉を示すことを説明せよ.

註.
$$\begin{pmatrix} \alpha_1 & \beta_1 & \gamma_1 \\ \alpha_2 & \beta_2 & \gamma_2 \\ \alpha & \beta & \gamma \end{pmatrix} \begin{pmatrix} l_1 & l_2 & l_3 \\ m_1 & m_2 & m_3 \\ n_1 & n_2 & n_3 \end{pmatrix} \begin{pmatrix} \alpha_1 & \alpha_2 & \alpha \\ \beta_1 & \beta_2 & \beta \\ \gamma_1 & \gamma_2 & \gamma \end{pmatrix}$$

を考えて問題3の結果を用いよ. ただし $\alpha_1, \beta_1, \gamma_1$ を方向餘弦とする直線と, $\alpha_2, \beta_2,$ γ_2 を方向餘弦とする直線と Z_0 軸は直交軸をつくるとする.

*9. 原點を通り方向餘弦が α, β, γ である直線のまわりに舊座標軸を角 ω だけ廻轉したものを新座標軸とするとき, 舊座標と新座標の關係は次の通りである.

$$x = \{\cos\omega + \alpha^2(1-\cos\omega)\}X + \{\alpha\beta(1-\cos\omega) - \gamma\sin\omega\}Y$$
$$+ \{\alpha\gamma(1-\cos\omega) + \beta\sin\omega\}Z,$$
$$y = \{\beta\alpha(1-\cos\omega) + \gamma\sin\omega\}X + \{\cos\omega + \beta^2(1-\cos\omega)\}Y$$
$$+ \{\beta\gamma(1-\cos\omega) - \alpha\sin\omega\}Z,$$
$$z = \{\gamma\alpha(1-\cos\omega) - \beta\sin\omega\}X + \{\gamma\beta(1-\cos\omega) + \alpha\sin\omega\}Y$$
$$+ \{\cos\omega + \gamma^2(1-\cos\omega)\}Z$$

註.
$$\begin{pmatrix} \alpha_1 & \alpha_2 & \alpha \\ \beta_1 & \beta_2 & \beta \\ \gamma_1 & \gamma_2 & \gamma \end{pmatrix} \begin{pmatrix} \cos\omega & -\sin\omega & 0 \\ \sin\omega & \cos\omega & 0 \\ 0 & 0 & 1 \end{pmatrix} \begin{pmatrix} \alpha_1 & \beta_1 & \gamma_1 \\ \alpha_2 & \beta_2 & \gamma_2 \\ \alpha & \beta & \gamma \end{pmatrix}$$ を考えよ.

§2. 二次曲面の方程式

球面. 點 $C(x_0, y_0, z_0)$ を中心とする半徑 r の球面上の任意の點 $P(x, y, z)$ と C の距離は r であるからこの球面の方程式は

$$(x-x_0)^2 + (y-y_0)^2 + (z-z_0)^2 = r^2$$

である. 特に原點を中心とするときは

$$x^2 + y^2 + z^2 = r^2$$

長圓面(橢圓面). 方程式

(1) $$\frac{x^2}{a^2} + \frac{y^2}{b^2} + \frac{z^2}{c^2} = 1$$

を滿足する座標をもつ點全部のあつまりは一つの曲面をつくる. これを**長圓面**という. これは原點について點對稱である. 何となれば點 (x, y, z) がこの面上に

あれば點 $(-x, -y, -z)$ もこの面上にあつて，この二點を結ぶ線分の中點は原點である．また xy 面について對稱である．何となれば點 (x, y, z) がこの面上にあれば點 $(x, y, -z)$ もこの面上にある．同樣に yz 面，zx 面についても對稱である．xy 面との交線は (1) に於て $z=0$ とすると

$$\frac{x^2}{a^2}+\frac{y^2}{b^2}=1$$

となり，交線は長圓となることがわかる．同樣に yz 面，zx 面との交線も長圓である．

問． xy 面に平行な平面 $z=k$ との交線は何であるか．

(1) に於て $b=a$ の場合には圓柱座標をとつて $x=r\cos\theta, y=r\sin\theta$ とすれば

$$\frac{r^2}{a^2}+\frac{z^2}{c^2}=1$$

となる．そこで zx 面上の長圓 $\frac{x^2}{a^2}+\frac{z^2}{c^2}=1$ を z 軸のまわりに廻轉して生ずる廻轉面である．同樣に (1) に於て $b=c$，あるいは $c=a$ の場合には x 軸のまわりあるいは y 軸のまわりの長圓の廻轉面となる．

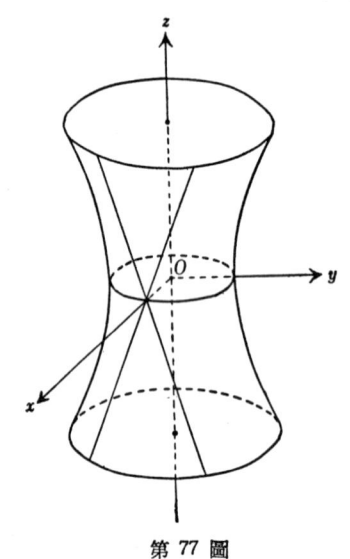

一葉双曲面． 次の方程式をもつ曲面を一葉双曲面という．

$$(2) \quad \frac{x^2}{a^2}+\frac{y^2}{b^2}-\frac{z^2}{c^2}=1$$

$z=k$ とすれば

$$\frac{x^2}{a^2}+\frac{y^2}{b^2}=1+\frac{k^2}{c^2}$$

であるから，xy 面に平行な任意の平面との交線は長圓である．$x=0$ とすれば $\frac{y^2}{b^2}-\frac{z^2}{c^2}=1$ となるから，yz 面との交線は双曲線である．同樣に zx 面との交線も双曲線である．

問 1． 平面 $x=a$ との交線は何であるか．また平面 $y=b$ との交線は何であるか．

第 77 圖

問 2． (2) に於て $b=a$ であるとき z 軸のまわりの双曲線の廻轉面であることをたしかめよ．

§2. 二次曲面の方程式

二葉双曲面. 次の方程式をもつ曲面を二葉双曲面という．

(3) $$-\frac{x^2}{a^2}-\frac{y^2}{b^2}+\frac{z^2}{c^2}=1$$

平面 $z=k$ との交線を考えると

$$\frac{x^2}{a^2}+\frac{y^2}{b^2}=\frac{k^2}{c^2}-1$$

$|k|<c$ ならば交點はない．$|k|=c$ らなば一點で交わる．$|k|>c$ ならば交線は長圓となる．そこで曲面は二つの部分に分れている．yz 面，zx 面との交線は双曲線である．

以上述べた曲面の方程式は次の式に書いてもよい．

(4) $$Ax^2+By^2+Cz^2+D=0, \quad ABCD \neq 0$$

A, B, C のうち D と符號の異るものがあれば上述の曲面のうちのどれかになる．何となれば

$$\left(-\frac{A}{D}\right)x^2+\left(-\frac{B}{D}\right)y^2+\left(-\frac{C}{D}\right)z^2=1$$

とすると係數のうち正のものがあつて，座標軸の置換を行えば (1)，(2)，(3) の形のうちのどれかになる．(4) に於て A, B, C が全部 D と同符號ならば (4) を滿足する點の座標はない．このときは**虛の長圓面**であるという．次に $D=0$ であつて $ABC \neq 0$ の場合には方程式

(5) $$Ax^2+By^2+Cz^2=0$$

を有する曲面を**二次錐面**という．以上述べた曲面は原點について對稱であり，また座標面について對稱である．

圓錐. 一つの圓 C と C を含む平面上にない定點 A があるとき，A と圓周上の任意の點を通る直線全體のあつまりである曲面を**圓錐**という．定點 A を圓錐の**頂點**，圓錐をつくつているこれらの直線を**母線**という．(5) に於て A, B, C が同符號でないとき (5) は圓錐の方程式であることを證しよう．それには交線が圓となるような平面があることを言えばよい．そのためには $B \geq A > 0, \ C < 0$ の場合を考えればよい．y 軸となす角が φ である平面 $z=y\tan\varphi+k$ を考える．新原點 $(0, 0, k)$ に平行移動を行つた後に x 軸のまわりの角 φ の廻轉を行うと

$$x=X, \quad y=Y\cos\varphi-Z\sin\varphi, \quad z=Y\sin\varphi+Z\cos\varphi+k$$

そこで平面の新方程式は $Z=0$ となり，(5) は

$$AX^2+B(Y\cos\varphi-Z\sin\varphi)^2+C(Y\sin\varphi+Z\cos\varphi+k)^2=0$$

となる．$Z=0$ とおいて

(6) $\qquad AX^2+(B\cos^2\varphi+C\sin^2\varphi)Y^2+2CkY\sin\varphi+Ck^2=0$

$\sin^2\varphi=\dfrac{B-A}{B-C}$ となるように角 φ を定めれば $A=B\cos^2\varphi+C\sin^2\varphi$ となつて

$$X^2+\left(Y+\frac{Ck\sin\varphi}{A}\right)^2=-\frac{Ck^2}{A^2}(A-C\sin^2\varphi)$$

$C<0$ であるから交線は圓となる．また (5) に於て $A=B>0$，$C<0$ のときは $x=0$ として $Ay^2+Cz^2=0$ である．$-\dfrac{C}{A}=\tan^2\theta$ とおけば yz 面上の二直線 $y=z\tan\theta$，$y=-z\tan\theta$ が得られる．(5) は

$$x^2+y^2=z^2\tan^2\theta$$

となつて，上記二直線を z 軸のまわりに廻轉して生ずる廻轉面である．θ は母線と z 軸とのなす角である．この場合の圓錐を**直圓錐**という．(5) に於て A, B, C が同符號のとき (5) を滿足するのは原點の座標だけであつて，**點圓錐**または**虛圓錐**といわれる．

例題 1. 直圓錐 $x^2+y^2=z^2$ と平面 $2y-z+1=0$ との交線は双曲線であることを證せよ．

解． 點 $(0, 0, 1)$ を新原點にとつて平行移動をおこなつた後に X 軸は x 軸に平行にとり Y 軸は yz 面と平面 $2y-z+1=0$ の交線である直線 $\dfrac{x}{0}=\dfrac{y}{1}=\dfrac{z-1}{2}$ とすると，Y 軸の方向餘弦は $0, \dfrac{1}{\sqrt{5}}, \dfrac{2}{\sqrt{5}}$ である．z 軸は Y 軸，X 軸に垂直であるから方向餘弦は $0, \dfrac{-2}{\sqrt{5}}, \dfrac{1}{\sqrt{5}}$ としてよい．

$$x=X, \quad y=\frac{1}{\sqrt{5}}Y-\frac{2}{\sqrt{5}}Z, \quad z=\frac{2}{\sqrt{5}}Y+\frac{1}{\sqrt{5}}Z+1$$

新座標軸について平面の方程式は $Z=0$ となり，直圓錐の方程式は

$$X^2+\left(\frac{1}{\sqrt{5}}Y-\frac{2}{\sqrt{5}}Z\right)^2=\left(\frac{2}{\sqrt{5}}Y+\frac{1}{\sqrt{5}}Z+1\right)^2$$

そこで交線の方程式は $Z=0$ として

$$X^2-\frac{3}{5}Y^2-\frac{4}{\sqrt{5}}Y-1=0$$

これは XY 面上で双曲線の方程式である.

長圓放物面（楕圓放物面）. 方程式が

$$\frac{x^2}{a^2}+\frac{y^2}{b^2}=2cz, \quad c\neq 0$$

の形の曲面を**長圓放物面**という．平面 $z=k$ との交線は $ck>0$ のとき長圓であり，$k=0$ のとき原點だけである．yz 面あるいは zx 面に平行な平面との交線は放物線となる．特に $b=a$ のときは放物線を z 軸のまわりに廻轉して生ずる廻轉面となる．

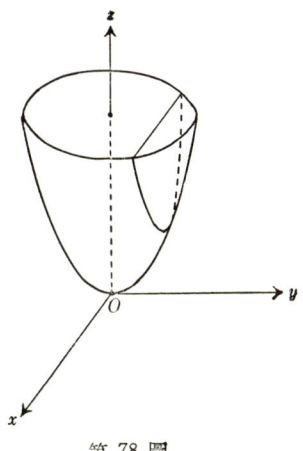

第 78 圖

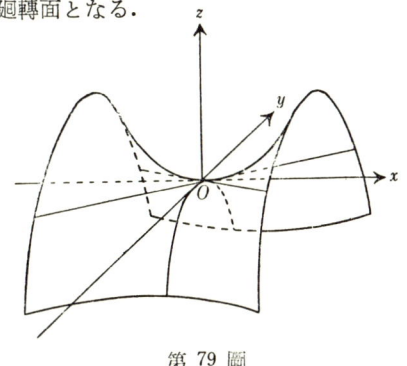

双曲放物面. 方程式が

$$\frac{x^2}{a^2}-\frac{y^2}{b^2}=2cz, \quad c\neq 0$$

の形である曲面を**双曲放物面**という．xy 面との交線は二直線であり，xy 面と平行な平面との交線は双曲線である．yz 面，zx 面との交線は放物線である．この曲面は馬鞍狀をなしている．

第 79 圖

長圓放物面と双曲放物面の方程式を一般に

$$Ax^2+By^2=2Cz, \quad ABC\neq 0$$

の形に書くことができる．

長圓柱（楕圓柱），双曲柱，放物柱. 方程式が

$$Ax^2+By^2+C=0, \quad ABC\neq 0$$

のとき A と B が同符號で C が反對の符號であるとき，これを

$$\frac{x^2}{a^2}+\frac{y^2}{b^2}=1$$

とすることができる．これは xy 面上の長圓上のすべての點を通り z 軸に平行な

直線のあつまりである曲線であつて**長圓柱**といわれる．A と B が反對の符號のときは xy 面上の雙曲線上のすべての點を通り z 軸に平行な直線のあつまりで**雙曲柱**といわれる．また方程式が

$$Ax^2 + 2By = 0, \quad AB \neq 0$$

である曲面を**放物柱**という．

x, y, z についての二次方程式は二平面の方程式となることがある．例えば

$$x^2 + 2xy + y^2 - z^2 = (x+y-z)(x+y+z) = 0$$

は平面 $x+y-z=0$ と平面 $x+y+z=0$ との方程式である．次に

$$x^2 - 2xy + y^2 = (x-y)^2 = 0$$

は一つの平面 $x-y=0$ の方程式である．また方程式

$$x^2 + 2xy + y^2 + 1 = (x+y)^2 + 1 = 0$$

を滿足する點の座標はない．このときは**虛の二平面** $x+y-i=0, \ x+y+i=0$ を示すという．ただし $i=\sqrt{-1}$ であつて，實數ではないからこのような平面は實在しない．

問　題

1. 次の平面と二次曲面との交線はどんな曲線であるか．
   - （1）　$y+z=1, \quad \dfrac{x^2}{2}+y^2+z^2=1$
   - （2）　$x+y=2, \quad \dfrac{x^2}{4}+y^2-z^2=1$
   - （3）　$x-y=2, \quad 3x^2+2y^2=5z^2$
   - （4）　$\sqrt{2}\,x+y-z=-4, \quad x^2+2y^2=4z$

2. 前問 (2), (3), (4) に於て二次曲面をどんな平面できるとき交線が圓となるか．

3. 二葉雙曲面 $x^2+y^2-2z^2+2=0$ を適當な平面できつて交線が直角雙曲線となるようにせよ．

4. 二次錐面 $ax^2+by^2=cz^2$, $(a, b, c\ 正數)$ と動平面 $z=m(y-1)$ との交線を m の値について吟味せよ．

5. xy 面上の長圓 $(x-1)^2+\dfrac{y^2}{4}=1$ を長軸のまわりに廻轉して生ずる曲面の方程式を求めよ．

6. 直線 $\dfrac{x-a}{l}=\dfrac{y-b}{m}=\dfrac{z-c}{n}$ を z 軸のまわりに廻轉して生ずる曲面の方程式を求めよ．

7. n 個の定點からの距離の平方の和が一定である點の軌跡は球面であるかまたは一點であることを證せよ。

*8. 長圓面 $\dfrac{x^2}{a^2}+\dfrac{y^2}{b^2}+\dfrac{z^2}{c^2}=1$ 上の三點 P, Q, R について原點 O と P, Q, R を結ぶ三直線が互に垂直であるとき,原點から平面 PQR への距離 d は次の通りである.
$$d=\dfrac{1}{\sqrt{\dfrac{1}{a^2}+\dfrac{1}{b^2}+\dfrac{1}{c^2}}}$$

§3. 接平面と母線

二次曲面 $Ax^2+By^2+Cz^2+D=0$, $ABC \neq 0$ の上の點 $P(x_0, y_0, z_0)$ を通る直線の方程式を
$$x=x_0+lr, \quad y=y_0+mr, \quad z=z_0+nr$$
とする.これを曲面の方程式に代入して

(1) $\quad (Al^2+Bm^2+Cn^2)r^2+2(Alx_0+Bmy_0+Cnz_0)r$
$$+Ax_0^2+By_0^2+Cz_0^2+D=0$$
$$Ax_0^2+By_0^2+Cz_0^2+D=0$$

直線の方向餘弦 l, m, n について $Al^2+Bm^2+Cn^2 \neq 0$ ならば曲面と直線との交點は一般に二つあるが,特に $Alx_0+Bmy_0+Cnz_0=0$ ならば $r=0$ が等根となつて交點は一つである.この場合には P に於ける**接線**となる.接線上の任意の點の座標は
$$Ax_0(x-x_0)+By_0(y-y_0)+Cz_0(z-z_0)=0$$
(2) $\quad Ax_0x+By_0y+Cz_0z+D=0$

を滿足する. P が原點でなければ (2) は平面の方程式であつて P に於ける接線はすべてこの平面上にある.これを P における**接平面**という. $D=0$ のときすなわち圓錐の場合には頂點 $(0, 0, 0)$ における接平面はない.圓錐でない場合は $D \neq 0$ であるから P が原點となることはない.次に

(3) $\quad Al^2+Bm^2+Cn^2=0, \quad Alx_0+Bmy_0+Cnz_0=0$

の場合には r の任意の値によつて (1) は滿足される.このときは直線は曲面に含まれる.曲面に含まれる直線を**母線**という. (3) は P を通る直線が母線となるための條件である. **P を通る母線は P における接平面上にある**. A, B, C が同符

號ならば (3) は成り立たない．そこで**長圓面は母線を有しない**．次に (3) から
$$(Bmy_0+Cnz_0)^2+(ABm^2+ACn^2)x_0^2=0$$
(4) $B(Ax_0^2+By_0^2)m^2+2BCy_0z_0mn+C(Ax_0^2+Cz_0^2)n^2=0$

これは P が原點でなければ m と n についての二次方程式である．判別式は
$$(BCy_0z_0)^2-BC(Ax_0^2+By_0^2)(Ax_0^2+Cz_0^2)=ABCDx_0^2$$
同樣に n, l についての二次方程式を得て判別式は $ABCDy_0^2$ である．また l, m についての二次方程式の判別式は $ABCDz_0^2$ である．一葉雙曲面の場合 $A=\frac{1}{a^2}$, $B=\frac{1}{b^2}$, $C=-\frac{1}{c^2}$, $D=-1$ であるから判別式はすべて負でなく，そのうち正のものがある．そこで (3) を滿足する l, m, n の比は二通り得られる．

一葉雙曲面上の任意の點を通る母線は二つある．

二葉雙曲面の場合は $A=-\frac{1}{a^2}$, $B=-\frac{1}{b^2}$, $C=\frac{1}{c^2}$, $D=-1$ であるから判別式のうち負のものがある．そこで (3) を滿足する l, m, n の比は得られない．

二葉雙曲面上には母線がない．

$D=0$ のときすなわち圓錐の場合には P が頂點すなわち原點でないとき，上の判別式はすべて 0 であるから，(3) を滿足する l, m, n の比は一通りに定まる．

圓錐上の頂點でない任意の點を通る母線はただ一つしかない．

次に二次曲面 $Ax^2+By^2=2Cz$, $ABC\neq 0$ の上の點 $P(x_0, y_0, z_0)$ を通る直線の方程式を $x=x_0+lr$, $y=y_0+mr$, $z=z_0+nr$ として曲面の式に代入すれば
$$(Al^2+Bm^2)r^2+2(Alx_0+Bmy_0-Cn)r+Ax_0^2+By_0^2-2Cz_0=0$$
$$Ax_0^2+By_0^2-2Cz_0=0$$
そこで $Al^2+Bm^2\neq 0$, $Alx_0+Bmy_0-Cn=0$ ならば P に於ける接線となる．P における接平面の方程式は
$$Ax_0(x-x_0)+By_0(y-y_0)-C(z-z_0)=0$$
$$Ax_0x+By_0y=C(z+z_0)$$
である．次に $Al^2+Bm^2=0$, $Alx_0+Bmy_0-Cn=0$ ならば P を通る母線である．これを滿足する l, m, n の値を考えるとき A と B 同符號ならば $l=m=n=0$ となつて方向餘弦の値にならない．それ故**長圓抛物面上に母線がない**．次に A と B 異符號ならば l, m の比の定め方二通りあるから l, m, n の比の定め方二通りあ

§3. 接平面と母線

る．從つて雙曲放物面上の任意の點を通る母線は二つある．

一葉雙曲面の母線． 一葉雙曲面の方程式を

(5) $$\frac{x^2}{a^2}+\frac{y^2}{b^2}-\frac{z^2}{c^2}=1$$

とする．λ_1, λ_2 は同時に 0 とならない任意の數として二平面

(6) $$\lambda_1\left(\frac{x}{a}+\frac{z}{c}\right)+\lambda_2\left(1+\frac{y}{b}\right)=0, \quad \lambda_1\left(1-\frac{y}{b}\right)+\lambda_2\left(\frac{x}{a}-\frac{z}{c}\right)=0$$

の交線上の點は (5) を滿足するから (6) は母線の方程式である．λ_1, λ_2 を媒介變數とするとき母線 (6) のあつまりを**第一母線群**という．次に μ_1, μ_2 を同時に 0 とならない任意の數として

(7) $$\mu_1\left(\frac{x}{a}+\frac{z}{c}\right)+\mu_2\left(1-\frac{y}{b}\right)=0, \quad \mu_1\left(1+\frac{y}{b}\right)+\mu_2\left(\frac{x}{a}-\frac{z}{c}\right)=0$$

は同樣に母線の方程式である．これを**第二母線群**とする．

曲面上の任意の點を通り各母線群に屬する母線が一つずつある．同一母線群に屬する二つの母線は交わらない．

證．點 $P(x_0, y_0, z_0)$ を通る第一母線について

$$\lambda_1\left(\frac{x_0}{a}+\frac{z_0}{c}\right)+\lambda_2\left(1+\frac{y_0}{b}\right)=0, \quad \lambda_1\left(1-\frac{y_0}{b}\right)+\lambda_2\left(\frac{x_0}{a}-\frac{z_0}{c}\right)=0$$

である．λ_1, λ_2 の係數のうち 0 でないものがあるから λ_1 と λ_2 の比は一通りに定まる．そこで P を通る第一母線はただ一つある．第二母線についても同樣である．

第一母線群に屬する任意の母線と第二母線群に屬する任意の母線とは一點で交わるか平行である．

證．(6) と (7) を $\dfrac{x}{a}, \dfrac{y}{b}, \dfrac{z}{c}$ についての連立一次方程式と考えると

$$\begin{vmatrix} \lambda_1 & \lambda_2 & \lambda_1 \\ \lambda_2 & -\lambda_1 & -\lambda_2 \\ \mu_1 & -\mu_2 & \mu_1 \end{vmatrix} = -2\lambda_2(\lambda_1\mu_2+\lambda_2\mu_1), \quad \begin{vmatrix} \lambda_1 & \lambda_2 & \lambda_1 \\ \mu_1 & -\mu_2 & \mu_1 \\ \mu_2 & \mu_1 & -\mu_2 \end{vmatrix} = 2\mu_2(\lambda_1\mu_2+\lambda_2\mu_1)$$

そこで $\lambda_1\mu_2+\lambda_2\mu_1 \neq 0$ の場合には $\dfrac{x}{a}, \dfrac{y}{b}, \dfrac{z}{c}$ の係數の行列

$$\begin{pmatrix} \lambda_1 & \lambda_2 & \lambda_1 \\ \lambda_2 & -\lambda_1 & -\lambda_2 \\ \mu_1 & -\mu_2 & \mu_1 \\ \mu_2 & \mu_1 & -\mu_2 \end{pmatrix}$$

の階數は 3 である．そして

$$\begin{vmatrix} \lambda_1 & \lambda_2 & \lambda_1 & \lambda_2 \\ \lambda_2 & -\lambda_1 & -\lambda_2 & \lambda_1 \\ \mu_1 & -\mu_2 & \mu_1 & \mu_2 \\ \mu_2 & \mu_1 & -\mu_2 & \mu_1 \end{vmatrix} = 0$$

であるから連立方程式の解はただ一つ定まり，二つの母線は一點で交わる．$\lambda_1\mu_2 + \lambda_2\mu_1 = 0$ の場合には平面 $\dfrac{\lambda_1}{a}x + \dfrac{\lambda_2}{b}y + \dfrac{\lambda_1}{c}z + \lambda_2 = 0$ と平面 $\dfrac{\mu_1}{a}x - \dfrac{\mu_2}{b}y + \dfrac{\mu_1}{c}z + \mu_2 = 0$ とは平行であるかまたは一致する．一致するのは $\lambda_1\mu_2 = \mu_1\lambda_2,\ \lambda_2\mu_2 = 0$，のときすなわち $\lambda_1 = \mu_2 = 0$ のときに限る．また平面 $\dfrac{\lambda_2}{a}x - \dfrac{\lambda_1}{b}y - \dfrac{\lambda_2}{c}z + \lambda_1 = 0$ と平面 $\dfrac{\mu_2}{a}x + \dfrac{\mu_1}{b}y - \dfrac{\mu_2}{c}z + \mu_1 = 0$ は平行であるか一致する．一致するのは $\lambda_1\mu_2 = \mu_1\lambda_2,\ \lambda_1\mu_1 = 0$ すなわち $\lambda_1 = \mu_1 = 0$ のときに限る．そこで二つの母線は一致しないで平行となる．

注意． 母線 (6) の方程式は (6) の代りに

$$\frac{x}{a} + \frac{z}{c} = \lambda\left(1 + \frac{y}{b}\right), \qquad \frac{x}{a} - \frac{z}{c} = \frac{1}{\lambda}\left(1 - \frac{y}{b}\right)$$

としてもよいがそうすると母線 $1 + \dfrac{y}{b} = 0,\ \dfrac{x}{a} - \dfrac{z}{c} = 0$ を別扱いにしなければならないので不便である．母線 (7) についても同様である．

双曲放物面の母線． 双曲放物面の方程式を

$$\frac{x^2}{a^2} - \frac{y^2}{b^2} = 2cz, \quad c \neq 0$$

とする．λ を媒介變數として母線

$$(8) \qquad \frac{x}{a} + \frac{y}{b} + 2c\lambda = 0, \qquad z + \lambda\left(\frac{x}{a} - \frac{y}{b}\right) = 0$$

は第一母線群をつくる．また μ を媒介變數として

$$(9) \qquad \frac{x}{a} - \frac{y}{b} + 2c\mu = 0, \qquad z + \mu\left(\frac{x}{a} + \frac{y}{b}\right) = 0$$

は第二母線群をつくる．曲面上の任意の點を通り第一母線，第二母線が一つずつある．同一母線群に屬する二つの母線は交わらない．證明は一葉双曲面のときと

§3. 接平面と母線

同様である．任意の第一母線と第二母線は常に一點で交わる．その證明は次の通りである．(8), (9) を $\dfrac{x}{a}, \dfrac{y}{b}, z$ についての連立方程式と考えて

$$\begin{vmatrix} 1 & 1 & 0 \\ \lambda & -\lambda & 1 \\ 1 & -1 & 0 \end{vmatrix} = 2, \quad \begin{vmatrix} 1 & 1 & 0 & 2c\lambda \\ \lambda & -\lambda & 1 & 0 \\ 1 & -1 & 0 & 2c\mu \\ \mu & \mu & 1 & 0 \end{vmatrix} = 0$$

そこで解は一通りに定まるから一點で交わる．

問　題

1. 一葉双曲面 $2x^2 + y^2 - z^2 - 2 = 0$ 上の點 $(1,0,0)$ における接平面と母線の方程式を求めよ．
2. 双曲放物面 $x^2 - y^2 = 4z$ 上の點 $(2,0,1)$ における接平面と母線の方程式を求めよ．
3. 定點 $P(x_0, y_0, z_0)$ を通る直線と二次曲面 $Ax^2 + By^2 + Cz^2 + D = 0$ との交點を S, T とするとき，S, T について P に共役な點の軌跡は平面 $Ax_0 x + By_0 y + Cz_0 z + D = 0$ である．ただし P は二次曲面上にないとする．
   　註．これを點 P の二次曲面に關する**極平面**という．
4. 長圓面 $\dfrac{x^2}{a^2} + \dfrac{y^2}{b^2} + \dfrac{z^2}{c^2} = 1$ の外部の定點 P から引いた接線の接點の軌跡は長圓面と P の極平面との交線である．
5. 長圓面 $\dfrac{x^2}{a^2} + \dfrac{y^2}{b^2} + \dfrac{z^2}{c^2} = 1$ の接平面のうち方向餘弦 l, m, n である直線に垂直なものの方程式は
$$lx + my + nz = \pm\sqrt{a^2 l^2 + b^2 m^2 + c^2 n^2}$$
6. 長圓面の三つの接平面が二つずつ互に垂直であればその交點の軌跡は球面である．
   　註．前問を用いよ．
7. 二葉双曲面 $-\dfrac{x^2}{a^2} - \dfrac{y^2}{b^2} + \dfrac{z^2}{c^2} = 1$ 上の點 P における接平面と二次錐面 $\dfrac{x^2}{a^2} + \dfrac{y^2}{b^2} = \dfrac{z^2}{c^2}$ との交線は P を中心とする長圓であることを證せよ．
   　註．接點を新原點として接平面を XY 面とせよ．
8. 前問における長圓を底面とし原點を頂點とする錐體の體積は一定であつて $\dfrac{1}{3}\pi abc$ に等しいことを證せよ．
   　註．第3章 §5 問題5を用いよ．
9. 双曲放物面 $\dfrac{x^2}{a^2} - \dfrac{y^2}{b^2} = 2cz$ 上の點 (x_0, y_0, z_0) を通る二つの母線の方程式は
$$\begin{cases} x = x_0 + ar \\ y = y_0 - br \\ z = z_0 - 2\lambda_0 r, \end{cases} \quad \begin{cases} x = x_0 + ar \\ y = y_0 + br \\ z = z_0 - 2\mu_0 r \end{cases}$$

ただし λ_0, μ_0 は本節 (8), (9) によつて定まる.

10. 双曲放物面の第一母線群に屬する三つの定母線と任意の第二母線との交點を A, B, C とするとき $AB:BC$ の値は一定である.

§4. 二次曲面の分類

二次方程式の不變式. x, y, z についての一般の二次方程式を次のように書くことができる.

$$(1) \quad a_{11}x^2+a_{22}y^2+a_{33}z^2+2a_{12}xy+2a_{23}yz+2a_{31}zx$$
$$+2a_{14}x+2a_{24}y+2a_{34}z+a_{44}=0$$

この式の左邊を行列を用いて示せば次の通りである

$$(2) \quad (x\ y\ z\ 1)\begin{pmatrix} a_{11} & a_{12} & a_{13} & a_{14} \\ a_{21} & a_{22} & a_{23} & a_{24} \\ a_{31} & a_{32} & a_{33} & a_{34} \\ a_{41} & a_{42} & a_{43} & a_{44} \end{pmatrix}\begin{pmatrix} x \\ y \\ z \\ 1 \end{pmatrix}$$

ただしここで $a_{21}=a_{12}, a_{31}=a_{13}, a_{41}=a_{14}, a_{32}=a_{23}, a_{42}=a_{24}, a_{43}=a_{34}$ とする. そこで (1) の左邊の式に對して對稱行列

$$(3) \quad S=\begin{pmatrix} a_{11} & a_{12} & a_{13} & a_{14} \\ a_{21} & a_{22} & a_{23} & a_{24} \\ a_{31} & a_{32} & a_{33} & a_{34} \\ a_{41} & a_{42} & a_{43} & a_{44} \end{pmatrix}$$

が一通りに定まる. 逆にこのような對稱行列に對して (1) 式が一通り定まる. 行列 (3) の行列式の値を (1) の**判別式**といい記號 D で示す. また行列 (3) の第 1 行, 第 2 行, 第 3 行, 第 1 列, 第 2 列, 第 3 列を選んでつくつた行列

$$(4) \quad T=\begin{pmatrix} a_{11} & a_{12} & a_{13} \\ a_{21} & a_{22} & a_{23} \\ a_{31} & a_{32} & a_{33} \end{pmatrix}$$

の行列式を記號 $\varDelta$ で示す. D と $\varDelta$ は (1) がどんな二次曲面の方程式であるかを調べる際に重要となる.

直交變換を行つたときに新座標と舊座標の關係が新原點の座標を (x_0, y_0, z_0) とするとき

$$(5) \quad x=l_1X+l_2Y+l_3Z+x_0$$

§4. 二次曲面の分類

$$y = m_1 X + m_2 Y + m_3 Z + y_0$$
$$Z = n_1 X + n_2 Y + n_3 Z + z_0$$

であるとすると

(6) $\begin{pmatrix} x \\ y \\ z \\ 1 \end{pmatrix} = \begin{pmatrix} l_1 & l_2 & l_3 & x_0 \\ m_1 & m_2 & m_3 & y_0 \\ n_1 & n_2 & n_3 & z_0 \\ 0 & 0 & 0 & 1 \end{pmatrix} \begin{pmatrix} X \\ Y \\ Z \\ 1 \end{pmatrix}$

(7) $(x\ y\ z\ 1) = (X\ Y\ Z\ 1) \begin{pmatrix} l_1 & m_1 & n_1 & 0 \\ l_2 & m_2 & n_2 & 0 \\ l_3 & m_3 & n_3 & 0 \\ x_0 & y_0 & z_0 & 1 \end{pmatrix}$

となる. (5)を(1)に代入した結果を

(8) $A_{11}X^2 + A_{22}Y^2 + A_{33}Z^2 + 2A_{12}XY + 2A_{23}YZ + 2A_{31}ZX$
$+ 2A_{14}X + 2A_{24}Y + 2A_{34}Z + A_{44} = 0$

とする. ここで $A_{11}, A_{22}, \ldots\ldots$ は餘因數を示す記號ではないことはもちろんであるが, 混同する恐れがないので使用することにする. (8)を行列を用いて示せば次の通りである.

(9) $(X\ Y\ Z\ 1) \begin{pmatrix} A_{11} & A_{12} & A_{13} & A_{14} \\ A_{21} & A_{22} & A_{23} & A_{24} \\ A_{31} & A_{32} & A_{33} & A_{34} \\ A_{41} & A_{42} & A_{43} & A_{44} \end{pmatrix} \begin{pmatrix} X \\ Y \\ Z \\ 1 \end{pmatrix}$

である. (2)に(6), (7)を代入した結果が(9)となるのであるから次の關係が成り立つ.

(10) $\begin{pmatrix} l_1 & m_1 & n_1 & 0 \\ l_2 & m_2 & n_2 & 0 \\ l_3 & m_3 & n_3 & 0 \\ x_0 & y_0 & z_0 & 1 \end{pmatrix} \begin{pmatrix} a_{11} & a_{12} & a_{13} & a_{14} \\ a_{21} & a_{22} & a_{23} & a_{24} \\ a_{31} & a_{32} & a_{33} & a_{34} \\ a_{41} & a_{42} & a_{43} & a_{44} \end{pmatrix} \begin{pmatrix} l_1 & l_2 & l_3 & x_0 \\ m_1 & m_2 & m_3 & y_0 \\ n_1 & n_2 & n_3 & z_0 \\ 0 & 0 & 0 & 1 \end{pmatrix}$

$= \begin{pmatrix} A_{11} & A_{12} & A_{13} & A_{14} \\ A_{21} & A_{22} & A_{23} & A_{24} \\ A_{31} & A_{32} & A_{33} & A_{34} \\ A_{41} & A_{42} & A_{43} & A_{44} \end{pmatrix}$

$\begin{vmatrix} l_1 & m_1 & n_1 & 0 \\ l_2 & m_2 & n_2 & 0 \\ l_3 & m_3 & n_3 & 0 \\ x_0 & y_0 & z_0 & 1 \end{vmatrix} = \begin{vmatrix} l_1 & m_1 & n_1 \\ l_2 & m_2 & n_2 \\ l_3 & m_3 & n_3 \end{vmatrix} = \mp 1$

そこで (10) の兩邊の行列式をとると

$$D = \begin{vmatrix} A_{11} & A_{12} & A_{13} & A_{14} \\ A_{21} & A_{22} & A_{23} & A_{24} \\ A_{31} & A_{32} & A_{33} & A_{34} \\ A_{41} & A_{42} & A_{43} & A_{44} \end{vmatrix}$$

そこで直交變換を行つても D の値は變らない．また (10) によつて $i=1,2,3$, $j=1,2,3$ のときに

$$(l_i a_{11} + m_i a_{21} + n_i a_{31})l_j + (l_i a_{12} + m_i a_{22} + n_i a_{32})m_j + (l_i a_{13} + m_i a_{23} + n_i a_{33})n_j = A_{ij}$$

であるから次の關係が成り立つ．

(11) $$\begin{pmatrix} l_1 & m_1 & n_1 \\ l_2 & m_2 & n_2 \\ l_3 & m_3 & n_3 \end{pmatrix} \begin{pmatrix} a_{11} & a_{12} & a_{13} \\ a_{21} & a_{22} & a_{23} \\ a_{31} & a_{32} & a_{33} \end{pmatrix} \begin{pmatrix} l_1 & l_2 & l_3 \\ m_1 & m_2 & m_3 \\ n_1 & n_2 & n_3 \end{pmatrix} = \begin{pmatrix} A_{11} & A_{12} & A_{13} \\ A_{21} & A_{22} & A_{23} \\ A_{31} & A_{32} & A_{33} \end{pmatrix}$$

兩邊の行列式をとれば

$$\Delta = \begin{vmatrix} A_{11} & A_{12} & A_{13} \\ A_{21} & A_{22} & A_{23} \\ A_{31} & A_{32} & A_{33} \end{vmatrix}$$

そこで Δ の値も直交變換によつて變らない．第1章§7 定理12によつて行列に正則行列を乘じても階數は變らない．そこで**行列 S と T の階數は直交變換によつて變らない**．これらの事柄にもとづいて二次曲面の分類が行われることが後に述べられる．また方程式 (1) で與えられた二次曲面について直交變換を行つて新座標軸についての方程式が §2 における標準形となるとき，その直交變換を**主軸變換**という．

問． $2x^2 - y^2 + z^2 - 2x + 2y$ に於て

$$x = \frac{1}{\sqrt{2}}X - \frac{1}{2}Y + \frac{1}{2}Z, \quad y = \frac{1}{\sqrt{2}}X + \frac{1}{2}Y - \frac{1}{2}Z, \quad Z = \frac{1}{\sqrt{2}}Y + \frac{1}{\sqrt{2}}Z$$

を代入して得られる式を求めよ．また D の値と Δ の値を求めて不變であることをたしかめよ．

主軸變換． 直交變換により (1) の左邊を (8) に變えて $A_{12} = A_{23} = A_{31} = 0$ となるようにすることを考える．もしそれが可能であるとすれば第1章定理14によつて

§4. 二次曲面の分類

$$\begin{vmatrix} a_{11}-x & a_{12} & a_{13} \\ a_{21} & a_{22}-x & a_{23} \\ a_{31} & a_{32} & a_{33}-x \end{vmatrix} = \begin{vmatrix} A_{11}-x & 0 & 0 \\ 0 & A_{22}-x & 0 \\ 0 & 0 & A_{33}-x \end{vmatrix}$$

であるから A_{11}, A_{22}, A_{33} は行列（4）の固有方程式の三根である．實際これは x の3次方程式であつて第1章定理15によつて虚根を有しないから三つの實根を有することはたしかである．（11）において

(12) $$\begin{pmatrix} a_{11} & a_{12} & a_{13} \\ a_{21} & a_{22} & a_{23} \\ a_{31} & a_{32} & a_{33} \end{pmatrix} \begin{pmatrix} l_1 & l_2 & l_3 \\ m_1 & m_2 & m_3 \\ n_1 & n_2 & n_3 \end{pmatrix} = \begin{pmatrix} l_1 & l_2 & l_3 \\ m_1 & m_2 & m_3 \\ n_1 & n_2 & n_3 \end{pmatrix} \begin{pmatrix} A_{11} & 0 & 0 \\ 0 & A_{22} & 0 \\ 0 & 0 & A_{33} \end{pmatrix}$$

であるが，（12）の關係が成り立つように新座標軸の方向餘弦 $l_1, m_1, n_1, l_2, m_2, n_2,$ ……を定めることができることを次に説明しよう．

まず固有方程式が相異なる三根をもつ場合を考える．そして三根を α, β, γ とする．

$$(a_{11}-\alpha)L_1 + a_{12}M_1 + a_{13}N_1 = 0$$
$$a_{21}L_1 + (a_{22}-\alpha)M_1 + a_{23}N_1 = 0$$
$$a_{31}L_1 + a_{32}M_1 + (a_{33}-\alpha)N_1 = 0$$

となるような同時に0とならない數 L_1, M_1, N_1 が得られる．何となれば α は固有方程式の根であるから L_1, M_1, N_1 を未知數と考えたときの係數の行列式が0であるからである．

$$l_1 = \frac{L_1}{\sqrt{L_1^2+M_1^2+N_1^2}}, \quad m_1 = \frac{M_1}{\sqrt{L_1^2+M_1^2+N_1^2}}, \quad n_1 = \frac{N_1}{\sqrt{L_1^2+M_1^2+N_1^2}}$$

とおいて

(13) $\quad a_{11}l_1 + a_{12}m_1 + a_{13}n_1 = \alpha l_1, \quad a_{21}l_1 + a_{22}m_1 + a_{23}n_1 = \alpha m_1,$
$\quad\quad a_{31}l_1 + a_{32}m_1 + a_{33}n_1 = \alpha n_1, \quad l_1^2 + m_1^2 + n_1^2 = 1$

である．同様に

(14) $\quad a_{11}l_2 + a_{12}m_2 + a_{13}n_2 = \beta l_2, \quad a_{21}l_2 + a_{22}m_2 + a_{23}n_2 = \beta m_2,$
$\quad\quad a_{31}l_2 + a_{32}m_2 + a_{33}n_2 = \beta n_2, \quad l_2^2 + m_2^2 + n_2^2 = 1$

(15) $\quad a_{11}l_2 + a_{12}m_3 + a_{13}n_3 = \gamma l_3, \quad a_{21}l_3 + a_{22}m_3 + a_{23}n_3 = \gamma m_3,$
$\quad\quad a_{31}l_3 + a_{32}m_3 + a_{33}n_3 = \gamma n_3, \quad l_3^2 + m_3^2 + n_3^2 = 1$

となる $l_2, m_2, n_2, l_3, m_3, n_3$ が得られる．上の關係は (12) に於て $A_{11}=\alpha$, $A_{22}=\beta$, $A_{33}=\gamma$ としたものに他ならない．さてベクトル (l_1, m_1, n_1) とベクトル (l_2, m_2, n_2) は垂直である．何となれば (13) の三個の式に l_2, m_2, n_2 を乗じて加え，(14) の三個の式に l_1, m_1, n_1 を乗じて加えると

$$\alpha(l_1l_2+m_1m_2+n_1n_2)=\beta(l_1l_2+m_1m_2+n_1n_2)$$

$\alpha \neq \beta$ であるから $l_1l_2+m_1m_2+n_1n_2=0$ である．同様にして三つの單位ベクトル (l_1, m_1, n_1), (l_2, m_2, n_2), (l_3, m_3, n_3) は互に垂直であることがわかる．これで直交變換が定まつた．そして (11) に於て

$$A_{12}=A_{21}=A_{23}=A_{32}=A_{13}=A_{31}=0, \quad A_{11}=\alpha, \quad A_{22}=\beta, \quad A_{33}=\gamma$$

となる．

例題 1. $\qquad x^2+2y^2+3z^2-4xy+4yz-1=0$

はどんな二次曲面の方程式であるか．

解． $x^2, y^2, z^2, xy, yz, zx$ の項の係數の行列は

$$\begin{pmatrix} 1 & -2 & 0 \\ -2 & 2 & 2 \\ 0 & 2 & 3 \end{pmatrix}$$

$$\begin{vmatrix} 1-x & -2 & 0 \\ -2 & 2-x & 2 \\ 0 & 2 & 3-x \end{vmatrix} = -x^3+6x^2-3x-10 = -(x+1)(x-2)(x-5)$$

固有方程式の根は $\alpha=-1$, $\beta=2$, $\gamma=5$ である．$\alpha=-1$ のときは

$$2l_1-2m_1=0, \quad -2l_1+3m_1+2n_1=0, \quad 2m_1+4n_1=0, \quad l_1^2+m_1^2+n_1^2=1$$

から $l_1=-\dfrac{2}{3}$, $m_1=-\dfrac{2}{3}$, $n_1=\dfrac{1}{3}$ を得る．

$\beta=2$ のときは

$$-l_2-2m_2=0, \quad -2l_2+2n_2=0, \quad 2m_2+n_2=0, \quad l_2^2+m_2^2+n_2^2=1$$

から $l_2=-\dfrac{2}{3}$, $m_2=\dfrac{1}{3}$, $n_2=-\dfrac{2}{3}$ を得る．$\gamma=5$ のときは

$$-4l_3-2m_3=0, \quad -2l_3-3m_3+2n_3=0, \quad 2m_3-2n_3=0$$

から $l_3=\dfrac{1}{3}$, $m_3=-\dfrac{2}{3}$, $n_3=-\dfrac{2}{3}$ を得る．舊座標と新座標の關係は

$$x=-\dfrac{2}{3}X-\dfrac{2}{3}Y+\dfrac{1}{3}Z, \quad y=-\dfrac{2}{3}X+\dfrac{1}{3}Y-\dfrac{2}{3}Z, \quad z=\dfrac{1}{3}X-\dfrac{2}{3}Y-\dfrac{2}{3}Z$$

§4. 二次曲面の分類

新座標軸についての方程式は
$$-X^2+2Y^2+5Z^2-1=0$$
これは一葉双曲面の方程式である．

注意． 本章§1 例題1の結果を用いて，
$$l_3=\begin{vmatrix} m_1 & n_1 \\ m_2 & n_2 \end{vmatrix},\quad m_3=\begin{vmatrix} n_1 & l_1 \\ n_2 & l_2 \end{vmatrix},\quad n_3=\begin{vmatrix} l_1 & m_1 \\ l_2 & m_2 \end{vmatrix}$$
によって l_3, m_3, n_3 を定めれば新直交軸は正の座標系を与える．

次に固有方程式の三根 α, β, γ のうちに等しいものがある場合を考える．$\alpha=\beta=\gamma$ あるいは $\alpha\neq\beta=\gamma$ としてよい．まず
$$(a_{11}-\alpha)l_1+a_{12}m_1+a_{13}n_1=0,$$
$$a_{21}l_1+(a_{22}-\alpha)m_1+a_{23}n_1=0,$$
$$a_{31}l_1+a_{32}m_1+(a_{33}-\alpha)n_1=0,$$
$$l_1^2+m_1^2+n_1^2=1$$
となる l_1, m_1, n_1 を定める．次に

(16) $\qquad l_1l_2+m_1m_2+n_1n_2=0,\quad l_2^2+m_2^2+n_2^2=1$

となる l_2, m_2, n_2 を選んだ後に，
$$l_1l_3+m_1m_3+n_1n_3=0,\quad l_2l_3+m_2m_3+n_2n_3=0,\quad l_3^2+m_3^2+n_3^2=1$$
となる l_3, m_3, n_3 を定めれば

$$\begin{pmatrix} l_1 & m_1 & n_1 \\ l_2 & m_2 & n_2 \\ l_3 & m_3 & n_3 \end{pmatrix}\begin{pmatrix} a_{11} & a_{12} & a_{13} \\ a_{21} & a_{22} & a_{23} \\ a_{31} & a_{32} & a_{33} \end{pmatrix}\begin{pmatrix} l_1 & l_2 & l_3 \\ m_1 & m_2 & m_3 \\ n_1 & n_2 & n_3 \end{pmatrix}=\begin{pmatrix} \alpha & 0 & 0 \\ 0 & A_{22} & A_{23} \\ 0 & A_{32} & A_{33} \end{pmatrix}$$

であるが，固有方程式は
$$\begin{vmatrix} \alpha-x & 0 & 0 \\ 0 & A_{22}-x & A_{23} \\ 0 & A_{32} & A_{33}-x \end{vmatrix}=(\alpha-x)\{x^2-(A_{22}+A_{33})x+A_{22}A_{33}-A_{23}^2\}$$

$x^2-(A_{22}+A_{33})x+A_{22}A_{33}-A_{23}^2=0$ は β を等根としてもつ．判別式を計算すると
$$(A_{22}-A_{33})^2+4A_{23}^2=0$$
であるから $A_{23}=0,\ A_{22}=A_{33}=\beta$ となる．

例題 2． $2x^2-2y^2-z^2+4zx-2=0$ はどんな二次曲面の方程式であるか．

解
$$\begin{vmatrix} 2-x & 0 & 2 \\ 0 & -2-x & 0 \\ 2 & 0 & -1-x \end{vmatrix} = -x^3-x^2+8x+12 = -(x+2)^2(x-3)$$

$\alpha=3,\ \beta=\gamma=-2$ であるから

$$-l_1+2n_1=0,\quad -5m_1=0,\quad 2l_1-4n_1=0,\quad l_1^2+m_1^2+n_1^2=1$$

を滿足する値として $l_1=\dfrac{2}{\sqrt{5}},\ m_1=0,\ n_1=\dfrac{1}{\sqrt{5}}$ を得る. 次に

$$2l_2+n_2=0,\quad l_2^2+m_2^2+n_2^2=1$$

の一つの解として $l_2=\dfrac{1}{\sqrt{5}},\ m_2=0,\ n_2=-\dfrac{2}{\sqrt{5}}$ を得る. 次に

$$l_3=\begin{vmatrix} m_1 & n_1 \\ m_2 & n_2 \end{vmatrix},\quad m_3=\begin{vmatrix} n_1 & l_1 \\ n_2 & l_2 \end{vmatrix},\quad n_3=\begin{vmatrix} l_1 & m_1 \\ l_2 & m_2 \end{vmatrix}$$

から $l_3=0,\ m_3=1,\ n_3=0$ を得る.

$$x=\frac{2}{\sqrt{5}}X+\frac{1}{\sqrt{5}}Y,\quad y=Z,\quad z=\frac{1}{\sqrt{5}}X-\frac{2}{\sqrt{5}}Y,$$

$$3X^2-2Y^2-2Z^2-2=0$$

これは双曲線の廻轉面である二葉双曲面の方程式である.

以上で (8) に於て $A_{12}=A_{23}=A_{31}=0$ とすることが常に可能であることがわかつたが次に X,Y,Z の項の係数 A_{14}, A_{24}, A_{34} を考える. (1) に於て平行移動を行い $x=X+x_0,\ y=Y+y_0,\ z=Z+z_0$ を (1) に代入するとき (8) になつたとすれば

(17)
$$a_{11}x_0+a_{12}y_0+a_{13}z_0=A_{14},$$
$$a_{21}x_0+a_{22}y_0+a_{23}z_0=A_{24},$$
$$a_{31}x_0+a_{32}y_0+a_{33}z_0=A_{34}$$

そこで $\varDelta \neq 0$ ならば $A_{14}=A_{24}=A_{34}=0$ となる x_0, y_0, z_0 が定まる. そこで $\varDelta \neq 0$ のときは直交變換によつて方程式が

$$A_{11}X^2+A_{22}Y^2+A_{33}Z^2+A_{44}=0$$

の形となることがわかつた. このとき $\varDelta=A_{11}A_{22}A_{33}\neq 0,\ D=A_{11}A_{22}A_{33}A_{44}$ であるから

$$A_{44}=\frac{D}{\varDelta}$$

§4. 二次曲面の分類

である．$\varDelta \neq 0$，$D \neq 0$ ならば長圓面，一葉双曲面，二葉双曲面，虛長圓面のいずれかである．$\varDelta \neq 0$，$D=0$ ならば圓錐であるか點圓錐である．

例題 3. $xy+yz+zx-x-y-z=0$ はどんな二次曲面の方程式であるか．

解． $2xy+2yz+2zx-2x-2y-2z=0$ として

$$\varDelta = \begin{vmatrix} 0 & 1 & 1 \\ 1 & 0 & 1 \\ 1 & 1 & 0 \end{vmatrix} = 2, \quad D = \begin{vmatrix} 0 & 1 & 1 & -1 \\ 1 & 0 & 1 & -1 \\ 1 & 1 & 0 & -1 \\ -1 & -1 & -1 & 0 \end{vmatrix} = -3$$

$\varDelta > 0$，$D < 0$ であるから長圓面あるいは二葉双曲面である．

$$\begin{vmatrix} -x & 1 & 1 \\ 1 & -x & 1 \\ 1 & 1 & -x \end{vmatrix} = -(x+1)^2(x-2)$$

$\alpha=2$ として $l_1=m_1=n_1=\dfrac{1}{\sqrt{3}}$ である．

$$l_2=0, \quad m_2=\frac{1}{\sqrt{2}}, \quad n_2=-\frac{1}{\sqrt{2}}, \quad l_3=-\frac{2}{\sqrt{6}}, \quad m_3=\frac{1}{\sqrt{6}}, \quad n_3=\frac{1}{\sqrt{6}}$$

$$y_0+z_0-1=0, \quad x_0+z_0-1=0, \quad y_0+x_0-1=0, \quad x_0=y_0=z_0=\frac{1}{2}$$

$$x=\frac{1}{\sqrt{3}}X-\frac{2}{\sqrt{6}}Z+\frac{1}{2}, \quad y=\frac{1}{\sqrt{3}}X+\frac{1}{\sqrt{2}}Y+\frac{1}{\sqrt{6}}Z+\frac{1}{2},$$

$$z=\frac{1}{\sqrt{3}}X-\frac{1}{\sqrt{2}}Y+\frac{1}{\sqrt{6}}Z+\frac{1}{2}, \quad \frac{D}{\varDelta}=-\frac{3}{2}$$

新座標軸についての方程式は $2X^2-Y^2-Z^2=\dfrac{3}{2}$ となつて二葉双曲面である．

$\varDelta=0$ のときには (17) によつて x_0, y_0, z_0 を求めることができるとは限らない．この場合は別の方法による方がよいのである．$\varDelta=0$ であるとき固有方程式の根 α, β, γ すなわち A_{11}, A_{22}, A_{33} のうちに 0 であるものがある．このうち一つだけ 0 のとき，例えば $A_{11} \neq 0$，$A_{22} \neq 0$，$A_{33}=0$ ならば直交變換によつて新方程式は

(18) $\quad A_{11}X^2+A_{22}Y^2+2A_{14}X+2A_{24}Y+2A_{34}Z+A_{44}=0$

となる，$A_{34} \neq 0$ ならば (18) は

$$A_{11}\left(X+\frac{A_{14}}{A_{11}}\right)^2+A_{22}\left(Y+\frac{A_{24}}{A_{22}}\right)^2=-2A_{34}(z+C)$$

の形になる．そこで長圓放物面か双曲放物面になる．$A_{34}=0$ のときは (18) は

(19) $$A_{11}\left(X+\frac{A_{14}}{A_{11}}\right)^2+A_{22}\left(Y+\frac{A_{24}}{A_{22}}\right)^2=F$$

の形となる. $F\neq 0$ ならば長圓柱, 双曲柱あるいは虚圓柱となる. $F=0$ であつて A_{11}, A_{22} が異符號ならば相交わる二平面であり, A_{11}, A_{22} が同符號ならば一直線である. また A_{11}, A_{22}, A_{33} のうち 0 となるものが二つあるとき例えば $A_{11}\neq 0$, $A_{22}=A_{33}=0$ のときは直交軸の廻轉の際 (16) の代りに

$$l_1l_2+m_1m_2+n_1n_2=0, \quad l_2{}^2+m_2{}^2+n_2{}^2=1, \quad a_{14}l_2+a_{24}m_2+a_{34}n_2=0$$

を滿足するように l_2, m_2, n_2 を定めるとよい. そうすると (12) によつて

$$a_{11}l_2+a_{12}m_2+a_{13}n_2=0, \quad a_{21}l_2+a_{22}m_2+a_{23}n_2=0, \quad a_{31}l_2+a_{32}m_2+a_{33}n_2=0$$

であつて (10) から

$$A_{24}=(a_{11}l_2+a_{12}m_2+a_{13}n_2)x_0+(a_{21}l_2+a_{22}m_2+a_{23}n_2)y_0$$
$$+(a_{31}l_2+a_{32}m_2+a_{33}n_2)z_0+(a_{14}l_2+a_{24}m_2+a_{34}n_2)=0$$

となる. そこで新方程式は

(20) $$A_{11}X^2+2A_{14}X+2A_{34}Z+A_{44}=0$$

となる. $A_{11}\neq 0$ であるから $A_{34}\neq 0$ ならば

$$A_{11}\left(X+\frac{A_{14}}{A_{11}}\right)^2=-2A_{34}(z+C)$$

の形となり放物柱である. また $A_{34}=0$ ならば

(21) $$A_{11}X^2+2A_{14}X+A_{44}=0$$

これは平行な二平面, あるいは二重に數えた一平面か虚の平行二平面の方程式である. なお A_{11}, A_{22}, A_{33} がすべて 0 のときには行列 (4) の階數が 0 となつて (1) は二次方程式とならない.

例題 4. $4x^2+4y^2+z^2+8xy-4yz-4zx+12x-24y+30z+9=0$ はどんな二次曲面の方程式であるか.

解. $$\begin{vmatrix} 4-x & 4 & -2 \\ 4 & 4-x & -2 \\ -2 & -2 & 1-x \end{vmatrix}=x^2(9-x)$$

$\alpha=9$ として

$$-5l_1+4m_1-2n_1=0, \quad 4l_1-5m_1-2n_1=0,$$

§4. 二次曲面の分類

$$-2\,l_1-2\,m_1-8\,n_1=0, \qquad l_1{}^2+m_1{}^2+n_1{}^2=1$$
$$l_1=m_1=-\frac{2}{3}, \qquad n_1=\frac{1}{3}.$$

l_2, m_2, n_2 の値を求めるには

$$-\frac{2}{3}l_2-\frac{2}{3}m_2+\frac{1}{3}n_2=0, \quad 6\,l_2-12\,m_2+15\,n_2=0, \quad l_2{}^2+m_2{}^2+n_2{}^2=1$$

から
$$l_2=\frac{1}{3}, \qquad m_2=-\frac{2}{3}, \qquad n_2=-\frac{2}{3}$$
$$l_3=\frac{2}{3}, \qquad m_3=-\frac{1}{3}, \qquad n_3=\frac{2}{3}$$

$$x=-\frac{2}{3}X+\frac{1}{3}Y+\frac{2}{3}Z, \quad y=-\frac{2}{3}X-\frac{2}{3}Y-\frac{1}{3}Z, \quad z=\frac{1}{3}X-\frac{2}{3}Y+\frac{2}{3}Z$$

新しい方程式は
$$X^2+2\,X+4\,Z+1=0, \qquad (X+1)^2=-4\,Z$$

そこで放物柱の方程式である.

二次曲面の分類. 方程式 (1) を行列 (3) と行列 (4) の階數によつて分類すると次のようになる. T の階數を r_1 とし S の階數を r_2 とする.

$r_1=3$

$\begin{cases} r_2=4 & \text{長圓面, 一葉双曲面, 二葉双曲面, 虛長圓面} \\ r_2=3 & \text{圓錐, 點圓錐} \end{cases}$

$r_1=2$

$\begin{cases} r_2=4 & \text{長圓放物面, 双曲放物面.} \\ r_2=3 & \text{長圓柱, 双曲柱, 虛圓柱.} \\ r_2=2 & \text{相交わる二平面, 一直線(虛二平面).} \end{cases}$

$r_1=1$

$\begin{cases} r_2=3 & \text{放物柱.} \\ r_2=2 & \text{平行二平面, 虛の平行二平面.} \\ r_2=1 & \text{二重の一平面.} \end{cases}$

上の結果の證明は次の通りである. $r_1=3$ の場合すなわち $\varDelta \neq 0$ のときは (10) の右邊の行列は

$$\begin{pmatrix} A_{11} & 0 & 0 & 0 \\ 0 & A_{22} & 0 & 0 \\ 0 & 0 & A_{33} & 0 \\ 0 & 0 & 0 & A_{44} \end{pmatrix}$$

となつて方程式は
$$A_{11}X^2+A_{22}Y^2+A_{33}Z^2+A_{44}=0$$
の形となる．$\varDelta=A_{11}A_{22}A_{33}\neq 0$ であるから上の行列の階數は $A_{44}\neq 0$ のとき $r_2=4$ であり $A_{44}=0$ のとき $r_2=3$ である．

次に $\varDelta=0$ のとき (18) に於て $A_{11}\neq 0$, $A_{22}\neq 0$, $A_{33}=0$ ならば $r_1=2$ となる．そして $A_{34}\neq 0$ のとき行列
$$\begin{pmatrix} A_{11} & 0 & 0 & A_{14} \\ 0 & A_{22} & 0 & A_{24} \\ 0 & 0 & 0 & A_{34} \\ A_{41} & A_{42} & A_{43} & A_{44} \end{pmatrix}$$
の階數は 4 であるから $r_2=4$ である．$A_{34}=0$ ときは (19) によつて
$$A_{11}\widetilde{X}^2+A_{22}\widetilde{Y}^2=F$$
の形となる．そして行列は
$$\begin{pmatrix} A_{11} & 0 & 0 & 0 \\ 0 & A_{22} & 0 & 0 \\ 0 & 0 & 0 & 0 \\ 0 & 0 & 0 & -F \end{pmatrix}$$
となる．$F\neq 0$ ならば階數は 3 であるから $r_2=3$ である．$F=0$ ならば階數は 2 であるから $r_2=2$ である．

次に $A_{11}\neq 0$, $A_{22}=A_{33}=0$ のときは方程式は (20) の形となる．行列
$$\begin{pmatrix} A_{11} & 0 & 0 \\ 0 & 0 & 0 \\ 0 & 0 & 0 \end{pmatrix}$$
の階數は r_1 に等しく $r_1=1$ である．そして行列

(22) $$\begin{pmatrix} A_{11} & 0 & 0 & A_{14} \\ 0 & 0 & 0 & 0 \\ 0 & 0 & 0 & A_{34} \\ A_{41} & 0 & A_{43} & A_{44} \end{pmatrix}$$

の階數は $A_{34}\neq 0$ のとき 3 であるから $r_2=3$ である．$A_{34}=0$ ならば
$$\begin{vmatrix} A_{11} & A_{14} \\ A_{41} & A_{44} \end{vmatrix}\neq 0$$

§4. 二次曲面の分類　　　　　　　　　　　　　　　217

のとき行列 (22) の階數は 2 であるから $r_2=2$ である．これは平行二平面はあるいは虚の平行二平面となるときである．何となれば (21) の左邊は相異る X の一次式の積となるからである．次に

$$\begin{vmatrix} A_{11} & A_{14} \\ A_{41} & A_{44} \end{vmatrix} = 0$$

のときは行列 (22) の階數は 1 であるから $r_2=1$ となる．そして (21) の左邊は X の一次式の平方となるから二重に數えた一平面である．

問　題

1. 次の方程式はどんな二次曲面をあらわすか．
   (1)　$3x^2+5y^2+3z^2+2yz+2zx+2xy-6=0$
   (2)　$3x^2-y^2-z^2+6yz-6x+6y-2z-2=0$
   (3)　$2y^2+4zx+2x-4y+6z+5=0$
   (4)　$4y^2+4z^2+4yz-2x-14y-22z+33=0$
   (5)　$3x^2+7y^2+3z^2+10yz-2zx+10xy+4x-12y-4z+1=0$
   (6)　$5x^2+26y^2+10z^2+4yz+14zx+6xy-8x-18y-10z+4=0$
   (7)　$4x^2-y^2-z^2+2yz-8x-4y+8z-2=0$
   (8)　$x^2+4y^2+z^2-4yz+2zx-4xy-2x+4y-2z-3=0$
   (9)　$9x^2+4y^2+4z^2+8yz+12zx+12xy+4x+y+10z+1=0$
   (10)　$x^2-2y^2-z^2+3yz+xy+x+2y-z=0$

2. 四平面 $x+y=0$, $y+z=0$, $x-y+z-1=0$, $y+2z-3=0$ に至る距離の平方の和が最小となる點の座標を求めよ．

3. x, y, z の二次式
$$\sum_{i=1}^{4}(a_{i1}x+a_{i2}y+a_{i3}z+a_{i4})^2$$
の最小値は次の通りである．
$$\frac{D^2}{A_{14}^2+A_{24}^2+A_{34}^2+A_{44}^2}$$
ただし 4 次の行列式 $|a_{ij}|=D$ における a_{ij} の餘因數を A_{ij} で示して，$A_{14}, A_{24}, A_{34}, A_{44}$ のうちに零でないものがあるとする．

4. 前問の二次式を最小にする x, y, z の値は次の通りである．

$$x=\frac{\sum_{i=1}^{4}A_{i1}A_{i4}}{\sum_{i=1}^{4}A_{i4}^2}, \quad y=\frac{\sum_{i=1}^{4}A_{i2}A_{i4}}{\sum_{i=1}^{4}A_{i4}^2}, \quad z=\frac{\sum_{i=1}^{4}A_{i3}A_{i4}}{\sum_{i=1}^{4}A_{i4}^2}$$

問　題　の　答

第　1　章

§1. **1.** 偶置換　奇置換　**6.** (a) 恒等置換, (xy).　(b) 恒等置換, (xy), (zu),
$\begin{pmatrix} x & y & z & u \\ y & x & u & z \end{pmatrix}$, $\begin{pmatrix} x & y & z & u \\ z & u & x & y \end{pmatrix}$, $\begin{pmatrix} x & y & z & u \\ u & z & x & y \end{pmatrix}$, $\begin{pmatrix} x & y & z & u \\ z & u & y & x \end{pmatrix}$, $\begin{pmatrix} x & y & z & u \\ u & z & y & x \end{pmatrix}$.

§2. **1.** $x=-17$, $y=5$, $z=-31$,　**3.** $4a^2b^2c^2$

§3. **1.** -75,　**2.** -129,　**8.** $x=-a-b$,　**9.** $x=-(a+b+c)$.

§4. **1.** -2770,　**2.** 2274,　**3.** $3(a^2+b^2+c^2-ab-bc-ca)$
 4. $abcd+abc+abd+acd+bcd$.
 7. $m=2$, $x=3$, $y=-5$;　$m=-\dfrac{5}{4}$, $x=-\dfrac{8}{19}$, $y=\dfrac{61}{19}$
 8. $x=b-c$, $y=c-a$, $z=a-b$.
 9. $x=\dfrac{a}{(c-a)(a-b)}$, $y=\dfrac{b}{(a-b)(b-c)}$, $z=\dfrac{c}{(b-c)(c-a)}$.

§5. **1.** 階数はともに 2,　**2.** (a) $x=0$, ± 1 のとき階数 2, 他の場合階数 3,
 (b) $x=1$ のとき階数 1, $x=-2$ のとき 2, 他の場合 3.

§6. **1.** (a) 解なし.　(b) $x_1=12-5x_3$, $x_2=2x_3-4$, x_3 任意,　(c) $y=x$, $z=1-x$, x 任意,　(d) $x=8y$, $z=-6y$, y 任意,　(e) $x=y=z$, $w=0$.
 2. $a=\dfrac{1}{3}$, $b=\dfrac{1}{4}$, $c=\dfrac{1}{12}$,　**9.** $\lambda=-1$, $z=-x$, $y=0$, x 任意; $\lambda=-2$, $x=-2y$, $z=0$, y 任意; $\lambda=-3$, $x=0$, $z=-y$, y 任意.

§7. **9.** (a) 2, -7,　(b) 1, 3, -4

第　2　章

§2. **1.** $(2x_2-x_1, 2y_2-y_1)$,　**4.** $\left(\dfrac{18}{7}, \dfrac{-4}{7}\right)$, $\left(\dfrac{22}{3}, -\dfrac{16}{3}\right)$.

§3. **1.** (a) $y=2x+11$,　(b) $4x-3y+13=0$,　(c) $mbx-nay=0$.

§4. **1.** $9x+5y+7=0$,　**2.** $4x+3y-19=0$, $x-y+1=0$,　**3.** $6x+4y-7=0$.

§5. **3.** $(4,-1)$, $(3, 0)$, $(3a-c, -2a+3b+2c)$.

§6. **1.** (a) $\dfrac{3}{4}\pi$,　(b) $\dfrac{\pi}{6}$,　**2.** 11,　**3.** $\dfrac{289}{220}$.

§7. **1.** $16x-6y+49=0$,　**2.** $x-5y+9=0$, $5x+y+19=0$,　**3.** $\dfrac{|C'-C|}{\sqrt{A^2+B^2}}$
 4. $12x-5y+99=0$, $12x-5y-83=0$,　**5.** $\left|\dfrac{(C-C')(n-n')}{Am-Bl}\right|$
 6. $\left(\dfrac{1}{\sqrt{2}}+\dfrac{2}{\sqrt{13}}\right)x+\left(\dfrac{1}{\sqrt{2}}-\dfrac{3}{\sqrt{13}}\right)y+\dfrac{1}{\sqrt{13}}=0$,　$\left(\dfrac{1}{\sqrt{2}}-\dfrac{2}{\sqrt{13}}\right)x+\left(\dfrac{1}{\sqrt{2}}+\dfrac{3}{\sqrt{13}}\right)y$

$-\dfrac{1}{\sqrt{13}}=0$. 11. $6x-y+9=0$.

§8. 1. $\rho\cos\left(\theta-\dfrac{\pi}{3}\right)=\dfrac{3+\sqrt{3}}{2}$, 2. 2, 4. $(\rho_0\cos(\theta_0-\alpha), \alpha)$,
5. $\rho\cos(\theta+\theta_0-\alpha-\beta)=\rho_0\cos(\theta_0-\alpha)\cos(\theta_0-\beta)$,
7. (a) $\rho\cos\left(\theta-\dfrac{\pi}{4}\right)=\dfrac{1}{\sqrt{2}}$, (b) $\rho\cos\left(\theta-\dfrac{2}{3}\pi\right)=2$,
8. (a) $x-\sqrt{3}y=2p$, (b) $y-\sqrt{3}x=4$.

第 3 章

§1. 1. $\sqrt{3}X+5Y-2=0,\ 2X-\sqrt{3}Y+1=0$,
5. $x=\dfrac{7X+24Y-24}{25},\quad y=\dfrac{24X-7Y+56}{25}$
6. $x=X\cos\theta-Y\sin\theta+x_0(1-\cos\theta)+y_0\sin\theta$,
$y=X\sin\theta+Y\cos\theta-x_0\sin\theta+y_0(1-\cos\theta)$
8. $\left(\dfrac{2\sqrt{2}-9}{2},\ \dfrac{5-7\sqrt{2}}{2}\right)$.

§2. 1. $\left(\dfrac{3}{4},\ -\dfrac{3}{4}\right),\ \dfrac{\sqrt{58}}{4}$. 2. $5x^2+5y^2-9x-21y+4=0$.
4. 長軸 $2\sqrt{cd}$, 短軸 $2\sqrt{c(d-c)}$, 離心率 $\sqrt{\dfrac{c}{d}}$.
7. 離心率 $\sqrt{\dfrac{c}{d}}$, 主軸 $2\sqrt{cd}$, 漸近線 $y=\pm\sqrt{\dfrac{c-d}{d}}x$.
9. $4x-4y-3=0$.

§3. 1. $y=mx\pm\sqrt{m^2a^2+b^2}$.

§5. 1,2. (1) 双曲線 $\dfrac{X^2}{4}-Y^2=1$. (2) 放物線 $Y^2=\dfrac{X}{25}$, (3) 長圓 $\dfrac{X^2}{3}+2Y^2=1$. (4) 平行二直線 $x+2y-3=0,\ x+2y+1=0$, (5) 放物線 $Y^2=\dfrac{X}{\sqrt{29}}$, (6) 双曲線 $\dfrac{X^2}{2}-\dfrac{Y^2}{2}=1$. (7) 相交わる二直線 $2x+y-1=0,\ x-3y+1=0$.
9. $x=\dfrac{2}{11},\ y=\dfrac{5}{11},\ \dfrac{16}{55}$.

第 4 章

§1. 1. $(x_0, -y_0, -z_0),\ (-x_0, y_0, -z_0),\ (-x_0, -y_0, z_0)$.
2. $P:\rho=4,\ \theta=\dfrac{\pi}{4},\ \varphi=\dfrac{\pi}{6};\ r=2\sqrt{2},\ \theta=\dfrac{\pi}{6},\ z=2\sqrt{2}.\ Q:\rho=2\sqrt{6}$,
$\theta=\dfrac{\pi}{3},\ \varphi=\dfrac{3}{4}\pi;\ r=3\sqrt{2},\ \theta=\dfrac{3}{4},\ z=\sqrt{6}$.
3. $(r, -\theta, -z),\ (r, \pi-\theta, -z),\ (r, \pi+\theta, z),\ (r, \theta, -z),\ (r, \pi-\theta, z)$,
$(r, -\theta, z)$.

問題の答　　　　　　　　　　　　　　　　　　　　　　*221*

4. $(\rho, \pi-\theta, -\varphi)$, $(\rho, \pi-\theta, \pi-\varphi)$, $(\rho, \theta, \pi+\varphi)$, $(\rho, \pi-\theta, \varphi)$, $(\rho, \theta, \pi-\varphi)$, $(\rho, \theta, -\varphi)$.

§3. **1.** $\left(\dfrac{7}{5}, -\dfrac{4}{5}, \dfrac{4}{5}\right)$, $(11, -8, -4)$. **3.** $\dfrac{x-1}{1}=\dfrac{y-2}{-5}=\dfrac{z+1}{1}$.

5. $x=\dfrac{y}{-5}=z$. **8.** $60°$ または $120°$. **9.** $AP=-8\sqrt{2}$, $AQ=\dfrac{10}{3}\sqrt{2}$, $AR=-\dfrac{15\sqrt{2}}{2}$.

§4. **1.** (1) $3x-2y-6=0$. 　　(2) $7x+4y+3z-14=0$.
　　(3) $7x+4y+3z-20=0$. 　(4) $\dfrac{x-3}{2}=\dfrac{y}{1}=\dfrac{z+5}{-3}$.
　　(5) $x-3y+2z-1=0$. 　　(6) $x-y-z=3$.
　　(7) $7x-10y+6z-8=0$.
　　(8) $3(x-3)=2(y-3)=(z-5)$ および $\dfrac{3x-8}{2}=\dfrac{y-1}{4}=1-z$.

§5. **1.** $\dfrac{x-3}{1\mp 3\sqrt{3}}=\dfrac{y}{4\pm 2\sqrt{3}}=\dfrac{z+2}{-5\pm\sqrt{3}}$.　**2.** $\dfrac{x-1}{2}=\dfrac{y-1}{-1}=z-1$.
3. $x+5y+13z+22=0$. 　　**4.** $x+10y+2z-9=0$.
5. $x=\dfrac{y+5}{4}=\dfrac{z+5}{3}$, $x=\dfrac{y-7}{4}=\dfrac{z-7}{3}$, $x=\dfrac{y-7}{4}=\dfrac{z-1}{3}$, $x=\dfrac{y-19}{4}=\dfrac{z-13}{3}$. 　**6.** $\dfrac{1}{\sqrt{2}}$, $\left(\dfrac{3}{4}, \dfrac{3}{4}, \dfrac{3}{4}\right)$, $\left(\dfrac{3}{4}, \dfrac{5}{4}, \dfrac{1}{4}\right)$. 　**7.** $\dfrac{13}{2}\sqrt{3}$
8. $\dfrac{13}{2}$. 　**13.** $\sqrt{\dfrac{6}{11}}$.

第 5 章

§2. **1.** (1) 長圓, $\dfrac{X^2}{2}+Y^2=\dfrac{1}{2}$. 　　(2) 雙曲線, $X^2-\dfrac{8}{5}Y^2=\dfrac{8}{25}$.
　　(3) 雙曲線, $50X^2-25Y^2=48$.
　　(4) 長圓, $(\sqrt{2}-1)X^2+(\sqrt{2}+1)Y^2=26\sqrt{2}$.

§3. **1.** $x-1=0$, 母線, $x-1=0$, $y=\pm z$.
　　2. $x-z-1=0$, 母線, $x-2=\pm y$, $x=z+1$.

§4. **1.** (1) $\dfrac{X^2}{2}+\dfrac{Y^2}{3}+Z^2=1$, 長圓面.
　　(2) $3X^2+2Y^2-4Z^2=4$, 一葉雙曲面.
　　(3) $X^2+Y^2-Z^2=0$, 直圓錐.
　　(4) $Y^2+3Z^2=X$, 長圓放物面.
　　(5) $3X^2-4Y^2-12Z^2=1$, 二葉雙曲面.

(6)　$14X^2+27Y^2=1$, 長圓柱.

(7)　$2X^2-Y^2+\sqrt{2}Z=0$, 双曲放物面.

(8)　$X=\pm\sqrt{\dfrac{2}{3}}$, 平行二平面.

(19)　$17X^2=7Y$, 放物柱.

(20)　$x+2y-z=0$, $x-y+z+1=0$, 相交わる二平面.

2.　$x=\dfrac{1}{25}$, $y=-\dfrac{1}{5}$, $z=1$.

索　引

A

Apollonius の軌跡　110

B

母　線　197, 201

C

置　換　1
Cramer の公式　28
直交軸　65, 154
直交座標　65
直角座標　65
Ceva の定理　77
長　圓　112
長　軸　114
中　心　114
直角双曲線　119
頂點（放物線の）　119
頂點（圓錐の）　197
直　徑　134
直交變換　188
直交行列　189
長圓面　195
直圓錐　198
長圓放物面　199
長圓柱　200

D

動　徑　102, 155
同焦點二次曲線　132
第一母線群　203
第二母線群　203

E

圓の方程式　110
圓柱座標　156
圓　錐　197

F

負の座標系　88, 154
負の側（負領域）　97, 179

G

互　換　1
偶置換　2
逆置換　4
行列式　6
行　列　7
行ベクトル　30
行列の積　45
逆行列　52
外分する　61
原　點　65, 153
原　線　102
弦　121

H

平行座標　56, 154
方向係數　69
Hesse の標準形　99
偏　角　102
平行移動　106, 185
放物線　112
標準形の方程式　112, 113
法　線　130

補助圓	136	固有二次曲線	140
方位角	155	虛長圓	143
方向比	167	球　面	195
方向餘弦	93, 167	虛の長圓面	197
放物柱	200	極平面	205
判別式	141, 206		

M

		Menelaus の定理	75

I

一次獨立	83, 157	無心二次曲線	119
一般二次曲線	140		
一次結合	156		
一葉双曲面	196		

N

		二重添數	6
		內分する	61
		二次曲線	119

J

自明な解	40	內　積	161
重　心	67	二次曲面	195
準　線	112	二葉双曲面	197
		二次錐面	197

K

O

恒等置換	1	折り返し	109, 187
奇置換	2		

P

基本順列	3		
階　數	32	Pascal-Pappus の定理	75
位	32		

R

固有方程式	57		
共役點	62	列ベクトル	31
極座標	102, 155	零ベクトル	81
極	102, 125	離心率	112
極方程式	102	離心角	137
廻　轉	106, 187		

S

虛　圓	110		
共役軸	117	主對角線	10
根　軸	122	主　項	10
極　線	122	齊次の連立一次方程式	28
共役直徑	135	成分（行列の）	30
虛の二直線	140	正方行列	30

小行列式	31	特性方程式		57
正則行列	51	調和列點		62
斜交軸	56	單位ベクトル		84
始 點	80	短 軸		114
終 點	80	通 徑		121
成分（ベクトルの）	84, 158	天頂角		155
正の座標系	88, 154	點圓錐		198

U

正の側（正領域）	97, 179			
雙曲線	112			
焦 點	112	運 動		109

V

主 軸	117			
接 線	123, 201			
スカラー積	161	ベクトル		80
雙曲放物面	199	ベクトル積		191

Y

雙曲柱	200			
接平面	201	餘因數		20
主軸變換	208	有向線分		61
		有心二次曲線		119

T

Z

轉置行列	14			
展 開	21	座標軸		65, 153
單位行列	51	漸近線		117
對稱行列	56	座標面		153

著者略歴

稲 葉 栄 次
1911 年生
1934 年　東京大学理学部卒業
　　　　元お茶の水女子大学教授・理学博士

伊関兼四郎
1920 年生
1943 年　東京大学理学部卒業
　　　　元お茶の水女子大学教授・理学博士

数学全書 5

初等解析幾何学

定価はカバーに表示

1954 年 8 月 25 日　初版第 1 刷
2004 年 12 月 1 日　復刊第 1 刷

著　者　稲　葉　栄　次
　　　　伊　関　兼　四　郎
発行者　朝　倉　邦　造
発行所　株式会社　朝　倉　書　店
　　　　東京都新宿区新小川町 6-29
　　　　郵便番号　１６２-８７０７
　　　　電　話　03(3260)0141
　　　　FAX　03(3260)0180
　　　　http://www.asakura.co.jp

〈検印省略〉

©1954〈無断複写・転載を禁ず〉

新日本印刷・渡辺製本

ISBN 4-254-11695-0　C 3341

Printed in Japan

早大 足立恒雄著

数　　　—体系と歴史—

11088-X C3041　　　A 5 判 224頁 本体3500円

「数」とは何だろうか？一見自明な「数」の体系を，論理から複素数まで歴史を踏まえて考えていく。〔内容〕論理／集合：素朴集合論他／自然数：自然数をめぐるお話他／整数：整数導入門他／有理数／代数系／実数：濃度他／複素数：四元数他／他

J.-P. ドゥラエ著　京大 畑 政義訳

π — 魅 惑 の 数

11086-3 C3041　　　B 5 判 208頁 本体4600円

「πの探求，それは宇宙の探検だ」古代から現代まで，人々を魅了してきた神秘の数の世界を探る。〔内容〕πとの出会い／πマニア／幾何の時代／解析の時代／手計算からコンピュータへ／πを計算しよう／πは超越的か／πは乱数列か／付録／他

慶大 河添 健著
すうがくの風景 1

群 上 の 調 和 解 析

11551-2 C3341　　　A 5 判 200頁 本体3300円

群の表現論とそれを用いたフーリエ変換とウェーブレット変換の，平易で愉快な入門書。元気な高校生なら十分チャレンジできる！〔内容〕調和解析の歩み／位相群の表現論／群上の調和解析／具体的な例／2乗可積分表現とウェーブレット変換

東北大 石田正典著
すうがくの風景 2

トーリック多様体入門
—扇の代数幾何—

11552-0 C3341　　　A 5 判 164頁 本体3200円

本書は，この分野の第一人者が，代数幾何学の予備知識を仮定せずにトーリック多様体の基礎的内容を，何のあいまいさも含めず，丁寧に解説した貴重な書。〔内容〕錐体と双対錐体／扇の代数幾何／2次元の扇／代数的トーラス／扇の多様化

早大 村上 順著
すうがくの風景 3

結 び 目 と 量 子 群

11553-9 C3341　　　A 5 判 200頁 本体3300円

結び目の量子不変量とその背後にある量子群についての入門書。量子不変量がどのように結び目を分類するか，そして量子群のもつ豊かな構造を平明に説く。〔内容〕結び目とその不変量／組紐群と結び目／リー群とリー環／量子群（量子展開環）

神戸大 野海正俊著
すうがくの風景 4

パンルヴェ方程式
—対称性からの入門—

11554-7 C3341　　　A 5 判 216頁 本体3400円

1970年代に復活し，大きく進展しているパンルヴェ方程式の具体的・魅惑的紹介。〔内容〕ベックルント変換とは／対称形式／τ函数／格子上のτ函数／ヤコビ-トゥルーディ公式／行列式に強くなろう／ガウス分解と双有理変換／ラックス形式

東京女大 大阿久俊則著
すうがくの風景 5

D 加群と計算数学

11555-5 C3341　　　A 5 判 208頁 本体3000円

線形常微分方程式の発展としてのD加群理論の初歩を計算数学の立場から平易に解説〔内容〕微分方程式を線形代数で考える／環と加群の言葉では？／微分作用素環とグレブナー基底／多項式の巾とb函数／D加群の制限と積分／数式処理システム

京大 松澤淳一著
すうがくの風景 6

特 異 点 と ル ー ト 系

11556-3 C3341　　　A 5 判 224頁 本体3500円

クライン特異点の解説から，正多面体の幾何，正多面体群の群構造，特異点解消及び特異点の変形とルート系，リー群・リー環の魅力的世界を活写〔内容〕正多面体／クライン特異点／ルート系／単純リー環とクライン特異点／マッカイ対応

熊本大 原岡喜重著
すうがくの風景 7

超 幾 何 関 数

11557-1 C3341　　　A 5 判 208頁 本体3300円

本書前半ではテイラー展開から大域挙動をつかまえる話をし，後半では三つの顔を手がかりにして最終，微分方程式からの統一理論に進む物語〔内容〕雛形／超幾何関数の三つの顔／超幾何関数の仲間を求めて／積分表示／級数展開／微分方程式

阪大 日比孝之著
すうがくの風景 8

グ レ ブ ナ ー 基 底

11558-X C3341　　　A 5 判 200頁 本体3300円

組合せ論あるいは可換代数におけるグレブナー基底の理論的な有効性を簡潔に紹介。〔内容〕準備（可換環他）／多項式環／グレブナー基底／トーリック環／正規配置と単模被覆／正則三角形分割／単模性と圧搾性／コスュル代数とグレブナー基底

上記価格（税別）は 2004 年 10 月現在